金属材质

荷叶摆动动画

灯带照明

地板材质

毛毯毛发

大理石材质

镜子材质

台灯照明

沙发材质

透明材质

陶瓷材质

图书材质

液体材质

植物叶片材质

室内日光

天光效果

师晶　孙明灿　主编

3ds Max 2022三维动画制作标准教程 （全彩版）

清华大学出版社

北京

内 容 简 介

本书系统地介绍使用中文版3ds Max 2022进行三维动画制作的方法。全书共分12章，主要内容包括3ds Max 2022入门、几何体建模、修改器建模、二维图形建模、多边形建模、材质与贴图、摄影机与灯光、三维动画制作、动力学技术、毛发系统、渲染技术和综合案例解析等。

本书结构清晰，语言简练，实例丰富，既可作为高等学校相关专业的教材，也可作为从事三维动画设计和动画建模制作人员的参考书。

本书同步的实例操作二维码教学视频可供读者随时扫码学习。书中对应的电子课件、习题答案和实例源文件可以到http://www.tupwk.com.cn/downpage 网站下载，也可以扫描前言中的二维码推送配套资源到邮箱。

图书在版编目(CIP)数据

3ds Max 2022三维动画制作标准教程：全彩版 / 师晶，孙明灿主编. —北京：清华大学出版社，2023.4

ISBN 978-7-302-62933-7

Ⅰ.①3… Ⅱ.①师… ②孙… Ⅲ.①三维动画软件—教材 Ⅳ.①TP391.414

中国国家版本馆CIP数据核字(2023)第038503号

责任编辑：胡辰浩
封面设计：高娟妮
版式设计：妙思品位
责任校对：成凤进
责任印制：杨 艳

出版发行：清华大学出版社

网　　　址：http://www.tup.com.cn, http://www.wqbook.com
地　　　址：北京清华大学学研大厦A座　　　　邮　　编：100084
社 总 机：010-83470000　　　　　　　　　　邮　　购：010-62786544
投稿与读者服务：010-62776969, c-service@tup.tsinghua.edu.cn
质 量 反 馈：010-62772015, zhiliang@tup.tsinghua.edu.cn

印 装 者：三河市人民印务有限公司
经　　销：全国新华书店
开　　本：185mm×260mm　　印　　张：22.75　　彩　插：1　　字　　数：567千字
版　　次：2023年5月第1版　　　　　印　　次：2023年5月第1次印刷
定　　价：118.00元

产品编号：099522-01

三维动画建模是近年来发展迅速、引人注目的技术之一。三维模型的好坏直接影响到后续制作流程中材质贴图和角色动画这两个环节，因此三维建模至关重要。三维建模是 CG（计算机动画）行业的基石，是三维动画制作人员必须掌握的一门重要专业技术。由于 3ds Max 具有先进的建模、节点技术和制作动画等特点，因此深受广大三维技术人员的青睐。

本书全面、翔实地介绍 3ds Max 2022 的功能及使用方法。通过本书的学习，读者可以把基本知识和实战操作结合起来，快速、全面地掌握 3ds Max 2022 软件的使用方法和建模技巧，达到融会贯通、灵活运用的目的。

全书共分为 12 章。

第 1 章介绍 3ds Max 的基础知识，帮助用户快速掌握其工作界面中各个区域的功能。

第 2 章详细介绍 3ds Max 的几何体建模方法，使用"创建"面板中各种内置建模功能制作模型。

第 3 章详细介绍 3ds Max 中的常用修改器，这些修改器可以对几何体进行编辑，更改几何体的形态，也可以为几何体设置特殊的动画效果。

第 4 章介绍如何在 3ds Max 中创建和编辑二维图形，帮助用户快速掌握二维图形建模的方法。

第 5 章介绍 3ds Max 多边形建模的具体使用方法。

第 6 章介绍在 3ds Max 中通过案例操作帮助用户进一步熟悉常用材质的创建方法，巩固所学的知识，详细讲解 3ds Max 中材质和贴图的基础设置与应用。

第 7 章介绍 3ds Max 中摄影机的常用设置和应用，以及各类灯光的常用设置与应用。

第 8 章通过案例操作介绍三维动画的基础知识和基本动画工具，具体包括设置动画方式、控制动画、设置关键点过滤器、设置关键点切线等。

第 9 章介绍 3ds Max 中动力学的基础知识，通过案例操作讲解如何使用动力学制作动画。

第 10 章介绍 3ds Max 中毛发系统的基础知识，通过案例操作讲解如何使用毛发系统制作带有毛发的物体及毛发的动画效果。

第 11 章介绍在 3ds Max 中通过调整"渲染设置"面板的参数来控制最终图像的照明程度、计算时间、图像质量等综合因素，让计算机渲染出令人满意的图像的方法。

第 12 章通过综合案例操作帮助用户巩固前面各章所学的知识，熟练掌握 3ds Max 建模的常用方法与技巧。

本书同步的实例操作二维码教学视频可供读者随时扫码学习。本书对应的电子课件、习题答案和实例源文件可以到 http://www.tupwk.com.cn/downpage 网站下载，也可以扫描下方的二维码推送配套资源到邮箱。

扫一扫　看视频

扫码推送配套资源到邮箱

本书是作者在总结多年教学经验与科研成果的基础上编写而成的，既可作为高等学校相关专业的教材，也可作为从事三维动画技术研究与应用人员的参考书。

本书由闽南理工学院的师晶和孙明灿合作编写，其中，师晶编写了第 1、2、3、5、7、11、12 章，孙明灿编写了 4、6、8、9、10 章。由于作者水平有限，书中难免有不足之处，欢迎广大读者批评指正。我们的邮箱是 992116@qq.com，电话是 010-62796045。

作　者

2022 年 12 月

目 录

CONTENTS

第9章　动力学技术

第10章　毛发系统

第11章　渲染技术

第 12 章　综合案例解析

第1章
3ds Max 2022 入门

　　3ds Max 是 Autodesk 公司开发的一款全功能的三维计算机图形软件。借助该软件，用户可以创造宏伟的游戏世界，布置精彩绝伦的场景，实现设计的可视化，并打造身临其境的虚拟现实 (VR) 体验。本章作为全书的开端，将介绍有关 3ds Max 的基础知识，帮助用户快速掌握其工作界面中各个区域的功能。

1.1 3ds Max 2022 概述

随着科技的快速发展，计算机已经成为各行各业都不可或缺的电子产品。不断更新换代的计算机硬件和多种多样的软件技术，使数字媒体产品也逐渐出现在人们的视野中，越来越多的艺术家开始运用计算机来进行绘画、雕刻、渲染、动画制作等工作，将艺术与数字技术相互融合以制作全新的作品。

3ds Max 软件拥有大量的忠实用户，是当今很受欢迎的高端三维动画软件之一，为动画公司及数字艺术家提供了丰富且强大的功能来制作优秀的三维作品，如图 1-1 所示。

图 1-1 3ds Max 三维建模

3ds Max 2022 相较以往旧版本功能更加强大，在功能上有了进一步的革新。在核心功能中，新增了视口改进；在建模功能中，增强了智能挤出、切片修改器、对称修改器、松弛修改器、挤出修改器和编辑多边形修改器功能，新增了自动平滑改进；在渲染功能中，增强了烘焙到纹理、显示 Arnold 渲染器的 MAXtoA 版本功能，新增了渲染改进；在安全功能中，新增了安全改进。

1.2 3ds Max 2022 应用范围

3ds Max 的应用非常广泛，其强大的建模工具，直观的纹理和明暗处理常运用于插画电影特效、三维游戏、室内设计、风景园林等领域，如图 1-2 所示。

3ds Max 强大的功能深受三维设计人员的喜爱，在游戏行业中，三维艺术家及动画设计师运用 3ds Max 能够快速、高效地制作三维模型、贴图、动画绑定、毛发部分等，利用 3ds Max 可以制作出逼真的角色，渲染出电影级别的 CG 特效；在影视动画领域中，2009 年广受欢迎的电影《阿凡达》，利用动作捕捉技术与三维动画相结合的方式，为众多观众展现了一场视觉上的饕餮盛宴。

图 1-2　3ds Max 三维作品

1.3　工作界面

双击桌面上的 3ds Max 2022 图标启动软件，工作界面主要包括菜单栏、主工具栏、Ribbon 工具栏、场景资源管理器、视图面板、命令面板、提示行和状态行、时间滑块、轨迹栏、提示栏、状态栏、动画控制区和视图导航等多个区域，如图 1-3 所示。对于初学者来说，掌握这些区域的使用方法是熟悉 3ds Max 软件的第一步。

1.3.1　欢迎界面

打开 3ds Max 2022 后，会自动弹出欢迎界面，并不断循环显示软件概述、欢迎使用 3ds Max、在视口中导航、资源库等 6 个选项卡，以帮助新用户更好地了解及使用该软件，如图 1-4 所示。

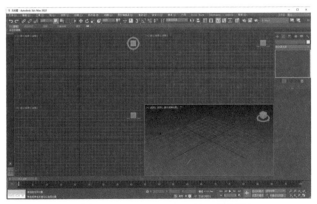

图 1-3　3ds Max 2022 的工作界面

图 1-4　欢迎界面

1.3.2　菜单栏

　　菜单栏位于工具栏上方，包含 3ds Max 软件中的所有命令，如图 1-5 所示。菜单栏中提供了文件、编辑、工具、组、视图、创建、修改器、动画、图形编辑器、渲染、自定义、脚本、内容、Civil View、Substance、Arnold 和帮助菜单。

| 文件(F) | 编辑(E) | 工具(T) | 组(G) | 视图(V) | 创建(C) | 修改器(M) | 动画(A) | 图形编辑器(D) | 渲染(R) | 自定义(U) | 脚本(S) | 内容 | Civil View | Substance | Arnold | 帮助(H) |

图 1-5　"轴约束"工具栏

　　3ds Max 2022 设置了大量的快捷键以简化操作方式并提高工作效率。在菜单中，可以看到一些常用命令的后面有对应的快捷键提示，如图 1-6 所示。

　　有些命令后面带有省略号，如图 1-7 所示，表示选择该命令后会弹出相应的对话框，如图 1-8 所示。命令右侧带有黑色的三角形，表明指向该名称会打开子菜单。

图 1-6　菜单栏　　　　　图 1-7　命令后面带有省略号　　　　　图 1-8　打开对话框

　　部分命令为浅灰色，表示该命令目前状态为不可执行。例如，场景中没有选择任何对象时，就无法激活"孤立当前选择"命令，如图 1-9 所示。

　　在制作过程中，用户还可以通过单击菜单栏上方的双排虚线，将菜单栏单独提取出来自由移动，如图 1-10 所示。

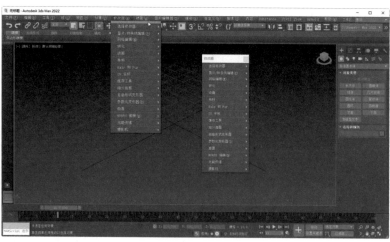

图 1-9　命令为浅灰色　　　　　图 1-10　提取菜单栏

1.3.3　工具栏

3ds Max 中的很多命令均可通过单击工具栏上的各种按钮来实现,如图 1-11 所示。默认情况下,仅主工具栏已打开,停靠在界面的顶部。在菜单栏中选择"自定义"|"显示 UI"|"显示主工具栏"命令,可以将主工具栏显示或隐藏。

图 1-11　工具栏

- ▶ "撤销"按钮🔄:单击"撤销"按钮,可以取消上一次操作。
- ▶ "重做"按钮🔄:单击"重做"按钮,可以取消上一次的撤销操作。
- ▶ "选择并链接"按钮🔗:用于将两个或多个对象链接成父子层次关系。
- ▶ "取消链接选择"按钮🔗:用于解除两个对象之间的父子层次关系。
- ▶ "绑定到空间扭曲"按钮🧲:将当前选中的对象附加到空间扭曲。
- ▶ "选择过滤器"下拉按钮全部▼:单击该下拉按钮,可以通过弹出的下拉列表限制选择工具所能选择的对象类型。
- ▶ "选择对象"按钮🔲:用于选择场景中的对象。
- ▶ "按名称选择"按钮▤:单击该按钮,可以打开"从场景选择"对话框,从而通过对象名称来选择物体。
- ▶ "矩形选择区域"按钮▦:单击该按钮,可以在矩形区域内选择对象。长按该按钮,在弹出的下拉列表中还可以选择在不同形状的选择区域选择对象。选择"圆形选择区域"按钮◯,在圆形选区内选择对象;选择"围栏选择区域"按钮▨,在不规则的围栏形状内选择对象;选择"套索选择区域"按钮◯,通过鼠标在不规则的区域内选择对象;选择"绘制选择区域"按钮▮,用鼠标在对象上方以绘制的方式选择对象。
- ▶ "窗口 / 交叉"按钮▦:单击该按钮,可以在"窗口"和"交叉"模式之间切换。
- ▶ "选择并移动"按钮✛:单击该按钮,可以选择并移动选中的对象。
- ▶ "选择并旋转"按钮🔃:单击该按钮,可以选择并旋转选中的对象。
- ▶ "选择并均匀缩放"按钮▥:单击该按钮,可以选择并均匀缩放选中的对象。长按该按钮,在弹出的下拉列表中还可以选择"选择并非均匀缩放"按钮▥或"选择并挤压"按钮▥,前者可以选择并以非均匀的方式缩放选中的对象,后者可以选择并以挤压的方式缩放选中的对象。
- ▶ "选择并放置"按钮🔘:单击该按钮,可以将对象准确地定位到另一个对象的表面上。长按该按钮,在弹出的下拉列表中还可以选择"选择并旋转"按钮🔘,用于旋转选中的对象。
- ▶ "参考坐标系"下拉按钮视图▼:单击该下拉按钮,在弹出的下拉列表中可以指定变换所用的坐标系。
- ▶ "使用轴点中心"按钮▦:单击该按钮,可以围绕对象各自的轴点旋转或缩放一个或多个对象。长按该按钮,在弹出的下拉列表中还可以选择"使用选择中心"按钮▦或"使用变换坐标中心"按钮▦,前者可以围绕选中对象共同的几何中心旋转或缩放对象,后者可以围绕当前坐标系中心旋转或缩放对象。

▶ "选择并操纵"按钮**✛**：用户可以通过在视图中拖动操纵器来编辑对象的控制参数。

▶ "键盘快捷键覆盖切换"按钮：单击该按钮，可以在"主用户界面"快捷键和组快捷键之间进行切换。

▶ "捕捉开关"按钮：单击该按钮，可以设置捕捉处于活动状态的三维空间的控制范围。

▶ "角度捕捉开关"按钮：单击该按钮，可以设置对象旋转时的预设角度。

▶ "百分比捕捉切换开关"按钮**%**：单击该按钮，可以按指定的百分比调整对象的缩放程度。

▶ "微调器捕捉切换"按钮：用于切换设置 3ds Max 中的微调器在每次单击时增加或减少的值。

▶ "管理选择集"按钮：单击该按钮，可以打开"命名选择集"对话框。

▶ "命名选项集"下拉列表：使用此下拉列表可以调用选择集合。

▶ "镜像"按钮：单击该按钮，可以打开"镜像"对话框，从而详细设置镜像场景中的物体。

▶ "对齐"按钮：单击该按钮，可以将选中的对象与目标对象对齐。长按该按钮，在弹出的下拉列表中还可以选择"快速对齐"按钮、"法线对齐"按钮、"放置高光"按钮、"对齐摄影机"按钮或"对齐到视图"按钮，以执行多种对齐操作。

▶ "切换场景资源管理器"按钮：单击该按钮，可以打开"场景资源管理器 - 场景资源管理器"窗口。

▶ "切换层资源管理器"按钮：单击该按钮，可以打开"场景资源管理器 - 层资源管理器"窗口。

▶ "显示功能区"按钮：单击该按钮，可以显示或隐藏 3ds Max 功能区。

▶ "曲线编辑器"按钮：单击该按钮，可以打开"轨迹视图 - 曲线编辑器"窗口。

▶ "图解视图"按钮：单击该按钮，可以打开"图解视图"窗口。

▶ "材质编辑器"按钮：单击该按钮，可以打开"材质编辑器"窗口。

▶ "渲染设置"按钮：单击该按钮，可以打开"渲染设置"窗口。

▶ "渲染帧窗口"按钮：单击该按钮，可以打开"渲染帧"窗口。

▶ "渲染产品"按钮：渲染当前激活的视图。

其他几个工具栏已隐藏，若要切换工具栏，在主工具栏的空白区域右击，然后从快捷菜单中选择所需显示的工具栏，如图 1-12 所示。

图 1-12　右击显示其余的工具栏

1.3.4　Ribbon 工具栏

Ribbon 工具栏包含建模、自由形式、选择、对象绘制和填充五部分，在主工具栏的空白处右击，在弹出的菜单中选择 Ribbon 命令，如图 1-13 所示，即可将 Ribbon 工具栏显示出来。

　　单击"显示完整的功能区"按钮，可以向下将 Ribbon 工具栏完全展开。选择"建模"选项卡，Ribbon 工具栏就可以显示与多边形建模相关的命令，如图 1-14 所示。当鼠标未选择几何体时，该命令区域呈灰色。

图 1-13　选择 Ribbon 命令　　　　　　图 1-14　完全展开 Ribbon 工具栏

　　选择几何体，再选择"建模"选项卡中相应的按钮进入多边形的子层级后，该区域可显示相应子层级内的全部建模命令，并以非常直观的图标形式显示。如图 1-15 所示为多边形"顶点"层级内的命令图标。

图 1-15　"建模"选项卡

　　选择"自由形式"选项卡，其中包括的命令按钮如图 1-16 所示，需要选中几何体才能激活相应的命令。利用"自由形式"选项卡中的命令，用户可通过绘制的方式修改几何体的形态。

图 1-16　"自由形式"选项卡

　　选择"选择"选项卡，其中包括的命令按钮如图 1-17 所示，只有进入多边形物体的子层级后才能显示"选择"选项卡。未选择物体时，此选项卡内容为空。

图 1-17　"选择"选项卡

　　选择"对象绘制"选项卡，其中包括的命令按钮如图 1-18 所示。该选项卡中的命令按钮允许用户为鼠标设置一个模型，以绘制的方式在场景中或物体对象的表面进行复制绘制。

图 1-18　"对象绘制"选项卡

　　选择"填充"选项卡中相应的按钮进入多边形的子层级后，该区域可显示相应子层级内的全部建模命令，并以非常直观的图标形式显示。如图 1-19 所示为多边形"顶点"层级内的命令图标。

图 1-19　"填充"选项卡

1.3.5　场景资源管理器

在菜单栏中选择"工具"|"场景资源管理器"命令，打开"场景资源管理器"面板，如图 1-20 所示。通过停靠在 3ds Max 工作界面左侧的"场景资源管理器"面板，用户可以方便地查看、排序、过滤和选择场景中的对象。通过单击"场景资源管理器"面板底部的"按层排序"和"按层次排序"按钮，用户可以设置场景资源管理器在不同的排序模式之间进行切换。

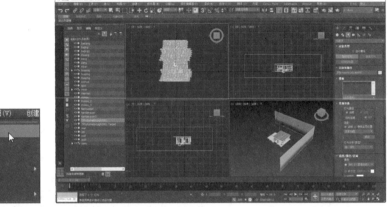

图 1-20　打开"场景资源管理器"面板

1.3.6　工作视图

在 3ds Max 2022 的工作界面中，工作视图占据了软件大部分的界面空间。在默认状态下，工作视图是以单一视图显示的，包括顶视图、左视图、前视图和透视图共 4 个视图，如图 1-21 所示。在这些视图中，用户可以对场景中的对象进行观察和编辑。

单击界面左下角的"创建新的视图布局选项卡"按钮█，打开"标准视口布局"面板，用户可以自己选择所需要的布局视口，如图 1-22 所示。

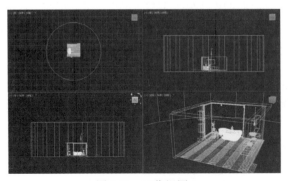

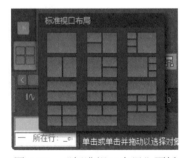

图 1-21　工作视图　　　　　　　　图 1-22　"标准视口布局"面板

注意

单击软件界面右下角的"最大化视口切换"按钮，可以将默认的四视口区域切换至一个视口区域显示。当视口区域为一个时，可以通过按下相应的快捷键来进行各个操作视口的切换。切换至顶视图的快捷键是 T；切换至前视图的快捷键是 F；切换至左视图的快捷键是 L；切换至透视图的快捷键是 P。当选择了一个视图时，可按下 Win +Shift 快捷键来切换至下一视图。

启动 3ds Max 2022 后，工作视图左上角的"透视"视图的默认显示样式为"默认明暗处理"，如图 1-23 所示。用户可以单击"默认明暗处理"文字，在弹出的下拉菜单中更换工作视图的其他显示样式，如"线框覆盖"显示样式，如图 1-24 所示。

图 1-23 默认显示样式为"默认明暗处理"　　　　图 1-24 "线框覆盖"显示样式

除了上述所说的"默认明暗处理"和"线框覆盖"两种常用的显示样式外，"透视"视图还有"石墨""彩色铅笔""墨水"等多种不同的显示样式供用户选择，如图 1-25 所示。

图 1-25 不同的显示样式

1.3.7 命令面板

命令面板位于 3ds Max 工作界面的右侧，由"创建"面板、"修改"面板、"层次"面板、"运动"面板、"显示"面板和"实用程序"面板组成。

1. "创建"面板

在命令面板中选择"创建"面板后，可以创建 7 种对象，分别是几何体、图形、灯光、摄影机、辅助对象、空间扭曲和系统，如图 1-26 所示。

图1-26　"创建"面板

▶ "几何体"选项卡 ◎：在该选项卡中，用户不仅可以创建长方体、圆锥体、球体、圆柱体等基本几何体，而且可以创建一些现成的建筑模型，如门、窗、楼梯、栏杆等。

▶ "图形"选项卡 ◙：主要用于创建样条线和NURBS曲线。

▶ "灯光"选项卡 ♥：主要用于创建场景中的灯光。

▶ "摄影机"选项卡 ■：主要用于创建场景中的摄影机。

▶ "辅助对象"选项卡 ◣：主要用于创建有助于场景制作的辅助对象。

▶ "空间扭曲"选项卡 ≋：使用该选项卡中的命令按钮，可以在围绕其他对象的空间中产生各种不同的扭曲方式。

▶ "系统"选项卡 ◐：用于将对象、控制器和层次对象组合在一起，从而提供与某种行为相关联的几何体，并包含模拟场景中的阳光及日照系统。

2　"修改"面板

"修改"面板主要用于调整场景对象的参数，同样可以使用该面板中的修改器来调整对象的几何形态，如图1-27所示。

3. "层次"面板

在"层次"面板中，用户可以访问调整对象之间的层次链接关系，如图1-28所示。

图1-27　"修改"面板　　　　图1-28　"层次"面板

▶ "轴"选项卡：该选项卡中的参数主要用于调整对象和修改器的中心位置，以及定义对象之间的父子关系和反向运动学(IK)的关节位置。

▶ IK选项卡：该选项卡中的参数主要用于设置动画的相关属性。

▶ "链接信息"选项卡：该选项卡中的参数主要用于限制对象在特定轴上的变换关系。

4. "运动"面板

"运动"面板中的参数主要用于调整选定对象的运动属性，如图1-29所示。

5.　"显示"面板

在"显示"面板中，用户可以控制场景中对象的显示、隐藏、冻结等属性，如图 1-30 所示。

6.　"实用程序"面板

在"实用程序"面板中可以访问很多工具程序，但是其中仅显示了部分命令按钮。要使用其他更多的命令按钮，用户可以通过单击"更多"按钮来进行添加，如图 1-31 所示。

图 1-29　"运动"面板

图 1-30　"显示"面板

图 1-31　"实用程序"面板

1.3.8　状态栏

状态栏位于 3ds Max 界面的底部，如图 1-32 所示，提供有关场景和活动命令的提示和状态信息，在坐标显示区域可以输入变换值。

图 1-32　状态栏

1.3.9　提示行和状态行

提示行和状态行可以显示当前有关场景和活动命令的提示和操作状态。二者位于时间滑块和轨迹栏的下方，如图 1-33 所示。

图 1-33　提示行和状态行

1.3.10　动画和时间控件

主动画控件以及用于在视口中进行动画播放的时间控件位于视口导航左侧，如图 1-34 所示。

图 1-34　主动画控件

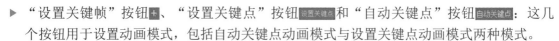

▶ "设置关键帧"按钮**+**、"设置关键点"按钮 设置关键点 和"自动关键点"按钮 自动关键点 ：这几个按钮用于设置动画模式，包括自动关键点动画模式与设置关键点动画模式两种模式。

▶ "新建关键点的默认入 / 出切线"下拉按钮 ：用于设置新建的动画关键点的默认内 / 外切线类型。

▶ "关键点过滤器"按钮 关键点过滤器 ：单击该按钮，可以打开"设置关键点过滤器"对话框，在该对话框中，用户可以指定所选物体的哪些属性可以设置关键帧。

▶ "转至开头"按钮 ：单击该按钮，将转至动画的初始位置。

▶ "上一帧"按钮 ：单击该按钮，将转至动画的上一帧。

▶ "播放动画"按钮 ▶ ：用于播放动画，单击后，按钮状态将变成"停止播放动画"按钮 。

▶ "下一帧"按钮 ：单击该按钮，将转至动画的下一帧。

▶ "转至结尾"按钮 ：单击该按钮，将转至动画的结尾。

▶ "时间配置"按钮 ：单击该按钮，将打开"时间配置"对话框，在该对话框中，用户可以设置当前场景内动画帧的相关参数。

另外两个重要的动画控件是时间滑块和轨迹栏，位于主动画控件上方，它们均可处于浮动和停靠状态，如图 1-35 所示。

图 1-35　时间滑块和轨迹栏

 注意

按 Ctrl+Alt 快捷键并单击，可以保证时间轨迹右侧的帧位置不变，只更改左侧的时间帧位置。按 Ctrl+Alt 快捷键并按鼠标中键，可以保证时间轨迹的长度不变，只改变两端的时间帧位置。按 Ctrl+Alt 快捷键并右击，可以保证时间轨迹左侧的帧位置不变，只更改右侧的时间帧位置。

1.3.11　视口导航控件

视口导航控件是用来控制视口显示和导航的按钮，位于整个 3ds Max 2022 界面的右下方，如图 1-36 所示。按钮在启用时会呈高亮显示。按 Esc 键或在视口中右击，可以退出当前模式。

图 1-36　视口导航控件

▶ "缩放"按钮 ：用于控制视图的缩放，单击该按钮后，用户将可以在透视图或正交视图中，通过按住鼠标左键并拖动的方式来调整对象的显示比例。

▶ "视野"按钮 ：控制在视口中观察的"视野"。

▶ "缩放区域"按钮 ：用于缩放用户使用鼠标绘制的矩形区域。

▶ "缩放所有视图"按钮 ：单击该按钮后，用户可以通过按住鼠标左键并拖动的方式，同时调整所有视图中对象的显示比例。

▶ "最大化显示选定对象"按钮 ：用于最大化显示选定的对象。

▶ "所有视图最大化显示选定对象"按钮 ：用于在所有视图中最大化显示选定的对象。

▶ "平移视图"按钮 ：单击该按钮后,用户可以在视图中通过按住鼠标左键并拖动的方式平移视图。

▶ "环绕子对象"按钮 ：单击该按钮后,用户可以执行环绕视图的操作。

▶ "最大化视口切换"按钮 ：单击该按钮后,便可以最大化显示当前选中的视口(再次单击该按钮,视口将恢复)。

1.4　基础操作

认识了 3ds Max 软件的工作界面后,接下来分别介绍 3ds Max 软件中的创建文件、选择对象、变换对象、捕捉命令、复制对象等常用建模命令。

1.4.1　创建文件

单击 3ds Max 2022 图标,即可创建一个新的文件,用户还可以在 3ds Max 2022 软件中通过多种创建方式新建文件。

通过"新建全部"命令新建文件:

01▶ 启动 3ds Max 2022 软件,如图 1-37 所示。

02▶ 在菜单栏中选择"文件"|"新建"|"新建全部"命令,如图 1-38 所示。

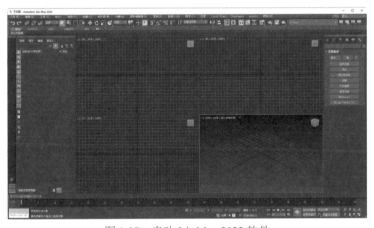

图 1-37　启动 3ds Max 2022 软件　　　　　图 1-38　选择"新建全部"命令

03▶ 弹出的"Autodesk 3ds Max 2022"对话框会询问用户是否保存当前场景,如图 1-39 所示。

04▶ 如果希望保存现有文件,单击"保存"按钮即可;如果无须保存现有文件,那么单击"不保存"按钮即可新建一个空白的场景文件。

通过从"模板新建"命令新建文件:

3ds Max 2022 还为用户提供了一些场景模板文件,用户可以使用示例场景或自己创建的模板新建文件。

01▶ 在菜单栏中选择"文件"|"新建"|"从模板新建"命令,如图 1-40 所示。

图 1-39　询问用户是否保存当前场景　　　　图 1-40　选择"从模板新建"命令

02 在弹出的"创建新场景"对话框中，用户可以先选择自己喜欢的场景，如图 1-41 所示，然后单击"创建新场景"按钮，或者双击选择对话框中的场景。

03 这样，一个带有模板信息的新文件就创建完成了，结果如图 1-42 所示。

图 1-41　打开"创建新场景"对话框　　　　图 1-42　创建带有模板信息的新文件

通过"重置"命令新建文件：

在 3ds Max 中，用户不仅可以新建场景，还可以重置场景。

01 在菜单栏中选择"文件"|"重置"命令，如图 1-43 所示。

02 弹出的"3ds Max"对话框会询问用户是否重置当前场景，如图 1-44 所示，然后单击"是"按钮后，将会重置为一个新的场景。

图 1-43　选择"重置"命令　　　　图 1-44　询问用户是否重置当前场景

1.4.2　选择对象

选择操作是建模和设置动画过程的基础，用户需要选择场景中的对象，才能对其进行某个操作。3ds Max 是一种面向对象的程序，场景中的每个对象可以对不同的命令集做出响应，用户可通过先选择对象，然后选择命令来进行操作。

1. 选择对象工具

"选择对象"工具是非常重要的工具，主要用来选择对象，用户可以在主工具栏中通过单击"选择对象"按钮，如图 1-45 所示，在复杂的场景中选择单个或多个对象。

2. 区域选择

单击"矩形选择区域"按钮，默认情况下，拖动鼠标时创建的是矩形区域。将光标悬浮停靠在"矩形选择区域"按钮上，按下鼠标左键不放，弹出的下拉列表中包含了所有区域选择的工具，如图 1-46 所示，有"矩形选择区域"按钮、"圆形选择区域"按钮、"围栏选择区域"按钮、"套索选择区域"按钮和"绘制选择区域"按钮 5 种类型。创建区域并释放鼠标后，区域内和区域触及的所有对象均被选定。

图 1-45　单击"选择对象"按钮　　　　　图 1-46　　"矩形选择区域"下拉列表

当场景中的物体数量过多，又要进行大面积选择时，可以按下鼠标左键拖出一片区域对对象进行框选。在默认状态下，主工具栏上所激活的区域选择类型为"矩形选择区域"按钮，如图 1-47 所示。

在主工具栏中激活"圆形选择区域"按钮，按下鼠标左键并拖动即可在视口中以圆形的方式选择对象，如图 1-48 所示。

图 1-47　选择"矩形选择区域"按钮　　　　　图 1-48　选择"圆形选择区域"按钮

在主工具栏中激活"围栏选择区域"按钮，按下鼠标左键并拖动即可在视口中以绘制直线选区的方式来选择对象，如图 1-49 所示。

在主工具栏中激活"套索选择区域"按钮，按下鼠标左键并拖动即可在视口中以绘制曲线选区的方式来选择对象，如图 1-50 所示。

在主工具栏中激活"绘制选择区域"按钮，按下鼠标左键并拖动即可在视口中以笔刷绘制选区的方式选择对象，如图 1-51 所示。

图 1-49　选择"围栏选择区域"按钮　　图 1-50　选择"套索选择区域"按钮　　图 1-51　选择"绘制选择区域"按钮

注意

使用"绘制选择区域"按钮进行对象选择时，在默认情况下笔刷可能较小，这时需要对笔刷的大小进行合理的设置。在主工具栏的"绘制选择区域"按钮上右击，可以打开"首选项设置"对话框。在该对话框的"常规"选项卡中，通过设置"场景选择"选项组中的"绘制选择笔刷大小"参数即可调整笔刷的大小，如图 1-52 所示。

图 1-52　"首选项设置"对话框

3. 窗口与交叉模式选择

"窗口/交叉"按钮在默认情况下为"交叉"模式，在"交叉"模式中，选框仅需碰到对象的一部分，即可选中该对象。在"窗口"模式中，要选择的对象只有框选在选框内才能够被选中。

01 启动 3ds Max 2022 软件，在场景中分别创建一个长方体模型、一个茶壶模型和一个球体模型，如图 1-53 所示。

02 默认状态下 3ds Max 主工具栏中的"窗口/交叉"按钮处于"交叉"模式 ，如图 1-54 所示。

图 1-53　在场景中创建 3 个模型

图 1-54　默认为"交叉"模式

03 此时，当用户在视图中通过单击并拖动鼠标的方式选择对象时，只需框选对象的一部分，即可将对象选中，如图 1-55 所示。

 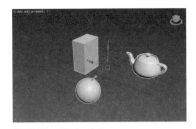

图 1-55　框选对象的一部分即可选中对象

04 在主工具栏中单击处于"交叉"模式的"窗口 / 交叉"按钮 ，将状态切换为"窗口"模式，如图 1-56 所示。

05 再次在视口中通过单击并拖动鼠标的方式选择对象，只有将 3 个对象全部框选后才能够全部选中，如图 1-57 所示。

图 1-56　将状态切换为"窗口"模式　　图 1-57　将 3 个对象全部框选后才能够选中

除了在主工具栏中可以切换"窗口"与"交叉"选择的模式，也可以像在 AutoCAD 软件中那样根据鼠标的选择方向自动在"窗口"与"交叉"之间进行切换。

01 在菜单栏中选择"自定义"|"首选项"命令，如图 1-58 所示。

02 在弹出的"首选项设置"对话框中，在"常规"选项卡的"场景选择"选项组中，选中"按方向自动切换窗口 / 交叉"复选框即可，如图 1-59 所示。

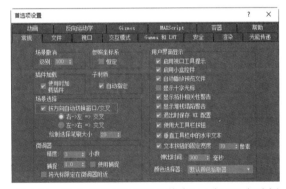

图 1-58　选择"首选项"命令　　图 1-59　选中"按方向自动切换窗口 / 交叉"复选框

4. 按名称选择与选择类似对象

单击"按名称选择"按钮，打开"从场景选择"对话框，场景中所有模型的名称都会显示在其中，可以按照模型的名称来选择模型。使用"选择类似对象"命令可以快速选择场景中复制或者使用同一命令创建的多个物体。

按名称选择：

01 启动 3ds Max 2022 软件，单击"创建"面板中的"茶壶"按钮，如图 1-60 所示。

02 在场景中创建 3 个茶壶模型，如图 1-61 所示。

图 1-60　单击"茶壶"按钮

图 1-61　在场景中创建 3 个茶壶模型

03 单击主工具栏中的"按名称选择"按钮，如图 1-62 所示。

04 系统弹出"从场景选择"对话框，如图 1-63 所示。用户就可以在该对话框中通过选择对象的名称来选择场景中的模型了。

此外，在 3ds Max 2022 中，更加方便的名称选择方式为直接在"场景资源管理器"中选择对象的名称。

图 1-62　单击"按名称选择"按钮　　图 1-63　"从场景选择"对话框

按选择类似对象选择：

在 3ds Max 2022 中，还可以通过"选择类似对象"命令选择对象。

01 选择场景中的任意一个茶壶对象，如图 1-64 所示。右击，在弹出的菜单中选择"选择类似对象"命令，如图 1-65 所示。

02 场景中的另外 2 个茶壶模型也被快速地一并选中，模型显示效果如图 1-66 所示。

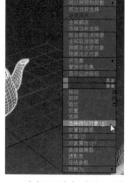

图 1-64　选择一个对象　　图 1-65　选择"选择类似对象"命令　　图 1-66　模型显示效果

5. 对象组合

在制作项目时，如果场景中对象数量过多，选择会非常困难。这时，在菜单栏中选择"组"|"组"命令，打开"组"对话框，用户可以在"组名"文本框中自定义组名，单击"确定"按钮即可将所选的模型组合在一起。对象成组后，可以视其为单个的对象，在视口中单击组中的任意一个对象即可选择整个组，这样就大大地方便了操作，有关组的命令如图 1-67 所示。

在菜单栏中选择"组"|"打开"命令，可单独选择组合中的对象。如果选择"组"|"分离"命令，则可以将当前选定的物体从组合中分离出去。如果执行"组"|"关闭"命令，可关闭组合对象。如果选定分离出来的对象，执行"组"|"附加"命令，可将其重新组合到组中。

01 打开素材文件后，按住 Ctrl 键以选中场景中的多个对象，如图 1-68 所示。

02 在菜单栏中选择"组"|"组"命令，打开"组"对话框，在"组名"文本框中输入组的名称，如图 1-69 所示。单击"确定"按钮，即可将选中的对象组合在一起。

图 1-67　有关组的命令

图 1-68　选中多个对象

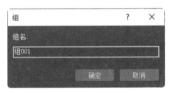
图 1-69　"组"对话框

在如图 1-67 所示的"组"菜单中，主要命令的功能说明如下。

- "组"命令：将对象或组的选择集组合为组。
- "打开"命令：暂时对组进行解锁，并访问组内的对象。
- "解组"命令：将当前分组分离为其组建对象 (或组)。
- "分离"命令：从对象的组中分离出选定的对象。
- "附加"命令：使选定对象成为现有组的一部分。

6. 孤立当前选项

单击"孤立当前选项"按钮，如图 1-70 所示，或按 Alt+Q 快捷键，可暂时隐藏除了选择的对象以外的所有对象。孤立当前选择可防止在处理单个选定对象时选择其他对象。这样，用户就可以专注于需要选择的对象，无须为周围的环境分散注意力。

图 1-70　单击"孤立当前选项"按钮

1.4.3 变换对象

3ds Max 2022 为用户提供了多个用于对场景中的对象进行变换操作的按钮，这些按钮被集成到主工具栏中，如图 1-71 所示，以方便地改变对象在场景中的位置、方向及大小。

1. 变换操作切换

3ds Max 提供了多个用于对场景中的对象进行变换操作的按钮，下面进行详细的介绍。

(1) 通过单击主工具栏中对应的按钮 (如"选择并移动"按钮、"选择并旋转"按钮等) 直接切换变换操作。

(2) 用户还可以通过右击场景中的对象，在弹出的菜单中选择"移动""旋转""缩放"或"放置"变换命令，切换变换操作，如图 1-72 所示。

图 1-71 变换对象工具   图 1-72 在弹出的菜单中选择变换命令

(3) 使用 3ds Max 提供的快捷键来切换变换操作。例如，"选择并移动"工具的快捷键为 W、"选择并旋转"工具的快捷键为 E、"选择并缩放"工具的快捷键为 R、"选择并放置"工具的快捷键为 Y。

2. 控制柄的更改

在 3ds Max 中，当进行不同的变换操作时，变换命令的控制柄也会有明显的区别，如图 1-73~ 图 1-76 所示分别展示了当执行"移动""旋转""缩放"和"放置"变换命令时控制柄的显示状态。

图 1-73 移动控制柄   图 1-74 旋转控制柄

图 1-75　缩放控制柄　　　　　　　　　　　图 1-76　放置控制柄

当用户对场景中的对象进行变换操作时，既可以使用快捷键"+"来放大变换命令的控制柄显示状态，也可以使用快捷键"－"来缩小变换命令的控制柄显示状态，如图 1-77 所示。

图 1-77　调整控制柄显示状态

3. 精准变换操作

在 3ds Max 中，虽然可以通过变换控制柄方便地对场景中的物体进行变换操作，但这种方式在精确度上不够准确。要解决这个问题，用户可以使用 3ds Max 提供的变换操作精确控制方式，如数值输入、对象捕捉等来精确地完成模型的制作。

01 启动中文版 3ds Max 2022 软件，打开"Eagle.max"文件，选择场景中的老鹰模型，如图 1-78 所示。

02 在主工具栏中单击"选择并移动"按钮，即可在场景中随意调整老鹰模型的位置，如图 1-79 所示。

图 1-78　选择场景中的老鹰模型　　　　　　图 1-79　调整老鹰模型的位置

03 用户还可以在软件界面下方观察该老鹰模型位于场景中的坐标，如图 1-80 所示，并可以通过输入坐标值的方式来精确调整老鹰在场景中的位置。

04 选择老鹰模型，右击并在弹出的快捷菜单中选中"移动"命令右侧的复选框，如图 1-81 所示。

图 1-80　观察模型位于场景中的坐标　　　　图 1-81　选中"移动"命令右侧的复选框

05 在弹出的"移动变换输入"窗口中可以通过手动输入数值的方式来更改老鹰对象的位置，如图 1-82 所示。

06 使用相同的方式，还可以打开"旋转变换输入"和"缩放变换输入"窗口来更改所选对象的旋转角度及缩放大小，如图 1-83 所示。

图 1-82　输入数值　　　　图 1-83　打开"旋转变换输入"和"缩放变换输入"窗口

1.4.4　捕捉命令

主工具栏上的捕捉工具有 4 种，分别是"2D、2.5D 和 3D""角度捕捉切换""百分比捕捉切换""微调器捕捉切换"，如图 1-84 所示。

图 1-84　捕捉工具

1. 2D 捕捉、2.5D 捕捉、3D 捕捉

长按"捕捉开关"按钮，在打开的下拉列表中分别是 2D 捕捉、2.5D 捕捉和 3D 捕捉按钮，如图 1-85 左图所示。右击"捕捉开关"按钮，打开"栅格和捕捉设置"窗口，如图 1-85 右图所示，用户可按照自己的需求选中其中的复选框，下面将主要介绍使用频率较高的 2.5D 和 3D 的捕捉模式。

图 1-85　捕捉开关及"栅格和捕捉设置"窗口

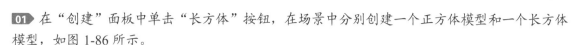

01 在"创建"面板中单击"长方体"按钮，在场景中分别创建一个正方体模型和一个长方体模型，如图 1-86 所示。

02 在主工具栏中右击"捕捉开关"按钮，打开"栅格和捕捉设置"窗口，取消选中"栅格点"复选框，然后选中"顶点"复选框，如图 1-87 所示。

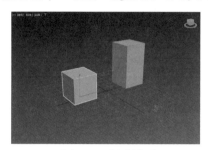

图 1-86　创建模型

图 1-87　选中"顶点"复选框

03 在主工具栏中单击"捕捉开关"按钮，激活后按钮呈蓝色亮显状态，如图 1-88 所示。

04 在场景中拖曳正方体模型上的任意顶点，即可使顶点捕捉到长方体的任意顶点，如图 1-89 所示，3D 捕捉模式常用于透视视图或者正交视图。

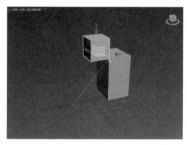

图 1-88　单击"捕捉开关"按钮

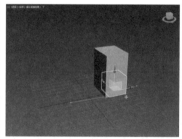

图 1-89　拖曳正方体模型上的任意顶点

05 有时在类似的顶视图中，使用 3D 捕捉模式无法进行很精准的捕捉，可以在主工具栏中长按"捕捉开关"按钮，然后在下拉列表中单击"2.5D"按钮，如图 1-90 所示。

06 分别按 T 键和 L 键切换至顶视图和左视图，按步骤 **04** 的方法进行操作，结果如图 1-91 所示，2.5D 模式常用于正视图、后视图、左视图、右视图、顶视图、底视图。

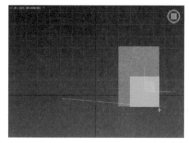

图 1-90　单击"2.5D"按钮

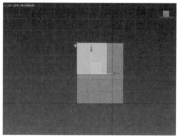

图 1-91　按步骤 **04** 的方法进行操作

2. 角度捕捉与百分比捕捉

使用"角度捕捉切换"工具 可对所选对象进行精确的旋转操作，使用"百分比捕捉切换"工具 可对所选对象进行精确的缩放操作。

在"角度捕捉切换"工具或"百分比捕捉切换"工具上右击，打开"栅格和捕捉设置"窗口，如图 1-92 所示，在"选项"选项卡中分别对"角度"和"百分比"进行设置。

图 1-92　"栅格和捕捉设置"窗口

设置好这两个参数后，用户在使用"角度捕捉切换"工具或"百分比捕捉切换"工具时，无论是进行旋转操作还是缩放操作，都是以设置的参数为最小增量来进行。例如，设置"角度"为 45°，在使用"角度捕捉切换"工具时，旋转将以 45° 的倍数进行。

3. 轴心配合捕捉

用户在学习建模时必须要遵守规范，模型之间不能出现重面。如图 1-93 所示，重面部分在渲染时会产生很多噪点，甚至发黑，这是一种非常严重的重面渲染效果，出现了无数的噪点和大面积的黑块。精密的模型之间不能有缝隙，否则渲染图就会有漏光的风险。另外，有的缝隙是不容易被发现的，需要把视图放大很多倍后才能被发现，如图 1-94 所示。要避免缝隙的产生，就要使用到捕捉功能。本小节将介绍坐标轴心和捕捉功能的综合运用。

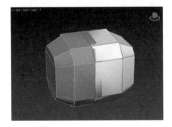

图 1-93　模型出现重面　　　　　　　图 1-94　模型之间有缝隙

01▶ 打开素材文件后，按 F 键切换至前视图，如图 1-95 所示。

02▶ 在主工具栏中右击"捕捉开关"按钮，打开"栅格和捕捉设置"窗口，选择"选项"选项卡，然后选中"启用轴约束"复选框，如图 1-96 所示。

图 1-95　打开素材文件　　　　图 1-96　选中"启用轴约束"复选框

03 此时场景中的坐标轴中心发生了变化，如图 1-97 所示。

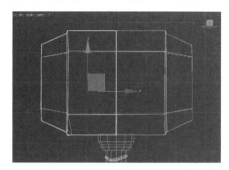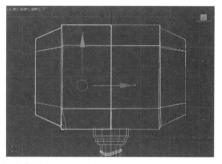

图 1-97　坐标轴中心发生变化前后的效果

04 选择锤头左半边的模型，将其移动时模型很难与右半边的模型边界完美重合，如图 1-98 所示。

05 在命令面板中选择"层次"面板，在"调整轴"卷展栏中单击"仅影响轴"按钮，如图 1-99 所示。

06 按 F 键切换至前视图，在主工具栏中长按"捕捉开关"按钮，然后在下拉列表中单击"2.5D"按钮，使用鼠标选择 X 轴并向左侧拖曳至如图 1-100 所示的顶点上。

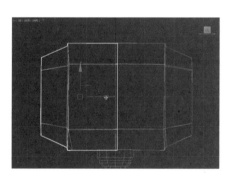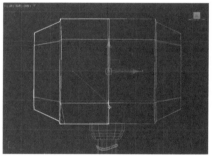

图 1-98　移动左半边模型　　图 1-99　单击"仅影响轴"按钮　　图 1-100　移动坐标轴

07 再次单击"仅影响轴"按钮，取消命令，选择 X 轴并向左侧拖曳使左半边模型与右半边模型重合，结果如图 1-101 所示。

08 这样，模型中间的缝隙问题就得到了解决，如图 1-102 所示。

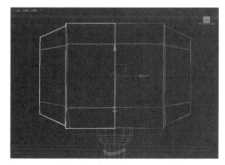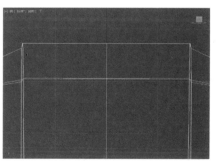

图 1-101　使左半边模型与右半边模型重合　　图 1-102　观察模型中间是否存在间隙

4. 微调器捕捉

"微调器捕捉切换"工具可以用来设置微调器单次单击的增加值或减少值。若要设置微调器捕捉的参数，可以在"微调器捕捉切换"工具上右击，然后在弹出的"首选项设置"对话框中选择"常规"选项卡，接着在"微调器"选项组中设置相关参数，如图 1-103 所示。

图 1-103　　"首选项设置"对话框

1.4.5　复制对象

在 3ds Max 中进行三维对象的制作时，用户经常需要使用一些相同的模型来搭建场景。此时就需要用到 3ds Max 的"复制"功能。在 3ds Max 中，复制对象的命令有多种，下面逐一进行介绍。

1. 克隆

"克隆"命令的使用频率极高。3ds Max 提供了以下几种克隆方式供用户选择。

(1) 使用菜单栏命令克隆对象。选择场景中的对象后，在菜单栏中选择"编辑"|"克隆"命令，在打开的"克隆选项"对话框中，用户可以对所选对象进行复制操作，如图 1-104 所示。

(2) 使用四元菜单栏命令克隆对象。选择场景中的对象并右击，弹出四元菜单，在"变换"组中选择"克隆"命令，可对所选对象进行复制操作，如图 1-105 所示。

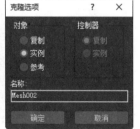
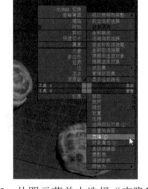

图 1-104　打开"克隆选项"对话框　　　图 1-105　从四元菜单中选择"克隆"命令

(3) 使用快捷键克隆对象。3ds Max 2022 为用户提供了两种快捷键方式克隆对象，一种是使用 Ctrl+V 快捷键克隆对象；另一种是按住 Shift 键，并配合拖曳等操作克隆对象。

 注意

使用这两种方式克隆对象时，系统弹出的"克隆选项"对话框有少许差别，如图 1-106 所示。

图 1-106　"克隆选项"对话框

- ▶ "复制"单选按钮：如果选中该单选按钮，系统将创建一个与原始对象完全无关的克隆对象，修改克隆对象时也不会影响原始对象。
- ▶ "实例"单选按钮：如果选中该单选按钮，系统将创建与原始对象完全可以交互影响的克隆对象，修改克隆对象或原始对象时将会影响到另一个对象。
- ▶ "参考"单选按钮：如果选中该单选按钮，系统将创建与原始对象有关的克隆对象。克隆对象是基于原始对象的，就像实例一样 (克隆对象与原始对象可以拥有自身特有的修改器)。
- ▶ "副本数"文本框：用于设置对象的克隆数量。

2. 快照

使用 3ds Max 的"快照"命令，能够随着时间克隆动画对象。用户可以在动画的任意一帧创建单个克隆，或沿动画路径为多个克隆设置间隔。这里的间隔既可以是均匀的时间间隔，也可以是均匀的距离间隔。在菜单栏中选择"工具"|"快照"命令，打开"快照"对话框，如图 1-107 所示。

图 1-107　"快照"对话框

- ▶ "单一"单选按钮：在当前帧克隆对象的几何体。
- ▶ "范围"单选按钮：指定帧的范围并沿轨迹克隆对象的几何体。用户可以输入"从 / 到"的数值来指定范围，并输入"副本"文本框的值来指定克隆数量。

▶ "克隆方法"选项组：其中包括"复制"单选按钮（克隆选定对象的副本）、"实例"单选按钮（克隆选定对象的实例，不适用于粒子系统）、"参考"单选按钮（克隆选定对象的参考对象，不适用于粒子系统）和"网格"单选按钮（在粒子系统之外创建网格几何体，适用于所有类型的粒子）4 个单选按钮。

3. 镜像

在制作模型时，每当遇到对称的物体，可以使用镜像功能将对象根据任意轴生成对称的副本。另外，使用"镜像"命令提供的"不克隆"选项，可以实现镜像操作但不复制对象，效果相当于将对象翻转或移到新的方向。

镜像具有交互式对话框，更改设置时，可以在活动视口中看到效果，即可以看到镜像显示的预览，"镜像"对话框如图 1-108 所示。

图 1-108　"镜像"对话框

▶ "镜像轴"选项组：该选项组包括 X、Y、Z、XY、YZ、ZX 共 6 个单选按钮，选中其中任意一个单选按钮，可以指定镜像的方向。

▶ "不克隆"单选按钮：在不制作副本的情况下，镜像选定的对象。

▶ "复制"单选按钮：将选定对象的副本镜像到指定位置。

▶ "实例"单选按钮：将选定对象的实例镜像到指定位置。

▶ "参考"单选按钮：将选定对象的参考对象镜像到指定位置。

▶ "偏移"微调框：指定镜像对象轴点与原始对象轴点之间的距离。

4. 阵列

使用"阵列"命令可以帮助用户在视图中创建重复的对象。这一命令可以给出所有三个变换或者所有三个维度上的精准控制，包括沿着一个或多个轴缩放的能力。在菜单栏中选择"工具" | "阵列"命令，打开的"阵列"对话框如图 1-109 所示。

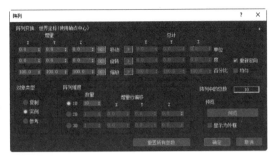

图 1-109　"阵列"对话框

▶ "增量"区域的 X、Y、Z 微调框：用户在其中设置的参数可以应用于阵列中的各个对象。

▶ "总计"区域的 X、Y、Z 微调框：用户在其中设置的参数可以应用于阵列中的总距、度数或百分比缩放。

▶ "复制"单选按钮：将选定对象的副本阵列到指定位置。

▶ "实例"单选按钮：将选定对象的实例阵列到指定位置。

▶ "参考"单选按钮：将选定对象的参考对象阵列到指定位置。

▶ 1D 区域：根据"阵列变换"选项组中的设置，创建一维阵列。

▶ 2D 区域：根据"阵列变换"选项组中的设置，创建二维阵列。

▶ 3D 区域：根据"阵列变换"选项组中的设置，创建三维阵列。

▶ "阵列中的总数"文本框：其中显示了将要创建的阵列对象的实体总数 (包含当前选定对象)。

▶ "预览"按钮：单击该按钮后，视图中将显示当前阵列设置的预览效果。

▶ "显示为外框"复选框：选中该复选框后，系统将为阵列对象显示边界框。

▶ "重置所有参数"按钮：单击该按钮，可以将所有参数重置为默认设置。

1.5　存储文件

3ds Max 2022 为用户提供了多种保存文件的途径，用户可以将文件存储和定期备份。当完成某一阶段的工作后，最重要的操作就是存储文件。在创作三维作品时，3ds Max 有时会突然自动结束任务，这就需要用户养成定期备份的习惯，如将 3ds Max 工程文件移至另一台计算机上进行操作，或者将文件临时存储为一个备份文件以备将来修改等。

1.5.1　保存文件

在菜单栏中选择"文件"|"保存"命令，如图 1-110 所示，或按 Ctrl+S 快捷键，可以完成当前文件的存储。

1.5.2　另存为文件

"另存为"命令也是最常用的存储文件方式之一，在菜单栏中选择"文件"|"另存为"命令，如图 1-111 所示，打开"文件另存为"对话框，如图 1-112 所示。

图 1-110　选择"保存"命令　图 1-111　选择"另存为"命令　　图 1-112　"文件另存为"对话框

在"保存类型"下拉列表中，3ds Max 2022 为用户提供了多种不同的保存文件版本，用户可根据自身需要将文件另存为当前版本文件、3ds Max 2019 文件、3ds Max 2020 文件、3ds Max 2021 文件或 3ds Max 角色文件，如图 1-113 所示。设置好保存类型后单击"保存"按钮，即可确保在不更改原文件的状态下，将新的工程文件另存为一份新的文件，以供下次使用。

图 1-113　不同的保存文件版本

1.5.3　保存增量文件

3ds Max 提供了一种"保存增量文件"的存储模式，用户可以通过在当前文件的名称后添加数字后缀的方法来不断对工作中的文件进行存储。

执行"保存增量文件"操作的方法主要有以下两种。

(1) 在菜单栏中选择"文件"|"保存副本为"命令，打开"将文件另存为副本"对话框，在该对话框中设置文件的保存路径，然后单击"保存"按钮。

(2) 在菜单栏中选择"文件"|"另存为"命令，或按 Shift+Ctrl+S 快捷键，打开"文件另存为"对话框，在该对话框中单击"文件名"文本框右侧的 + 按钮。

1.5.4　保存选定对象

3ds Max 的"保存选定对象"功能允许用户将复杂场景中的一个或多个模型单独保存起来。在菜单栏中选择"文件"|"保存选定对象"命令，如图 1-114 所示，在打开的对话框中进行相应的设置后，即可将选择的对象单独保存为一个文件。需要注意的是，"保存选定对象"命令需要在场景中先选择单个模型，才可激活该命令。

1.5.5　归档

使用 3ds Max 的"归档"命令可以对当前文件、文件中使用的贴图文件及其路径名称进行整理并保存为 ZIP 压缩文件。在菜单栏中选择"文件"|"归档"命令,打开"文件归档"对话框,如图 1-115 所示,设置好文件的保存路径后,单击"保存"按钮即可。在归档处理期间,还会显示日志窗口,使用外部程序来创建压缩的归档文件。处理完成后,生成的 ZIP 文件将会存储在指定路径的文件夹内。

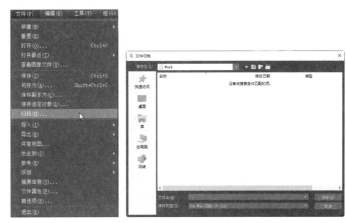

图 1-114　选择"保存选定对象"命令　　　　图 1-115　打开"文件归档"对话框

1.5.6　资源收集器

用户在制作复杂的场景文件时,常常需要将大量的贴图应用于模型上,这些贴图的位置可能在硬盘中极为分散,不易查找。使用 3ds Max 2022 所提供的"资源收集器"命令,可以非常方便地将当前文件用到的所有贴图及 IES 光度学文件以复制或移动的方式放置于指定的文件夹内。需要注意的是,"资源收集器"不收集用于置换贴图的贴图或作为灯光投影的贴图。

在"实用程序"面板中,单击"更多"按钮,如图 1-116 所示,在弹出的"实用程序"对话框中选择"资源收集器"命令,如图 1-117 所示,然后单击"确定"按钮。

"资源收集器"面板中的参数如图 1-118 所示。

图 1-116　单击"更多"按钮　图 1-117　选择"资源收集器"命令　图 1-118　"资源收集器"面板中的参数

▶ 输出路径：显示当前输出路径。使用"浏览"按钮可以更改此选项。

▶ "浏览"按钮：单击此按钮，可显示用于选择输出路径的 Windows 文件对话框。

▶ 收集位图 / 光度学文件：选中该复选框，"资源收集器"将场景位图和光度学文件放置到输出目录中，默认设置为选中状态。

▶ 包括 MAX 文件：选中该复选框，"资源收集器"将场景自身 (.max 文件) 放置到输出目录中。

▶ 压缩文件：选中该复选框，将文件压缩到 ZIP 文件中，并将其保存在输出目录中。

▶ 复制 / 移动：选中"复制"单选按钮，可在输出目录中制作文件的副本；选中"移动"单选按钮，可移动文件 (该文件将从保存的原始目录中删除)。默认设置为"复制"。

▶ 更新材质：选中该复选框，可更新材质路径。

▶ "开始"按钮：单击该按钮，可根据此按钮上方的设置收集资源文件。

1.6 习题

1. 简述捕捉命令中 2.5D 捕捉和 3D 捕捉的区别。

2. 简述窗口与交叉模式在选择对象时的区别。

3. 在 3ds Max 中如何为多个对象设置集合？

4. 简述如何在 3ds Max 场景中保存 .3ds 和 .obj 文件。

第2章
几何体建模

　　建模是使用 3ds Max 创作作品的开始，而内置几何体的创建和应用是一切建模的基础。用户可以在创建的内置模型的基础上进行修改，从而得到想要的模型。

　　3ds Max 2022 提供了许多内置建模功能供用户在建模初期使用，这些功能的命令按钮被集中设置在"创建"面板中。本章将通过实例操作，详细介绍这些功能的使用方法，帮助用户灵活运用它们制作专业的模型。

┃ 二维码教学视频 ┃

【例 2-1】 制作桌子模型　　　　　　　【例 2-5】 制作物体变形动画
【例 2-2】 制作橙子模型　　　　　　　【例 2-6】 制作巧克力球模型
【例 2-3】 创建及修改圆锥体模型　　　【例 2-7】 制作石柱模型
【例 2-4】 制作现代风格落地灯模型

2.1 几何体建模简介

在 3ds Max 中建模时，命令面板非常重要，它会被反复使用。3ds Max 2022 为用户提供了大量的几何体按钮供用户在建模初期使用，这些按钮被集中设置在命令面板的"创建"面板下设的第一个分类——"几何体"中。

在命令面板中单击"创建"按钮➕，可以显示"创建"面板，该面板用于创建各类基本几何体，如图 2-1 所示。

在命令面板中单击"修改"按钮，可以显示"修改"面板，该面板用于修改几何体模型的参数，如图 2-2 所示。

进入"创建"面板，单击"标准基本体"下拉按钮，用户在弹出的下拉列表中可以看到 3ds Max 提供的多种命令选项，如图 2-3 所示，掌握这些命令有助于用户创建更多的复杂模型。

图 2-1 "创建"面板　　图 2-2 "修改"面板　　图 2-3 "标准基本体"下拉列表

"标准基本体"共有长方体、圆锥体、球体、几何球体、圆柱体、管状体、圆环、四棱锥、茶壶、平面、加强型文本这 11 种工具，这基本上包括了所有最常用的几何体类型。

"扩展基本体"共有异面体、环形结、切角长方体、切角圆柱体、油罐、胶囊、纺锤等 12 种工具，它们是对标准基本体的扩展补充。"门""窗""楼梯"中包括多种内置的门、窗和楼梯工具。"AEC 扩展"包括植物、栏杆和墙 3 种工具。下面通过实例分别介绍这些工具的使用方法。

2.2 标准基本体

在"创建"面板中，系统会默认显示"标准基本体"分类中的 11 种工具。用户只需要单击其中的某个工具（如"长方体"工具）按钮，然后在视图中拖动鼠标即可创建几何体（也可以通过键盘输入基本参数来创建几何体）。这些几何体都是相对独立且不可拆分的。

2.2.1　长方体

在"创建"面板中，单击"长方体"按钮，即可在场景中创建长方体模型，如图 2-4 所示。长方形模型的参数如图 2-5 所示。

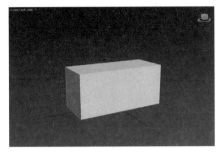

图 2-4　长方体模型　　　　　　　图 2-5　长方体模型的参数

- ▶ 长度 / 宽度 / 高度微调框：设置长方体对象的长度、宽度和高度。
- ▶ 长度分段 / 宽度分段 / 高度分段微调框：设置沿着对象的每个轴的分段数量。
- ▶ "生成贴图坐标"复选框：用于生成将贴图材质应用于长方体的坐标。
- ▶ "真实世界贴图大小"复选框：用于控制应用于对象的纹理贴图材质所使用的缩放方法。

2.2.2　实例：制作桌子模型

【例 2-1】本实例将主要讲解如何利用长方体制作桌子模型，如图 2-6 所示。

01 启动 3ds Max 2022 软件，单击"创建"面板中的"长方体"按钮，如图 2-7 所示。

02 在"修改"面板中设置"长度"为 1500mm、"宽度"为 3200mm、"高度"为 80mm，在场景中的任意位置创建一个长方体模型，如图 2-8 所示。

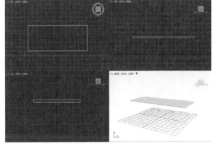

图 2-6　桌子模型　　　　图 2-7　单击"长方体"按钮　　　　图 2-8　创建长方体模型

03 单击"创建"面板中的"长方体"按钮，在场景中创建一条桌腿，如图 2-9 所示。

04 按 Alt+W 快捷键切换至顶视图中，长按主工具栏中的"捕捉开关"按钮 ，选择 2.5D，然后选择刚创建的桌腿，再按 Shift 键，以拖曳的方式移动长方体至如图 2-10 所示的位置。

图 2-9　创建桌腿

图 2-10　按 Shift 键并拖曳长方体

05 系统会自动弹出"克隆选项"对话框，在该对话框的"对象"组中选中"实例"单选按钮，设置"副本数"为 1，并单击"确定"按钮，即可实例复制一个桌腿副本，如图 2-11 所示。

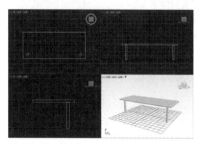
图 2-11　实例复制一条桌腿

06 按照同样的方法，复制另外两条桌腿，如图 2-12 所示。

07 选择一条桌腿，再按 Shift 键并以拖曳的方式进行移动，系统会自动弹出"克隆选项"对话框，在"对象"组中选中"复制"单选按钮，单击"确定"按钮，如图 2-13 所示，复制一个新的桌腿副本。

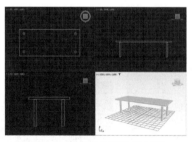

图 2-12　复制另外两条桌腿　　　　　图 2-13　再复制一个桌腿副本

08 右击"旋转工具"按钮，打开"旋转变换输入"对话框，在该对话框中设置 X 微调框数值为 90，如图 2-14 所示。

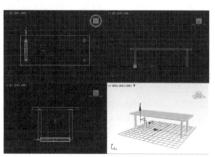
图 2-14　设置 X 微调框数值

09▶单击"层次"面板中的"仅影响轴"按钮，如图 2-15 所示。

10▶按 Alt+W 快捷键切换至侧视图中，在主工具栏中右击"捕捉开关"按钮，打开"栅格和捕捉设置"窗口，在该窗口的"捕捉"选项卡中选中"顶点"复选框，如图 2-16 所示。

图 2-15　单击"仅影响轴"按钮

图 2-16　选中"顶点"复选框

11▶修改坐标轴中心，修改前后的效果如图 2-17 所示。

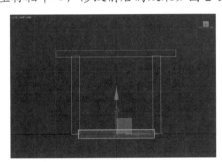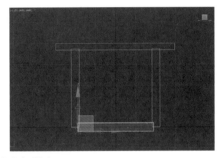

图 2-17　修改坐标轴中心

12▶再次单击"层次"面板中的"仅影响轴"按钮，结束命令，然后在主工具栏中右击"捕捉开关"按钮，打开"栅格和捕捉设置"窗口，在该窗口的"选项"选项卡中选中"启用轴约束"复选框，如图 2-18 所示。

13▶调整桌腿的位置，如图 2-19 所示。

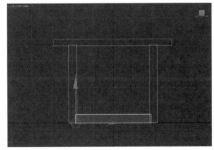

图 2-18　选中"启用轴约束"复选框　　　　图 2-19　调整桌腿位置

14▶单击"层次"面板中的"居中到对象"按钮，如图 2-20 所示，将坐标轴回归物体中心。

15▶再次单击"层次"面板中的"仅影响轴"按钮，结束命令，然后按 Shift 键，实例复制另外一个桌腿副本，如图 2-21 所示。

图 2-20　单击"居中到对象"按钮

图 2-21　实例复制另外一个桌腿副本

16 选择桌面模型，按照同样的方法，复制另外一个桌面副本，并调整桌面副本模型的大小，如图 2-22 所示。

17 设置完成后的桌子模型如图 2-6 所示。

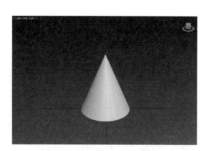

图 2-22　以同样的方法复制一张新的桌面

2.2.3　圆锥体

在"创建"面板中，单击"圆锥体"按钮，即可在场景中创建圆锥体模型，如图 2-23 所示。圆锥体模型的参数如图 2-24 所示。

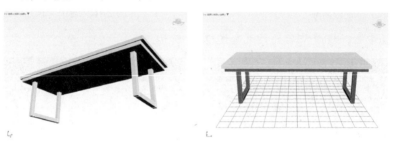

图 2-23　圆锥体模型

图 2-24　圆锥体模型的参数

▶ 半径 1/ 半径 2 微调框：设置圆锥体的第一个半径和第二个半径。

▶ "高度"微调框：设置圆锥体的高度值。

▶ "高度分段"微调框：设置沿着圆锥体主轴的分段数。

▶ "端面分段"微调框：设置围绕圆锥体顶部和底部中心的同心分段数。

▶ "边数"微调框：设置圆锥体周围边数。

▶ "启用切片"复选框：启用"切片"功能。

▶ "切片起始位置"和"切片结束位置"微调框：分别设置从局部 X 轴的零点开始围绕局部 Z 轴的度数。

▶ "生成贴图坐标"复选框：用于生成将贴图材质应用于圆锥体模型的坐标。

▶ "真实世界贴图大小"复选框：用于控制应用于对象的纹理贴图材质所使用的缩放方法。

2.2.4　球体

在"创建"面板中，单击"球体"按钮，即可在场景中创建球体模型，如图 2-25 所示。球体模型的参数如图 2-26 所示。

图 2-25　球体模型

图 2-26　球体模型的参数

▶ "半径"微调框：指定球体的半径。

▶ "分段"微调框：设置球体多边形分段的数目。

▶ "平滑"复选框：选中该复选框后，便可通过混合球体的面，在渲染视图中创建平滑的外观。

▶ "半球"微调框：用于制作不完整的球体外观。

▶ "切除"单选按钮：将球体中的顶点和面"切除"，以减少它们的数量。

▶ "挤压"单选按钮：按照保持原始球体中的顶点数和面数的方式来生成半球。

2.2.5　实例：制作橙子模型

【例 2-2】本实例将主要讲解如何利用球体制作橙子模型，如图 2-27 所示。视频

01 ▶ 启动 3ds Max 2022 软件，单击"创建"面板中的"球体"按钮，如图 2-28 所示。

02 ▶ 在"修改"面板的"参数"卷展栏中，设置"半径"为 40mm，设置"分段"数值为 32，如图 2-29 所示。

图 2-27　橙子模型

图 2-28　单击"球体"按钮

图 2-29　设置球体模型参数

03 设置完成后，球体模型在视图中的显示结果如图2-30所示。

04 选择球体模型，按Shift键以拖曳的方式移动球体，系统会自动弹出"克隆选项"对话框，在该对话框的"对象"组中选中"复制"单选按钮，单击"确定"按钮，如图2-31所示，复制一个球体副本。

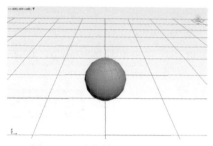

图2-30　球体模型的显示结果

图2-31　复制球体模型

05 在"参数"卷展栏中设置"半球"数值为0.5，如图2-32所示。

06 选择球体副本模型，并在主工具栏中选择"选择并旋转"按钮，再单击"角度捕捉切换"按钮，沿X轴旋转90°，效果如图2-33所示。

图2-32　设置球体副本参数

图2-33　旋转球体副本

07 再次将第一个橙子模型复制一个副本，在"参数"卷展栏中选中"启用切片"复选框，设置"切片起始位置"为-160、"切片结束位置"为160，效果如图2-34所示，制作出被切成小块的橙子模型。

08 选择切成小块的橙子模型，按Shift键以拖曳的方式进行移动，系统会自动弹出"克隆选项"对话框，在该对话框的"对象"组中选中"复制"单选按钮，设置"副本数"为2，单击"确定"按钮，如图2-35所示，复制出多个新的小块的橙子副本。

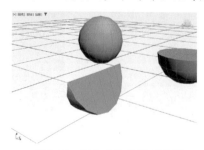

图2-34　制作小块的橙子模型

图2-35　复制小块的橙子模型

09 最终模型效果如图 2-27 所示。

2.2.6 圆柱体

在"创建"面板中，单击"圆柱体"按钮，即可在场景中创建圆柱体模型，如图 2-36 所示。圆柱体模型的参数如图 2-37 所示。

图 2-36 圆柱体模型　　　　　　　　　图 2-37 圆柱体模型的参数

- ▶ "半径"微调框：设置圆柱体的半径。
- ▶ "高度"微调框：设置圆柱体的高度。
- ▶ "高度分段"微调框：设置沿着圆柱体主轴的分段数量。
- ▶ "端面分段"微调框：设置围绕圆柱体顶部和底部中心的同心分段数量。
- ▶ "边数"微调框：设置圆柱体周围的边数。

2.2.7 圆环

在"创建"面板中，单击"圆环"按钮，即可在场景中创建圆环模型，如图 2-38 所示。圆环模型的参数如图 2-39 所示。

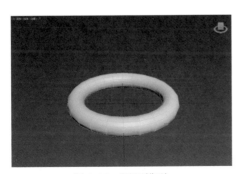

图 2-38 圆环模型　　　　　　　　　图 2-39 圆环模型的参数

- ▶ "半径 1"微调框：设置从环形的中心到横截面圆形中心的距离，也就是环形环的半径。
- ▶ "半径 2"微调框：设置横截面圆形的半径。
- ▶ "旋转"微调框：设置圆环布线的旋转度数。
- ▶ "扭曲"微调框：设置圆环布线的扭曲度数。
- ▶ "分段"微调框：设置围绕环形的径向分割数。

▶ "边数"微调框：设置环形横截面圆形的边数。
▶ "全部"单选按钮：在环形的所有曲面上生成完整平滑，如图 2-40 所示。
▶ "侧面"单选按钮：平滑相邻分段之间的边，生成围绕环形运行的平滑带，如图 2-41 所示。

图 2-40　使用"全部"参数后的效果　　图 2-41　使用"侧面"参数后的效果

▶ "无"单选按钮：完全禁用平滑，在环形上生成类似棱锥的面，如图 2-42 所示。
▶ "分段"单选按钮：分别平滑每个分段，沿着环形生成类似环的分段，如图 2-43 所示。

图 2-42　使用"无"参数后的效果　　图 2-43　使用"分段"参数后的效果

2.2.8　四棱锥

在"创建"面板中，单击"四棱锥"按钮，即可在场景中创建四棱锥模型，如图 2-44 所示。

四棱锥模型的参数如图 2-45 所示。

图 2-44　四棱锥模型　　　　　　　图 2-45　四棱锥模型的参数

▶ 宽度 / 深度 / 高度微调框：设置四棱锥相应面的维度。
▶ 宽度分段 / 深度分段 / 高度分段微调框：设置四棱锥相应面的分段数。

2.2.9　茶壶

在"创建"面板中，单击"茶壶"按钮，即可在场景中创建茶壶模型，如图 2-46 所示。
茶壶模型的参数如图 2-47 所示。

图 2-46　茶壶模型

图 2-47　茶壶模型的参数

- ▶ "半径"微调框：用于设置茶壶的半径大小。
- ▶ "分段"微调框：用于设置茶壶零件的分段数。
- ▶ "平滑"复选框：用于在渲染视图中创建平滑的外观。

2.2.10　加强型文本

使用"加强型文本"工具可以在视图中创建样条线轮廓或实心、挤出、倒角几何体文本。
通过其他选项，可以根据每个角色应用不同的字体和样式，并添加动画和特殊效果。在"创建"
面板中，单击"加强型文本"按钮，即可在场景中创建文本对象，如图 2-48 所示。

加强型文本的参数如图 2-49 所示。

图 2-48　加强型文本

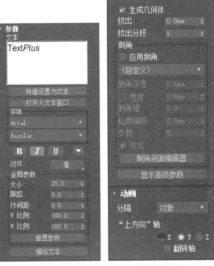

图 2-49　加强型文本的参数

- ▶ "文本"文本框：用于输入单行或多行文本 (按下 Enter 键即可开始新的一行。默认文本
  是加强型文本。用户可以通过"剪贴板"复制并粘贴单行或多行文本)。

▶ "将值设置为文本"按钮  ：单击该按钮，将打开"将值编辑为文本"对话框，如图 2-50 所示。在该对话框中，用户可以将文本链接到想要显示的值。

▶ "打开大文本窗口"按钮 ：单击该按钮，将打开"输入文本"对话框，如图 2-51 所示。在该对话框中，用户可以更好地设置大量文本的格式。

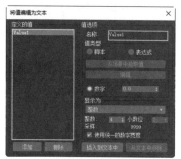

图 2-50 "将值编辑为文本"对话框

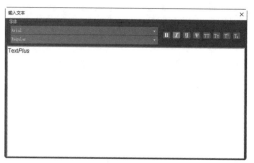

图 2-51 "输入文本"对话框

(1)"字体"组。

▶ "字体列表"下拉列表：从可用的字体列表中进行字体的选择，如图 2-52 所示。

▶ "字体类型"下拉列表：在弹出的下拉列表中，用户可以选择"常规""斜体""粗体""粗斜体"等字体类型，如图 2-53 所示。

▶ "粗体"按钮 B ：用于设置加粗文本。

▶ "斜体"按钮 I ：用于设置斜体文本。

▶ "下画线"按钮 U ：用于设置带下画线的文本。

▶ "更多样式"按钮 ：单击此按钮，将显示更多的文本样式设置选项，包括"删除线""全部大写""小写""上标"和"下标"等。"更多样式"按钮在被单击后，将变为"更少样式"按钮 。

▶ "对齐"下拉列表：单击该下拉按钮后，在弹出的下拉列表中，用户可以设置文本的对齐方式，包括"左对齐""中心对齐""右对齐""最后一个左对齐""最后一个中心对齐""最后一个右对齐"和"完全对齐"等，如图 2-54 所示。

图 2-52 "字体列表"下拉列表

图 2-53 "字体类型"下拉列表

图 2-54 "对齐"下拉列表

(2)"全局参数"组。

▶ "大小"微调框:用于设置文本高度。

▶ "跟踪"微调框:用于设置字母间距。

▶ "行间距"微调框:用于设置多行文本的行间距。

▶ "V 比例"微调框:用于设置文本的垂直缩放比例。

▶ "H 比例"微调框:用于设置文本的水平缩放比例。

▶ "重置参数"按钮  :用于将选定对象的参数重置为默认值,单击该按钮将打开"重置文本"对话框。对于选定文本,将其参数重置为其默认值。参数包括"全局 V 比例""全局 H 比例""跟踪""行间距""基线转移""字间距""局部 V 比例"和"局部 H 比例"等,如图 2-55 所示。

▶ "操纵文本"按钮 :用于切换文本的操纵状态,3ds Max 允许以均匀或非均匀方式手动操纵文本,用户可以调整文本的大小、字体、跟踪、行间距和基线等。

▶ "生成几何体"复选框:将 2D 的几何效果切换为 3D 的几何效果,如图 2-56 所示为选中该复选框前后的效果对比。

图 2-55 "重置文本"对话框

图 2-56 选中"生成几何体"复选框前后的效果对比

▶ "挤出"微调框:设置几何体挤出深度。

▶ "挤出分段"微调框:指定在挤出文本中创建的分段数。

(3)"倒角"组。

▶ "应用倒角"复选框:选中该复选框,可应用倒角效果。如图 2-57 所示为选中该复选框前后的效果对比。

图 2-57 选中"应用倒角"复选框前后的效果对比

▶ "预设"下拉列表:从下拉列表中选择一个预设的倒角类型,或选择"自定义"选项来使用通过倒角剖面编辑器创建的倒角。预设的倒角类型包括"凹面""凸面""凹雕""半圆""壁架""线性""S 形区域""三步"和"两步",如图 2-58 所示。

▶ "倒角深度"微调框:设置倒角区域的深度。

▶ "宽度"复选框:该复选框用于切换功能以修改宽度参数。默认设置为未选中状态,并受限于深度参数。选中该复选框后可从默认值更改宽度,并在宽度字段中输入数量。

- ▶ "倒角推"微调框：设置倒角曲线的强度。
- ▶ "轮廓偏移"微调框：设置轮廓的偏移距离。
- ▶ "步数"微调框：设置用于分割曲线的顶点数。步数越多，曲线越平滑。
- ▶ "优化"复选框：从倒角的直线段移除不必要的步数。默认设置为启用。
- ▶ "倒角剖面编辑器"按钮 ▐倒角剖面编辑器▐：单击该按钮，可以打开"倒角剖面编辑器"窗口，用户可以在该窗口中创建自定义剖面，如图 2-59 所示。

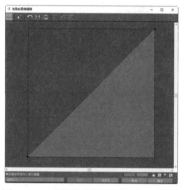

图 2-58　"预设"下拉列表　　　　图 2-59　"倒角剖面编辑器"窗口

- ▶ "显示高级参数"按钮 ▐显示高级参数▐：单击该按钮，可以切换高级参数的显示。

2.2.11　其他标准基本体

除了前面介绍的 8 种基本体以外，3ds Max 还支持创建几何体球、管状体和平面 3 个基本体，由于这些基本体创建对象的方法及参数设置与前面所讲述的内容基本相同，故不在此重复讲解，这 3 个基本体所对应的模型形态如图 2-60 所示。

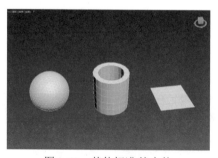

图 2-60　其他标准基本体

2.2.12　实例：创建及修改圆锥体模型

【例 2-3】本实例将主要讲解如何创建及修改圆锥体模型。 🎬视频

01 启动 3ds Max 2022 软件，在菜单栏中选择"自定义"|"单位设置"命令，打开"单位设置"对话框，在该对话框中选中"公制"单选按钮，在其下拉列表中选择"厘米"选项，如图 2-61 所示，单击"确定"按钮。

02 单击"创建"面板中的"圆锥体"按钮，如图 2-62 所示。

图 2-61　选择"厘米"选项　　　　图 2-62　单击"圆锥体"按钮

03 在"修改"面板的"参数"卷展栏中设置"半径 1"为 80cm，设置"半径 2"为 0cm，设置"高度"为 150cm，设置"边数"数值为 16，如图 2-63 左图所示，即可得到如图 2-63 右图所示的圆锥体。

04 取消选中"平滑"复选框，如图 2-64 左图所示，视图中的圆锥体显示状态如图 2-64 右图所示。

图 2-63　设置圆锥体模型的参数　　　　图 2-64　取消选中"平滑"复选框

05 选中"启用切片"复选框，设置"切片起始位置"的值为 0、"切片结束位置"的值为 80，如图 2-65 左图所示，可以得到如图 2-65 右图所示的模型结果。

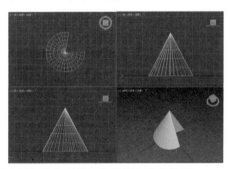

图 2-65　选中"启用切片"复选框并设置切片的位置

06 选中"平滑"复选框，取消选中"启用切片"复选框，设置"边数"数值为 12，如图 2-66 所示，圆锥体模型的显示效果如图 2-67 所示。

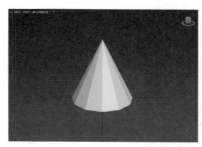
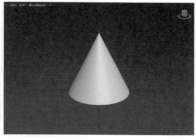

图 2-66　设置"边数"数值　　　　　　　　图 2-67　圆锥体模型效果

2.3　扩展基本体

在 3ds Max 2022 的"创建"面板中，单击"标准基本体"下拉按钮，在弹出的下拉列表中选择"扩展基本体"选项，即可显示用于创建扩展基本体的各种工具按钮。

扩展基本体是 3ds Max 中复杂基本体的集合，包括异面体、环形结、切角长方体、切角圆柱体、油罐、胶囊、纺锤、L-Ext、球棱柱、C-Ext、环形波、软管、棱柱 13 种基本体，如图 2-68 所示。扩展基本体的使用频率相对标准基本体要略低一些。

2.3.1　异面体

在"创建"面板中，单击"异面体"按钮，即可在场景中创建异面体模型，如图 2-69 所示。

图 2-68　扩展基本体

使用"异面体"工具，可以在场景中创建一些表面结构看起来很特殊的三维模型，其参数设置如图 2-70 所示。

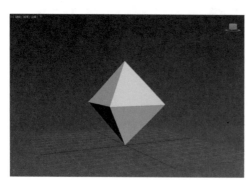

图 2-69　异面体模型　　　　　　　图 2-70　异面体模型的参数

(1) "系列"组。

▶ "四面体"单选按钮：创建一个四面体。

▶ "立方体 / 八面体"单选按钮：创建一个立方体或八面体。

▶ "十二面体 / 二十面体"单选按钮：创建一个十二面体或二十面体。

▶ "星形 1"或"星形 2"单选按钮：创建两个不同的类似星形的多面体。

(2) "系列参数"组。

▶ P/Q 微调框：为多面体顶点和面之间提供两种变换方式的关联参数。

(3) "轴向比率"组。

▶ P/Q/R 微调框：控制多面体一个面反射的轴。

▶ "重置"按钮 重置 ：将轴返回为其默认设置。

2.3.2　环形结

在"创建"面板中，单击"环形结"按钮，即可在场景中创建环形结模型，如图 2-71 所示。

使用"环形结"工具，可以在场景中模拟制作绳子打结的形态，其参数设置如图 2-72 所示。

图 2-71　环形结模型

图 2-72　环形结模型的参数

(1) "基础曲线"组。

▶ "结"和"圆"单选按钮：选中"结"单选按钮时，环形将基于其他各种参数进行交织；选中"圆"单选按钮时，基础曲线是圆形，如果在默认设置中保留"扭曲"和"偏心率"参数，则会产生标准环形。

▶ "半径"微调框：用于设置基础曲线的半径。

▶ "分段"微调框：用于设置围绕环形周界的分段数。

▶ P/Q 微调框：用于设置上下 (P) 和围绕中心 (Q) 的缠绕数值。

▶ "扭曲数"微调框：用于设置曲线周围星形中的"点"数。

▶ "扭曲高度"微调框：用于设置指定为基础曲线半径百分比的"点"的高度。

(2)"横截面"组。

▶ "半径"微调框：用于设置横截面的半径。

▶ "边数"微调框：用于设置横截面周围的边数。

▶ "偏心率"微调框：用于设置横截面主轴与副轴的比例。该比例为 1 时，将创建圆形横截面；该比例为其他值时，将创建椭圆形横截面。

▶ "扭曲"微调框：用于设置横截面围绕基础曲线扭曲的次数。

▶ "块"微调框：用于设置环形结中的凸出量。

▶ "块高度"微调框：用于设置块的高度。

▶ "块偏移"微调框：用于设置块起点的偏移程度。

2.3.3 切角长方体

在"创建"面板中，单击"切角长方体"按钮，即可在场景中绘制切角长方体模型，如图 2-73 所示。

使用"切角长方体"工具创建对象，可以快速制作具有倒角效果或圆形边效果的长方体模型，其参数设置如图 2-74 所示。

图 2-73　切角长方体模型　　　　图 2-74　切角长方体模型的参数

▶ 长度 / 宽度 / 高度微调框：设置切角长方体的维度。

▶ "圆角"微调框：其中的值越大，切角长方体的圆角越精细。

▶ 长度分段 / 宽度分段 / 高度分段微调框：设置沿着相应轴的分段数。

▶ "圆角分段"微调框：其中的值越大，切角长方体的圆角效果越明显。

▶ "平滑"复选框：选中该复选框后，通过混合切角长方体的面，可在渲染视图中创建平滑的外观。

2.3.4 胶囊

在"创建"面板中，单击"胶囊"按钮，即可在场景中绘制胶囊模型，如图 2-75 所示。

使用"胶囊"工具创建对象，可以快速制作具有形似胶囊的三维模型，其参数设置如图 2-76 所示。

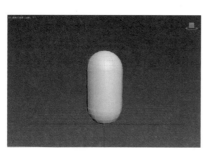
图 2-75　胶囊模型

图 2-76　胶囊模型的参数

▶ "半径"微调框：设置胶囊的半径。

▶ "高度"微调框：设置沿中心轴的高度 (如果输入负值，系统将在构造平面的下方创建胶囊模型)。

▶ "总体"和"中心"单选按钮：设置高度值指定的内容。若选中"总体"单选按钮，则可以指定对象的总体高度；若选中"中心"单选按钮，则可以指定胶囊模型中圆柱体中部的高度 (不包括圆顶封口部分)。

▶ "边数"微调框：设置胶囊周围的边数。

▶ "高度分段"微调框：设置沿着胶囊主轴的分段数。

▶ "平滑"复选框：选中该复选框后，可以通过混合胶囊的面，在渲染视图中创建平滑的外观。

▶ "启用切片"复选框：用于启用"切片"功能。

▶ "切片起始位置"和"切片结束位置"微调框：设置从局部 X 轴的零点开始围绕局部 Z 轴的度数。

2.3.5　纺锤

在"创建"面板中，单击"纺锤"按钮，即可在场景中绘制纺锤模型，如图 2-77 所示。

使用"纺锤"工具创建对象，可以快速制作具有形似纺锤的三维模型，其参数设置如图 2-78 所示。

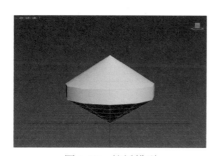
图 2-77　纺锤模型

图 2-78　纺锤模型的参数

▶ "半径"微调框：设置纺锤的半径。

▶ "高度"微调框：设置沿中心轴的高度 (如果设置为负值，系统将在构造平面的下方创建纺锤模型)。

- ▶ "封口高度"微调框：设置圆锥形封口的高度。
- ▶ "总体"和"中心"单选按钮：设置高度值指定的内容。若选中"总体"单选按钮，则可以指定对象的总体高度；若选中"中心"单选按钮，则可以指定纺锤模型中圆柱体中部的高度 (不包括圆锥形封口)。
- ▶ "混合"微调框：当其中的值大于 0 时，系统将在纺锤主体与封口的汇合处创建圆角。
- ▶ "边数"微调框：设置纺锤周围的边数 (当选中"平滑"复选框时，较大的边数将导致着色和渲染真正的圆；当取消选中"平滑"复选框时，较小的边数将导致创建规则的多边形对象)。
- ▶ "端面分段"微调框：设置沿着纺锤顶部和底部中心的同心分段数。
- ▶ "高度分段"微调框：设置沿着纺锤主轴的分段数。
- ▶ "平滑"复选框：选中该复选框后，可以通过混合纺锤的面，在渲染视图中得到平滑的外观。

2.3.6　其他扩展基本体

在扩展基本体的创建工具中，除了前面介绍的 5 种工具以外，3ds Max 还提供了"切角圆柱体""油罐""L-Ext""C-Ext""软管""球棱柱""环形波"和"棱柱"工具。由于这些基本体创建对象的方法及参数设置与前面所讲述的内容基本相同，故不在此重复讲解，这 8 个工具所对应的模型形态如图 2-79 所示。

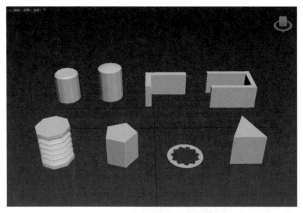

图 2-79　其他扩展基本体

2.3.7　实例：制作现代风格落地灯模型

【例 2-4】本实例将主要讲解如何利用扩展基本体制作现代风格落地灯模型，如图 2-80 所示。 视频

01 启动 3ds Max 2022，在"创建"面板中，将"标准基本体"切换至"扩展基本体"，单击"切角圆柱体"按钮，如图 2-81 所示，制作底座。

02 在"修改"面板的"参数"卷展栏中，设置"半径"为 240mm、"高度"为 60mm、"圆角"为 18mm、"圆角分段"数值为 2，如图 2-82 所示。

图 2-80　落地灯模型

图 2-81　单击"切角圆柱体"模型

图 2-82　设置"切角圆柱体"参数

03 设置完成后，切角圆柱体模型在视图中的显示效果如图 2-83 所示。

04 选择该模型，按 Shift 键以拖曳的方式进行移动，系统会自动弹出"克隆选项"对话框，在该对话框的"对象"组中选中"复制"单选按钮，设置"副本数"为 1，单击"确定"按钮，并调整切角圆柱体模型副本的参数，制作的支架效果如图 2-84 所示。

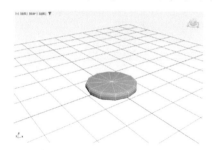

图 2-83　切角圆柱体显示效果

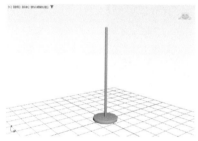

图 2-84　制作支架

05 在"创建"面板中，将"扩展基本体"切换至"标准基本体"，单击"球体"按钮，在"修改"面板中，设置"半径"为 40mm、"分段"数值为 16，如图 2-85 所示。

06 设置完成后，球体模型在视图中的显示效果如图 2-86 所示。

图 2-85　调整球体模型参数

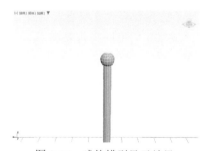

图 2-86　球体模型显示效果

07 复制一个支架副本，调整其参数，然后在主工具栏中单击"角度捕捉切换"按钮，激活命令，调整支架副本的位置，效果如图 2-87 所示。

08 在"创建"面板中，再将"标准基本体"切换至"扩展基本体"，单击"切角圆柱体"按钮，制作灯座，在"修改"面板中，设置"半径"数值为 240mm、"高度"为 80mm、"圆角"为 18mm、"圆角分段"数值为 2，制作的灯芯效果如图 2-88 所示。

图 2-87　复制一个支架副本并调整位置

图 2-88　制作灯芯

09 在"创建"面板中，单击"切角圆柱体"按钮，在"修改"面板中，设置"半径"为 1.5mm、"高度"为 48mm、"圆角"为 0.7mm、"圆角分段"数值为 2，如图 2-89 所示，制作灯泡的灯丝。

10 设置完成后，灯丝模型在视图中的显示效果如图 2-90 所示。

图 2-89　设置灯丝的参数

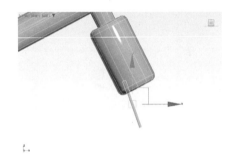

图 2-90　灯丝显示效果

11 在"层次"面板中单击"仅影响轴"按钮，调整坐标轴至灯座的底部中心位置，如图 2-91 所示。

12 在主工具栏中单击"镜像"按钮，打开"镜像：世界坐标"对话框，选中该对话框的"镜像轴"组中的 X 单选按钮和"克隆当前选择"组中的"复制"单选按钮，单击"确定"按钮，如图 2-92 所示，镜像复制出一个灯丝副本。

图 2-91　调整坐标轴

图 2-92　镜像复制出一个灯丝副本

13　按 E 键激活"选择并旋转"命令，调整灯丝副本的位置，如图 2-93 所示。

14　在"创建"面板中，将"扩展基本体"切换至"标准基本体"，单击"球体"按钮，在"修改"面板中，设置"半径"为 70mm、"分段"数值为 16、"半球"数值为 0.8，如图 2-94 所示。制作一个底座模型。

图 2-93　调整灯丝副本的位置　　　　　　　　图 2-94　设置球体模型的参数

15　设置完成后，底座模型在视图中的显示效果如图 2-95 所示。

16　在"创建"面板中，单击"球体"按钮，在"修改"面板中，设置"半径"为 1500mm、"分段"数值为 16，制作的灯罩模型如图 2-96 所示。

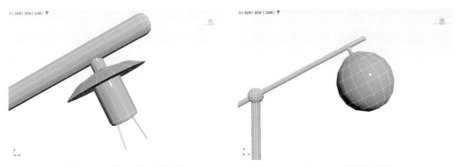

图 2-95　灯座显示效果　　　　　　　　　图 2-96　制作灯罩

17　设置完成后，落地灯模型在视图中的显示效果如图 2-80 所示。

2.4　复合对象

2.4.1　复合对象概述

复合对象通常是将两个或两个以上现有对象组合成一个单独的对象。在 3ds Max 工作界面右侧的"创建"面板中选择"几何体"选项卡，在"标准基本体"下拉列表中选择"复合对象"选项，可以看到"复合对象"分类中共有 12 个命令按钮，分别是"变形"按钮、"散布"按钮、"一致"按钮、"连接"按钮、"水滴网格"按钮、"图形合并"按钮、"地形"按钮、"放样"按钮、"网格化"按钮、ProBoolean 按钮、ProCutter 按钮和"布尔"按钮，如图 2-97 所示。接下来，本节主要讲解常用的复合对象按钮。

此时，"对象类型"卷展栏中有些按钮是灰色的，这表示当前选定的对象不符合该复合对象的创建条件。

图 2-97 切换至复合对象的"创建"面板

2.4.2 变形

"变形"工具需要用户先选择场景中的一个几何体对象才能激活使用，主要用来制作一个对象从一种形态向另外一种形态产生形变的过渡动画。"变形"的"参数"面板如图 2-98 所示，分为"拾取目标"卷展栏和"当前对象"卷展栏 2 个部分。

"拾取目标"卷展栏参数命令如图 2-99 所示，各选项的功能说明如下。

▶ "拾取目标"按钮 ▢拾取目标 ：单击该按钮，可以将场景中的其他对象设置为指定目标对象。

▶ 参考 / 复制 / 移动 / 实例：用于指定目标对象传输至复合对象的方式。

"当前对象"卷展栏参数命令如图 2-100 所示，各选项的功能说明如下。

图 2-98 "变形"的 　　图 2-99 "拾取目标"卷展栏 　　图 2-100 "当前对象"卷展栏
　　"参数"面板

▶ "变形目标"列表框：通过下方的文本框显示当前的变形目标。

▶ "变形目标名称"文本框：通过在下方的文本框内输入文字来更改在"变形目标"列表中选定变形目标的名称。

▶ "创建变形关键点"按钮 ▢创建变形关键点 ：在当前帧处添加选定目标的变形关键点。

▶ "删除变形目标"按钮 ▢删除变形目标 ：删除当前高亮显示的变形目标。如果变形关键点参考的是删除的目标，也会删除这些关键点。

2.4.3　实例：制作物体变形动画

【例 2-5】本实例将主要讲解如何使用"变形"工具制作物体变形动画，如图 2-101 所示。

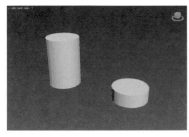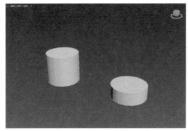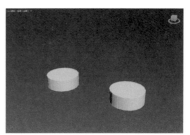

图 2-101　变形动画

01 启动 3ds Max 2022 软件，在"创建"面板中单击"圆柱体"按钮，如图 2-102 所示，在场景中创建一个圆柱体图形。

02 在"修改"面板中，设置"半径"为 35mm、"高度"为 100mm，设置"高度分段"数值为 1，如图 2-103 所示。

图 2-102　单击"圆柱体"按钮　　　　　　图 2-103　设置圆柱体模型的参数

03 选择圆柱体模型，右击并在弹出的快捷菜单中选择"转换为:"|"转换为可编辑多边形"命令，如图 2-104 所示。

04 按住 Shift 键，以拖曳的方式复制一个圆柱体模型，系统自动弹出"克隆选项"对话框，在该对话框的"对象"组中选中"复制"单选按钮，然后单击"确定"按钮，如图 2-105 所示。

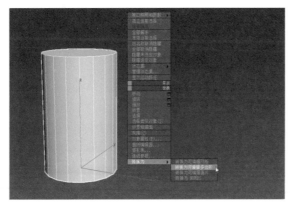

图 2-104　选择"转换为可编辑多边形"命令　　图 2-105　"克隆选项"对话框

05 设置完成后，圆柱体模型在视图中的显示效果如图 2-106 所示。

06 选择新复制出来的圆柱体模型副本，在"修改"面板中，单击"顶点"按钮进入子层级，如图 2-107 所示。

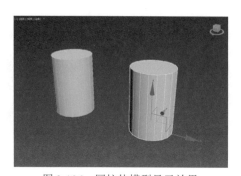

图 2-106　圆柱体模型显示效果　　　　图 2-107　单击"顶点"按钮

07 选择顶点，调整其至如图 2-108 所示。

08 选择第一次创建的圆柱体模型，然后在"创建"面板中单击"标准几何体"下拉按钮，从弹出的下拉列表中选择"复合对象"选项，单击"变形"按钮，如图 2-109 所示。

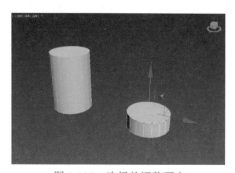

图 2-108　选择并调整顶点　　　　　图 2-109　单击"变形"按钮

09 在"拾取目标"卷展栏中单击"拾取目标"按钮，如图 2-110 所示。

10 单击场景中已发生形变的圆柱体模型，可以看到圆柱体的形态已经变成拾取目标的形态，如图 2-111 所示。

图 2-110　单击"拾取目标"按钮　　　　图 2-111　圆柱体的形态发生改变

11 在"修改"面板中展开"当前对象"卷展栏，选中"变形目标"文本框内的 M_
Cylinder001，并单击"创建变形关键点"按钮，如图 2-112 所示。

12 即可在第 0 帧位置处创建圆柱体最初形态的关键帧，如图 2-113 所示。

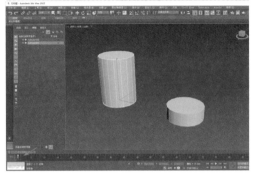

图 2-112　单击"创建变形关键点"按钮　　　图 2-113　在第 0 帧处创建关键帧

13 将"时间滑块"拖至第 30 帧位置处，在"修改"面板中展开"当前对象"卷展栏，选中"变形目标"文本框内的 M_Cylinder002，并单击"创建变形关键点"按钮，如图 2-114 所示。

14 即可在第 30 帧位置处自动创建圆柱体发生形态变化后的关键帧，如图 2-115 所示。

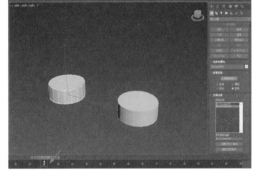

图 2-114　单击"创建变形关键点"按钮　　　图 2-115　在第 30 帧处创建关键帧

15 再次拖动"时间滑块"按钮，即可看到在第 0 帧和第 30 帧之间，系统会自动生成圆柱体的变形动画，最终效果如图 2-101 所示。

2.4.4　散布

通过"散布"对象，用户能够将选定的源对象分散、覆盖到目标对象的表面。例如，用户可以快速地在一片起伏不平的区域随机放置树木、石头或小草等模型对象。"散布"的"参数"面板如图 2-116 所示，分为"拾取分布对象"卷展栏、"散布对象"卷展栏、"变换"卷展栏、"显示"卷展栏和"加载 / 保存预设"卷展栏 5 个部分。

1．"拾取分布对象"卷展栏

"拾取分布对象"卷展栏如图 2-117 所示，各选项的功能说明如下。

图 2-116　"散布"的"参数"面板　　　　图 2-117　"拾取分布对象"卷展栏

▶ "对象"提示框：提示使用"拾取分布对象"按钮选择的分布对象的名称。

▶ "拾取分布对象"按钮 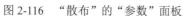：用于在场景中拾取一个对象并将其指定为分布对象。

▶ "参考""复制""移动"和"实例"单选按钮：用于指定将分布对象转换为散布对象的方式。

2. "散布对象"卷展栏

"散布对象"卷展栏如图 2-118 所示，用于指定源对象如何散布，此外还允许访问构成散布合成物体的源对象和目标对象，各选项的功能说明如下。

图 2-118　"散布对象"卷展栏

(1) "分布"组。

▶ "使用分布对象"单选按钮：将源对象散布到目标对象的表面。

▶ "仅使用变换"单选按钮：不使用目标对象，而是通过"变换"卷展栏中的设置来影响源对象的分配。

(2)"对象"组。

▶ 源名：用于重命名散布复合对象中的源对象。

▶ 分布名：用于重命名分布对象。

▶ "提取运算对象"按钮：提取所选操作对象的副本或实例。

▶ 实例 / 复制：用于指定提取操作对象的方式。

(3)"源对象参数"组。

▶ "重复数"微调框：用于设置源对象分配在目标对象表面的副本数量。

▶ "基础比例"微调框：用于设置源对象的缩放比例。

▶ "顶点混乱度"微调框：用于设置源对象随机分布在目标对象表面的顶点混乱度，该值越大，混乱度就越大。

▶ "动画偏移"微调框：用于指定动画随机偏移原点的帧数。

(4)"分布对象参数"组。

▶ "垂直"复选框：选中该复选框后，每个复制的源对象都将保持与其所在的顶点、面或边之间的垂直关系。

▶ "仅使用选定面"复选框：选中该复选框后，可将散布对象分布在目标对象所选择的面上。

▶ "区域"单选按钮：将源对象分布在目标对象的整个表面区域内。

▶ "偶校验"单选按钮：将源对象以偶数的方式分布在目标对象上。

▶ "跳过 N 个"单选按钮：允许设置面的间隔数，源对象将根据该单选按钮右侧微调框中的参数进行分布。

▶ "随机面"单选按钮：将源对象以随机的方式分布在目标对象的表面上。

▶ "沿边"单选按钮：将源对象以随机的方式分布在目标对象的边上。

▶ "所有顶点"单选按钮：将源对象以随机的方式分布在目标对象的所有基点上，基点的数量与目标对象的顶点数量相同。

▶ "所有边的中点"单选按钮：将源对象随机分布到目标对象的每条边的中心，数量与目标对象的边数相同。

▶ "所有面的中心"单选按钮：将源对象随机分布到目标对象的每个面的中心，数量与目标对象的面数相同。

▶ "体积"单选按钮：将源对象随机分布到目标对象的体积内部。

(5)"显示"组。

▶ "结果"单选按钮：将显示分布后的结果。

▶ "运算对象"单选按钮：只显示选择"散步"操作之前的操作对象。

3．"变换"卷展栏

"变换"卷展栏用于设置源对象分布在目标对象表面后的变换偏移量，可记录为动画，参数面板如图 2-119 所示，主要选项的功能说明如下。

(1)"旋转"组。

▶ X/Y/Z：输入希望围绕每个重复项的局部 X、Y 或 Z 轴旋转的最大随机旋转偏移。

▶ 使用最大范围：如果选中该复选框，则强制所有三个设置匹配最大值。

(2) "局部平移" 组。

▶ X/Y/Z：输入希望沿每个重复项的 X、Y 或 Z 轴平移的最大随机移动量。

▶ 使用最大范围：如果选中该复选框，则强制所有三个设置匹配最大值。

(3) "在面上平移" 组。

▶ A/B/N：A/B 设置指定面的表面上的重心坐标，N 设置指定沿面法线的偏移。

▶ 使用最大范围：如果选中该复选框，则强制所有三个设置匹配最大值。

(4) "比例" 组。

▶ X/Y/Z：指定沿每个重复项的 X、Y 或 Z 轴的随机缩放百分比。

▶ 使用最大范围：如果选中该复选框，则强制所有三个设置匹配最大值。

4. "显示" 卷展栏

"显示" 卷展栏如图 2-120 所示，各选项的功能说明如下。

图 2-119 "变换"卷展栏

图 2-120 "显示"卷展栏

(1) "显示选项" 组。

▶ "代理" 单选按钮：以简单的方块替代源对象，从而提高视图的刷新速度。

▶ "网格" 单选按钮：显示源对象的原始形态。

▶ "显示" 微调框：设置所有源对象在视图中的显示百分比，但不会影响渲染结果，默认值为 100%。

▶ "隐藏分布对象" 复选框：选中该复选框后，视图中将隐藏目标对象，而仅显示源对象（这会影响渲染效果）。

(2) "唯一性" 组。

▶ "新建" 按钮：用于随机生成新的种子数。

▶ "种子" 微调框：用于设置并显示当前散布的种子数，可在相同设置下产生不同的散布效果。

5. "加载 / 保存预设"卷展栏

"加载 / 保存预设"卷展栏如图 2-121 所示，主要选项的功能说明如下。

图 2-121 "加载 / 保存预设"卷展栏

▶ 预设名：用于定义设置的名称。

▶ "加载"按钮：加载"保存预设"列表中当前高亮显示的预设。

▶ "保存"按钮：保存"预设名"字段中的当前名称并放入"保存预设"列表。

▶ "删除"按钮：删除"保存预设"列表中的选定项。

2.4.5 实例：制作巧克力球模型

【例 2-6】本实例将主要讲解如何制作巧克力球模型，如图 2-122 所示。 ◉视频

01 启动 3ds Max 2022 软件，在"创建"面板中单击"球体"按钮，如图 2-123 所示，在场景中创建一个球体模型。

02 在"修改"面板中，设置"半径"为 30mm，设置"分段"数值为 46，如图 2-124 所示。

图 2-122 巧克力球模型　　图 2-123 单击"球体"　　图 2-124 设置球体

按钮　　　模型参数

03 设置完成后，球体模型在视图中的显示效果如图 2-125 所示。

04 在"修改"面板中单击"修改器列表"下拉按钮，从弹出的下拉列表中选择 Noise 选项，为其添加"噪波"修改器，如图 2-126 所示。

图 2-125　球体模型在视图中的显示效果　　图 2-126　添加"噪波"修改器

05 在"参数"卷展栏的"噪波"组中设置"比例"数值为 7，在"强度"组中分别设置 X、Y 和 Z 为 4mm，如图 2-127 所示

06 设置完成后，球体模型在视图中的显示效果如图 2-128 所示。

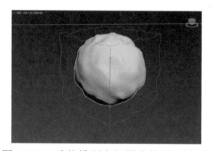

图 2-127　设置噪波参数　　　图 2-128　球体模型在视图中的显示效果

07 在"创建"面板中单击"球体"按钮，在"修改"面板中设置"半径"为 3mm、"分段"数值为 12，如图 2-129 所示，制作巧克力球表面的榛果碎。

08 为榛果碎添加"噪波"修改器，在"参数"卷展栏的"噪波"组中设置"比例"数值为 5.5，在"强度"组中分别设置 X、Y 和 Z 为 20mm，效果如图 2-130 所示。

图 2-129　设置榛果碎参数　　　图 2-130　设置榛果碎的噪波参数后的效果

09 选择场景中的榛果碎模型，右击并从弹出的快捷菜单中选择"转换为："|"转换为可编辑多边形"命令，如图 2-131 所示。

10 选择场景中的巧克力球模型，单击"创建"面板中的"散布"按钮，如图 2-132 所示。

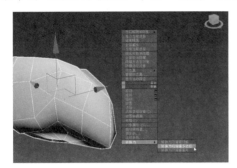　

图 2-131　选择"转换为可编辑多边形"命令　　　图 2-132　单击"散布"按钮

11 在"拾取分布对象"卷展栏中单击"拾取分布对象"按钮，如图 2-133 所示。

12 单击场景中的巧克力球模型，可以看到榛果碎模型已经移至场景中的巧克力球模型上，如图 2-134 所示。

图 2-133　单击"拾取分布对象"按钮　　　　图 2-134　观察模型

13 在"修改"面板中展开"散布对象"卷展栏，设置"重复数"数值为 80，如图 2-135 所示。

14 选中"分布对象参数"组中的"区域"单选按钮，如图 2-136 所示。

15 这样球面上榛果碎模型看起来会更加随机自然一些，如图 2-137 所示。

　　　　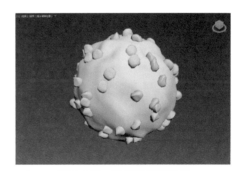

图 2-135　设置　　　图 2-136　选中　　　图 2-137　榛果碎模型效果

"重复数"参数　　　"区域"单选按钮

16 展开"变换"卷展栏，在"旋转"组中设置 X 数值为 90、Y 数值为 100、Z 数值为 180，然后在"比例"组中，设置 X 数值为 30%，并选中"使用最大范围"和"锁定纵横比"复选框，如图 2-138 所示。

17 展开"显示"卷展栏，选中"隐藏分布对象"复选框，如图 2-139 所示。

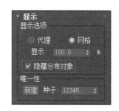

图 2-138 设置"变换"参数　　图 2-139 选中"隐藏分布对象"复选框

18 巧克力球模型的最终效果如图 2-122 所示。

2.4.6 放样

所谓放样，就是由一个或多个二维图形沿着一定的放样路径延伸产生复杂的三维对象。"放样"按钮位于"创建"面板的"复合对象"下拉列表中。默认状态下，按钮的颜色呈灰色，按钮不可使用。只有当用户选择了场景中的样条线对象时，才可以激活该按钮。"放样"的"参数"面板如图 2-140 所示，分为"创建方法"卷展栏、"变形"卷展栏、"曲面参数"卷展栏、"路径参数"卷展栏和"蒙皮参数"卷展栏 5 部分。

1. "创建方法"卷展栏

"创建方法"卷展栏如图 2-141 所示，各选项的功能说明如下。

图 2-140 "放样"的"参数"面板　　图 2-141 "创建方法"卷展栏

▶ "获取路径"按钮 获取路径 ：将路径指定给选定图形或更改当前指定的路径。

▶ "获取图形"按钮 获取图形 ：将图形指定给选定路径或更改当前指定的图形。

▶ 移动 / 复制 / 实例：用于指定路径或图形转换为放样对象的方式。

2．"变形"卷展栏

"变形"卷展栏如图 2-142 所示，各选项的功能说明如下。

▶ "缩放"按钮：可以从单个图形中放样对象，该图形在沿着路径移动时只改变缩放。

▶ "扭曲"按钮：使用"扭曲"变形可以沿着对象的长度创建盘旋或扭曲的对象，"扭曲"将沿着路径指定旋转量。

▶ "倾斜"按钮：使用"倾斜"变形可以围绕局部 X 轴和 Y 轴旋转图形。

▶ "倒角"按钮：可以制作具有倒角效果的对象。

▶ "拟合"按钮：使用"拟合"变形，可以使用两条"拟合"曲线来定义对象的顶部和侧剖面。

3．"曲面参数"卷展栏

"曲面参数"卷展栏如图 2-143 所示，各选项的功能说明如下。

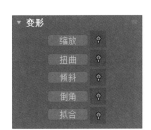

图 2-142　"变形"卷展栏　　　图 2-143　"曲面参数"卷展栏

(1) "平滑"组。

▶ 平滑长度：沿着路径的长度提供平滑曲面。

▶ 平滑宽度：围绕横截面图形的周界提供平滑曲面。

(2) "贴图"组。

▶ 应用贴图：启用和禁用放样贴图坐标，必须启用"应用贴图"才能访问其余的项目。

▶ 真实世界贴图大小：控制应用于该对象的纹理贴图材质所使用的缩放方法。

▶ 长度重复：设置沿着路径的长度重复贴图的次数，贴图的底部放置在路径的第 1 个顶点处。

▶ 宽度重复：设置围绕横截面图形的周界重复贴图的次数，贴图的左边缘与每个图形的第 1 个顶点对齐。

▶ 规格化：决定沿着路径长度和图形宽度路径顶点间距如何影响贴图。

(3) "材质"组。

▶ 生成材质 ID：在放样期间生成材质 ID。

▶ 使用图形 ID：提供使用样条线材质 ID 来定义材质 ID 的选择。

4. "路径参数"卷展栏

"路径参数"卷展栏如图 2-144 所示，各选项的功能说明如下。

▶ 路径：通过输入值或拖曳微调器来设置路径的级别。

▶ 捕捉：用于设置沿着路径图形之间的恒定距离。

▶ 启用：选中"启用"复选框后，"捕捉"处于活动状态，默认设置为禁用状态。

▶ 百分比：将路径级别表示为路径总长度的百分比。

▶ 距离：将路径级别表示为路径第一个顶点的绝对距离。

▶ 路径步数：将图形置于路径步数和顶点上，而不是作为沿着路径的一个百分比或距离。

▶ "拾取图形"按钮：将路径上的所有图形设置为当前级别。

▶ "上一个图形"按钮：从路径级别的当前位置沿路径跳至上一个图形。

▶ "下一个图形"按钮：从路径级别的当前位置沿路径跳至下一个图形。

5. "蒙皮参数"卷展栏

"蒙皮参数"卷展栏如图 2-145 所示，各选项的功能说明如下。

图 2-144 "路径参数"卷展栏　　　　图 2-145 "蒙皮参数"卷展栏

(1) "封口"组。

▶ 封口始端：如果选中该复选框，则路径第一个顶点处的放样端被封口。如果取消选中该复选框，则放样端为打开或不封口状态。默认设置为选中状态。

▶ 封口末端：如果选中该复选框，则路径最后一个顶点处的放样端被封口。如果取消选中该复选框，则放样端为打开或不封口状态。默认设置为选中状态。

▶ 变形：按照创建变形目标所需的可预见且可重复的模式排列封口面。变形封口能产生细长的面，与那些采用栅格封口创建的面一样，这些面也不进行渲染或变形。

▶ 栅格：在图形边界处修剪的矩形栅格中排列封口面。

(2) "选项"组。

▶ 图形步数：设置横截面图形中每个顶点之间的步数，该值会影响围绕放样周界的边的数目。

▶ 路径步数：设置路径的每个主分段之间的步数，该值会影响沿放样长度方向的分段的数目。

- 自适应路径步数：如果选中该复选框，则自动调整路径上的分段数目，以生成最佳蒙皮。主分段将沿路径出现在路径顶点、图形位置和变形曲线顶点处。如果取消选中该复选框，则主分段将沿路径只出现在路径顶点处。默认设置为选中状态。
- 轮廓：如果选中该复选框，则每个图形都将遵循路径的曲率。
- 倾斜：如果选中该复选框，则只要路径弯曲并改变其局部 Z 轴的高度，图形便围绕路径旋转。
- 恒定横截面：如果选中该复选框，则在路径中的拐角处缩放横截面，以保持路径宽度一致。
- 线性插值：如果选中该复选框，则使用每个图形之间的直边生成放样蒙皮；如果取消选中该复选框，则使用每个图形之间的平滑曲线生成放样蒙皮。
- 翻转法线：如果选中该复选框，则可以将法线翻转 180°，可使用此方法来修正内部外翻的对象。
- 四边形的边：如果选中该复选框，且放样对象的两部分具有相同数目的边，则两部分缝合到一起的面将显示为四方形。具有不同边数的两部分之间的边将不受影响，仍与三角形连接。
- 变换降级：使放样蒙皮在子对象图形 / 路径变换过程中消失。

2.4.7　实例：制作石柱模型

【例 2-7】本实例将主要讲解如何制作石柱模型，如图 2-146 所示。 视频

01 启动 3ds Max 2022 软件，在"创建"面板中单击"矩形"按钮，如图 2-147 所示，在场景中创建一个"矩形"图形。

02 在"修改"面板中，设置矩形图形的"长度"为 500mm、"宽度"为 500mm，如图 2-148 所示。

图 2-146　石柱模型　　　　图 2-147　单击"矩形"按钮　图 2-148　设置矩形图形参数

03 在"创建"面板中单击"圆"按钮，如图 2-149 所示，在场景中创建一个"圆"图形。

04 在"修改"面板中，设置圆形图形的"半径"为 225mm，如图 2-150 所示。

图 2-149　单击"圆"按钮

图 2-150　设置圆形图形参数

05 在"创建"面板中单击"星形"按钮，如图 2-151 所示，在场景中创建一个星形图形。

06 在"修改"面板中，设置"半径 1"为 190mm、"半径 2"为 160mm、"点"数值为 18、"圆角半径 1"为 25mm，如图 2-152 所示。

图 2-151　单击"星形"按钮

图 2-152　设置星形图形参数

07 在场景中再次绘制一个矩形图形，然后右击并在弹出的快捷菜单中选择"转换为:"|"转换为可编辑样条线"命令，如图 2-153 所示。

08 在"修改"面板中，设置"长度"为 2000mm，如图 2-154 所示。

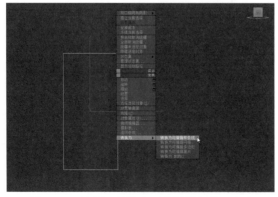

图 2-153　选择"转换为可编辑样条线"命令

图 2-154　设置矩形图形参数

09 在"修改"面板中选择"可编辑样条线"修改器中的"线段"选项，如图 2-155 所示。

10 删除其多余的线段，使其变为一条直线，如图 2-156 所示。

图 2-155　选择"线段"选项　　　　　图 2-156　得到一个直线模型

11 创建完成后，场景中的 4 个图形的显示效果如图 2-157 所示。

12 选择直线，在"创建"面板中单击"标准几何体"下拉按钮，从弹出的下拉列表中选择"复合对象"选项，单击"放样"按钮，如图 2-158 所示。

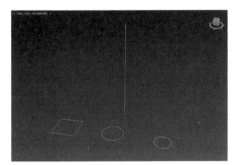

图 2-157　4 个图形的显示效果　　　　图 2-158　单击"放样"按钮

13 在"创建方法"卷展栏中选中实例单选按钮，然后单击"获取图形"按钮，如图 2-159 所示。

14 单击场景中的矩形图形，直线图形的显示效果如图 2-160 所示。

图 2-159　单击"获取图形"按钮　　　图 2-160　直线图形的显示效果

15 在"路径参数"卷展栏中，设置"路径"数值为 9，然后单击"获取图形"按钮，如图 2-161 所示。

16 单击场景中的矩形图形，可以得到如图 2-162 所示的效果。

图 2-161　设置参数

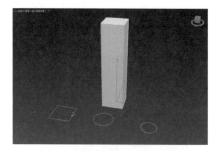

图 2-162　矩形图形显示效果

17 在"路径参数"卷展栏中，设置"路径"数值为 9.1，单击"获取图形"按钮，然后单击场景中的圆形图形，如图 2-163 所示。

18 在"路径参数"卷展栏中，设置"路径"数值为 16.2，然后单击"获取图形"按钮，再单击圆形图形，如图 2-164 所示。

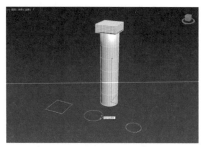

图 2-163　单击圆形图形

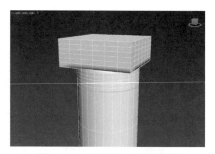

图 2-164　再次单击圆形图形

19 在"路径参数"卷展栏中，设置"路径"数值为 16.3，然后单击"获取图形"按钮，再单击星形图形，如图 2-165 所示。

20 按照同样的制作方法，制作底部的结构，如图 2-166 所示。

图 2-165　单击星形图形

图 2-166　制作底部结构

21 石柱模型的最终效果如图 2-146 所示。

2.5　习题

1. 简述几何体建模适用于哪些场景。

2. 运用本章所学的知识，尝试使用 3ds Max 制作球体模型。

3. 运用本章所学的知识，尝试使用 3ds Max 制作螺旋楼梯模型。

第 3 章
修改器建模

    修改器建模是指在已有的基本模型的基础上，通过在"修改"面板中添加相应的修改器，对模型进行塑形或编辑，如此便可以快速制作特殊的模型效果。

    本章将介绍 3ds Max 2022 提供的各种常用修改器，在这些修改器中，有的可以为几何体重新塑形，有的可以为几何体设置特殊的动画效果，还有的可以为当前选中的对象添加力学绑定。

┃ 二维码教学视频 ┃

【例 3-1】 修改器的基本使用方法   【例 3-5】 "晶格"修改器的使用方法

【例 3-2】 "弯曲"修改器的使用方法   【例 3-6】 制作水晶吊灯模型

【例 3-3】 "切片"修改器的使用方法   【例 3-7】 制作高尔夫球模型

【例 3-4】 "噪波"修改器的使用方法

3.1 修改器的基础知识

在 3ds Max 中，修改器的应用有先后顺序。同样的一组修改器，如果以不同的顺序添加在物体上，可能就会得到不同的模型效果。修改器位于命令面板的"修改"面板 中，用户创建完物体后，通过单击"修改器列表"下拉按钮，从弹出的下拉列表中添加修改器。

在场景中选择的对象不同，修改器中提供的命令也会有所不同。例如，有的修改器仅针对图形起作用，如果在场景中选择了几何体，相应的修改器命令就无法在修改器列表中找到；又如，用户对图形应用修改器后，图形就变成了几何体，这样即使选中的仍然是最初的图形对象，也无法再次添加仅对图形起作用的修改器。下面简单介绍一些关于修改器的基础知识。

3.1.1 修改器堆栈

修改器堆栈是"修改"面板中各个修改器叠加在一起后的列表。在修改器堆栈中，用户可以查看选中的对象以及应用于选中对象的所有修改器，并包含累积的历史操作记录。用户可以向对象应用任意数目的修改器，包括重复应用同一个修改器。修改器的效果与它们在堆栈中的顺序直接相关，即从底部开始，所做的更改会沿着堆栈向上改动，从而更改对象的当前状态。

使用修改器堆栈时，单击堆栈中的项即可返回到进行修改的点，可以重做决定暂时禁用修改器或者删除修改器。用户也可以在堆栈中的该点插入新的修改器。

在为场景中的物体添加多个修改器后，若希望更改特定修改器中的参数，就必须到修改器堆栈中进行查找。修改器堆栈中的修改器可以在不同的对象上应用复制、剪切和粘贴操作。单击修改器名称前面的眼睛图标，可以控制应用或取消所添加修改器的效果。

当眼睛图标显示为灰色 按钮时，修改器将被应用于其下面的堆栈，如图 3-1 所示。当眼睛图标显示为黑色 按钮时，将禁用修改器，如图 3-2 所示。不需要的修改器，可以在堆栈中通过右键菜单中的"删除"命令来进行删除。

在修改器堆栈的底部，第一项是场景中选中物体的名称，并包含自身的属性参数。单击该项可以修改原始对象的创建参数，如果没有添加新的修改器，那么这就是修改器堆栈中唯一的项。

当修改器堆栈中添加的修改器名称前有倒三角符号 时，说明添加的修改器内包含子层级，子层级最少为 1 个，最多不超过 5 个。

此外，修改器堆栈列表的下方还有 5 个按钮，如图 3-3 所示，它们各自的功能说明如下。

图 3-1　将修改器应用于其下面的堆栈

图 3-2　禁用修改器

图 3-3　修改器堆栈列表

- ▶ "锁定堆栈"按钮█：用于将堆栈锁定到当前选中的对象，无论之后是否选择该对象或其他对象，"修改"面板中将始终显示被锁定对象的修改命令。
- ▶ "显示最终结果开 / 关切换"按钮█：当对象应用了多个修改器时，在激活显示最终结果后，即使选择的不是最上方的修改器，视图中也仍然应该显示应用了所有修改器的最终结果。
- ▶ "使唯一"按钮█：当该按钮处于可激活状态时，就说明场景中可能至少有一个对象与当前选中对象为实例化关系，或者说明场景中至少有一个对象应用了与当前选择对象相同的修改器。
- ▶ "从堆栈中移除修改器"按钮█：删除当前所选的修改器。
- ▶ "配置修改器集"按钮█：单击该按钮，可以打开"修改器集"菜单。

3.1.2　修改器的顺序

在 3ds Max 中，用户为对象在"修改"面板中添加的修改器是按照添加顺序排列的。修改器的顺序如果发生颠倒，就可能会对当前对象产生新的结果或不正确的影响，如图 3-4 所示。

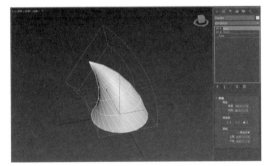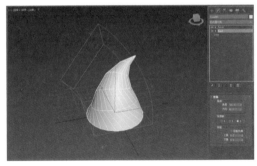

图 3-4　修改器顺序颠倒

在 3ds Max 中应用了某些类型的修改器后，如添加了一个"UVW 贴图添加"修改器，就会对当前对象产生"拓扑"行为。所谓"拓扑"，是指有的修改器命令会对物体的每个顶点或面指定一个编号，这个编号是在当前修改器内部使用的，这种数值型的结构称为"拓扑"。当单击产生拓扑行为的修改器下方的其他修改器时，如果可能对物体的顶点数或面数产生影响，并进而导致物体内部编号发生混乱，就非常有可能在最终模型上出现错误的结果。当试图执行类似的操作时，3ds Max 会弹出"警告"对话框来提醒用户，如图 3-5 所示。

图 3-5　"警告"对话框

3.1.3　修改器的类型

修改器有很多种，在"修改"面板的修改器列表中，3ds Max 将这些修改器默认分为"选择修改器""世界空间修改器"和"对象空间修改器"3 大集合，如图 3-6 所示。

1. 选择修改器

"选择修改器"集合中包括"网格选择""面片选择""多边形选择"和"体积选择"4种修改器，如图 3-7 所示。

图 3-6　修改器类型

图 3-7　选择修改器

▶ "网格选择"修改器：可以选择网格子对象。

▶ "面片选择"修改器：在选择面片子对象后，可以对面片子对象应用其他修改器。

▶ "多边形选择"修改器：在选择多边形子对象后，可以对多边形子对象应用其他修改器。

▶ "体积选择"修改器：可以从一个或多个对象中选定体积内的所有子对象。

2. 世界空间修改器

"世界空间修改器"集合基于世界空间坐标，而不是基于单个对象的局部坐标，如图 3-8 所示。当应用了一个世界空间修改器后，无论物体是否发生移动，效果都不会受到任何影响。

图 3-8　世界空间修改器

▶ "Hair 和 Fur(WSM)"修改器：用于为物体添加毛发。

▶ "摄影机贴图 (WSM)"修改器：使摄影机能将 UVW 贴图坐标应用于对象。

▶ "曲面变形 (WSM)"修改器：工作方式与"路径变形 (WSM)"修改器相同，只不过使用的是 NURBS 点或 CV 曲面，而不是使用曲线。

▶ "曲面贴图 (WSM)" 修改器: 将贴图指定给 NURBS 曲面, 然后投射到修改的对象上。

▶ "点缓存 (WSM)" 修改器: 可以将修改器动画存储到磁盘文件中, 然后使用磁盘文件中的信息来播放动画。

▶ "细分 (WSM)" 修改器: 提供了一种算法来创建光能传递网格。在处理光能传递时, 需要光能传递网格中的元素尽可能接近等边三角形。

▶ "置换网格 (WSM)" 修改器: 用于查看置换贴图的效果。

▶ "贴图缩放器 (WSM)" 修改器: 用于调整贴图大小, 并保持贴图比例不变。

▶ "路径变形 (WSM)" 修改器: 可以根据样条线或 NURBS 曲线的路径将对象变形。

▶ "面片变形 (WSM)" 修改器: 可以根据面片将对象变形。

3. 对象空间修改器

"对象空间修改器" 集合中的修改器非常多, 如图 3-9 所示。这个集合中的修改器主要应用于单独对象, 使用的是对象的局部坐标, 因此当移动对象时, 修改器也会随着移动。

图 3-9　对象空间修改器

3.1.4　实例: 修改器的基本使用方法

【例 3-1】本实例将讲解如何添加、复制、粘贴和删除修改器。 📹视频

01 启动 3ds Max 2022 软件, 单击 "创建" 面板中的 "球体" 按钮, 如图 3-10 所示。在场景中任意位置创建一个球体模型。

02 在 "修改" 面板中设置 "半径" 数值为 40, 设置 "分段" 数值为 18, 如图 3-11 所示。

图 3-10　单击"球体"按钮

图 3-11　设置球体模型参数

03 设置完成后，球体模型在视图中的显示效果如图 3-12 所示。

04 选择球体模型，按 Shift 键以拖曳的方式复制一个球体模型副本，如图 3-13 所示。

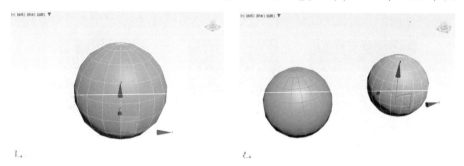

图 3-12　球体模型显示效果　　　　　　　　　图 3-13　复制球体模型

05 在"修改"面板中单击"修改器列表"下拉按钮，从弹出的下拉列表中选择"晶格"选项，然后在"参数"卷展栏的"支柱"组中设置"半径"数值为 1，在"节点"组中设置"半径"数值为 3，如图 3-14 所示。

06 设置完成后，可得到如图 3-15 所示的模型效果。

图 3-14　添加"晶格"修改器并调整参数

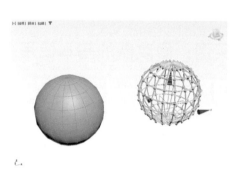

图 3-15　副本模型显示效果

07 在"修改"面板的修改器名称上右击并在弹出的快捷菜单中选择"复制"命令，如图3-16所示。

08 选择另一个球体模型，在"修改"面板的修改器名称上右击并在弹出的快捷菜单中选择"粘贴"命令，如图3-17所示。

图3-16　选择"复制"命令　　　　　　　图3-17　选择"粘贴"命令

09 设置完成后，可得到如图3-18所示的模型效果。

10 在"修改"面板中，选择刚粘贴过来的"晶格"修改器，然后单击"从堆栈中移除修改器"按钮，如图3-19所示，可以将该修改器删除。

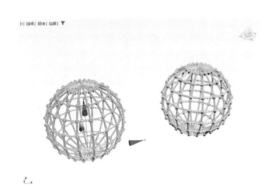

图3-18　模型效果　　　　　　　　　　图3-19　删除修改器

11 选择删除了"晶格"修改器的球体模型，在"修改"面板的修改器名称上右击并在弹出的快捷菜单中选择"粘贴实例"命令，如图3-20所示。

12 观察"修改"面板，粘贴过来的"晶格"修改器的名称显示为斜体字状态，如图3-21所示。

图3-20　选择"粘贴实例"命令　　　　　图3-21　修改器名称显示为斜体字状态

13 在"参数"卷展栏中，设置"支柱"组中的"半径"数值为1.5，在"节点"组中选中"二十面体"单选按钮，如图3-22所示。

14 设置完成后观察场景，可以看到场景中的两个球体模型均发生了改变，如图 3-23 所示。

图 3-22　设置"基点面类型"

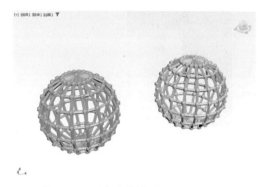

图 3-23　两个球体模型均发生了改变

15 将光标放置在"晶格"修改器的名称上右击，在弹出的快捷菜单中选择"塌陷全部"命令，如图 3-24 所示。

16 这时，系统自动弹出"警告：塌陷全部"对话框，如图 3-25 所示。

17 单击"是"按钮后关闭该对话框。再次观察"修改"面板，可以看到使用"塌陷全部"命令可将对象上的所有修改器去除，如图 3-26 所示，并保留使用对象塌陷修改器之前的模型结果。

图 3-24　选择"塌陷全部"命令　　图 3-25　"警告：塌陷全部"对话框　　图 3-26　修改器被去除

3.2　常用修改器

本节将通过案例操作，介绍 3ds Max 常用修改器的使用方法。

3.2.1　"弯曲"修改器

利用"弯曲"修改器，用户可以将物体在任意 3 个轴上做弯曲处理，此外，还可以调节弯曲的角度和方向，以及限制对象在一定区域内的弯曲程度。

"弯曲"修改器的"参数"卷展栏如图 3-27 所示，各选项的功能说明如下。

图 3-27 "弯曲"修改器的"参数"卷展栏

(1) "弯曲"组。

▶ "角度"微调框：设置围绕垂直于坐标轴方向的弯曲量。

▶ "方向"微调框：使弯曲物体的任意一端相互靠近。当该值为负数时，对象弯曲会与 Gizmo 中心相邻；当该值为正数时，对象弯曲会远离 Gizmo 中心；当该值为 0 时，对象会进行均匀弯曲。

(2) "弯曲轴"组。

▶ X/Y/Z：用于设定弯曲所沿的坐标轴。

(3) "限制"组。

▶ "限制效果"复选框：用于对弯曲效果应用限制约束。

▶ "上限"微调框：设置弯曲效果的上限。

▶ "下限"微调框：设置弯曲效果的下限。

3.2.2 "拉伸"修改器

使用"拉伸"修改器，对模型产生拉伸效果的同时还对模型产生挤压效果。"拉伸"修改器的"参数"卷展栏如图 3-28 所示，各选项的功能说明如下。

图 3-28 "拉伸"修改器的"参数"卷展栏

(1) "拉伸"组。

▶ "拉伸"微调框：设置拉伸的强度。

▶ "放大"微调框：设置放大的程度。

(2) "拉伸轴"组。

▶ X/Y/Z：用来设置使用对象的哪个轴作为"拉伸轴"，默认的"拉伸轴"为 Z 轴。

（3）"限制"组。

▶ "限制效果"复选框：限制拉伸效果。

▶ "上限"微调框：沿着"拉伸轴"的正方向限制拉伸效果的边界。

▶ "下限"微调框：沿着"拉伸轴"的负方向限制拉伸效果的边界。

3.2.3 "切片"修改器

使用"切片"修改器可以对模型产生剪切效果，常用于制作表现工业产品的剖面结构。"切片"修改器的参数卷展栏如图 3-29 所示，各选项的功能说明如下。

图 3-29 "切片"修改器的参数卷展栏

▶ 下拉列表：用于设置"切片平面"计算的方式，有"平面"和"径向"这 2 种方式可选。

（1）"切片方向"组。

▶ X/Y/Z：用于设置切片的方向。

▶ "与面对齐"按钮：用于设置"切片平面"的方向与所选对象面的方向相一致。

▶ "拾取对象"按钮：用于设置"切片平面"的方向与场景中其他对象的方向相一致。

（2）"切片类型"组。

▶ "优化网格"单选按钮：沿着几何体相交处，使用切片平面添加新的顶点和边。平面切割的面可细分为新的面。

▶ "分割网格"单选按钮：沿着平面边界添加双组顶点和边，产生两个分离的网格，这样可以根据需要进行不同的修改。使用此选项将网格分为两个元素。

▶ "移除正"单选按钮：删除"切片平面"正方向上所有的面和顶点。

▶ "移除负"单选按钮：删除"切片平面"负方向上所有的面和顶点。

▶ "封口"单选按钮：选中该单选按钮，可以对对象进行封口处理。

▶ "设置封口材质"单选按钮：选中该单选按钮，可以激活下方的"材质 ID"功能，用户可以对封口的面设置材质 ID 号。

3.2.4 "噪波"修改器

"噪波"修改器能让对象表面的顶点产生随机变动，从而使对象表面变得起伏不规则。"噪波"修改器可以应用于任何类型的对象上,常用于制作复杂的地形、地面和水面效果。"噪波"修改器的"参数"卷展栏如图3-30所示,各选项的功能说明如下。

图 3-30 "噪波"修改器的"参数"卷展栏

(1) "噪波"组。

▶ "种子"微调框:其作用是从设置的数值中生成随机的起始点,这在创建地形时非常有用,因为每种设置都可以生成不同的效果。

▶ "比例"微调框:设置噪波影响 (非强度) 的大小。较大的值,可产生平滑的噪波;较小的值,则会产生锯齿现象非常严重的噪波。

▶ "分形"复选框:控制是否产生分形效果。

▶ "粗糙度"微调框:控制分形变化的程度。

▶ "迭代次数"微调框:控制分形功能使用的迭代次数。

(2) "强度"组。

▶ 强度:控制噪波效果的大小。

▶ X、Y 和 Z 微调框:设置噪波在 X、Y、Z 坐标轴上的强度。

(3) "动画"组。

▶ "动画噪波"复选框:调节噪波和强度参数的组合效果。

▶ "频率"微调框:调节噪波效果的速度。较高的频率可使噪波振动得更快,较低的频率可产生较为平滑或更温和的噪波。

▶ "相位"微调框:移动基本波形的起始点和结束点。

3.2.5 "晶格"修改器

利用"晶格"修改器,用户可以将图形的线段或边转换为圆柱形结构,并在顶点上产生可选择的关节多面体。"晶格"修改器的"参数"卷展栏如图3-31所示,主要选项的功能说明如下。

图 3-31　"晶格"修改器的"参数"卷展栏

(1)"几何体"组。

▶ "应用于整个对象"复选框：选中该复选框，则"晶格"修改器会作用于整个对象。

▶ "仅来自顶点的节点"单选按钮：仅生成节点网格。

▶ "仅来自边的支柱"单选按钮：仅生成支柱网格。

▶ "二者"单选按钮：生成节点和支柱网格。

(2)"支柱"组。

▶ "半径"微调框：指定支柱的半径。

▶ "分段"微调框：指定支柱的分段数目。

▶ "边数"微调框：指定支柱的边数目。

▶ "材质 ID"微调框：指定支柱的材质 ID。

▶ "忽略隐藏边"复选框：仅生成可视边的结构。

▶ "末端封口"复选框：将末端封口应用于支柱。

▶ "平滑"复选框：将平滑应用于支柱。

(3)"节点"组。

▶ 基点面类型：指定用于关节的多面体类型，有四面体、八面体和二十面体 3 个选项可用。

▶ "半径"微调框：设置节点的半径。

▶ "分段"微调框：指定节点的分段数目。

▶ "材质 ID"微调框：指定用于节点的材质 ID。

▶ "平滑"微调框：将平滑应用于节点。

3.2.6　"对称"修改器

　　"对称"修改器用来构建模型的另一半，"对称"修改器的参数卷展栏如图 3-32 所示，主要选项的功能说明如下。

图 3-32　"对称"修改器的参数卷展栏

▶ 下拉列表：用于设置"镜像"计算的方式，有"平面"和"径向"2 种方式可选。

(1)"镜像轴"组。

▶ X/Y/Z：指定执行对称所围绕的轴。

▶ 翻转：如果想要翻转对称效果的方向可以选中该复选框。

▶ "与面对齐"按钮：用于设置"镜像"的方向与所选对象面的方向相一致。

▶ "拾取对象"按钮：用于设置"镜像"的方向与场景中其他对象的方向相一致。

(2)"对称选项"组。

▶ 沿镜像轴切片：选中该复选框，使"镜像"在定位于网格边界内部时作为一个切片平面。

▶ 焊接缝：选中该复选框，确保沿镜像轴的顶点会自动焊接。

3.2.7　"涡轮平滑"修改器

"涡轮平滑"修改器允许模型在边角交错时将几何体细分，以添加面数的方式来得到较为光滑的模型效果，"涡轮平滑"修改器的参数卷展栏如图 3-33 所示，各选项的功能说明如下。

图 3-33　"涡轮平滑"修改器的参数卷展栏

(1)"主体"组。

▶ "迭代次数"微调框：设置网格细分的次数。

▶ "渲染迭代次数"微调框：允许在渲染时选择一个不同数量的平滑迭代次数应用于对象。

▶ "等值线显示"复选框：选中该复选框后，3ds Max 仅显示等值线，即对象在进行光滑处理之前的原始边缘。使用此项的好处是减少混乱的显示。

▶ "明确的法线"复选框：允许涡轮平滑修改器为输出计算法线。

(2)"曲面参数"组。

▶ "平滑结果"复选框：对所有曲面应用相同的平滑组。

▶ "材质"复选框：选中该复选框后，防止在不共享材质 ID 的曲面之间的边创建新曲面。

▶ "平滑组"复选框：选中该复选框后，防止在不共享至少一个平滑组的曲面之间的边上创建新曲面。

(3)"更新选项"组。

▶ "始终"单选按钮：更改任意"涡轮平滑"设置时自动更新对象。

▶ "渲染时"单选按钮：只在渲染时更新对象的视口显示。

▶ "手动"单选按钮：仅在单击"更新"按钮后更新对象。

▶ "更新"按钮：更新视口中的对象。

3.2.8 FFD 修改器

　　FFD 修改器即自由变形修改器。FFD 修改器使用晶格框包围选中的几何体，因此，用户可以通过调整晶格的控制点来改变封闭几何体的形状。在 3ds Max 2022 中，FFD 修改器有 5 种类型，分别为 FFD 2×2×2 修改器、FFD 3×3×3 修改器、FFD 4×4×4 修改器、FFD(长方体) 修改器和 FFD(圆柱体) 修改器，如图 3-34 所示。

　　这 5 个 FFD 修改器的基本参数几乎相同，FFD 修改器的参数卷展栏如图 3-35 所示，各选项的功能说明如下。

图 3-34 FFD 修改器

图 3-35 FFD 修改器的参数卷展栏

(1)"尺寸"组。

▶ "设置点数"按钮：单击该按钮，弹出"设置 FFD 尺寸"对话框，如图 3-36 所示。指定晶格中所需控制点数目，然后单击"确定"按钮进行更改。

图 3-36　"设置 FFD 尺寸"对话框

(2) "显示"组。

▶ "晶格"复选框：绘制连接控制点的线条形成栅格。

▶ "源体积"复选框：控制点和晶格以未修改的状态显示。

(3) "变形"组。

▶ "仅在体内"单选按钮：只变形位于源体积内的顶点。

▶ "所有顶点"单选按钮：变形所有顶点，不管它们位于原体积的内部还是外部。

▶ "衰减"微调框：指定 FFD 效果减为零时离晶格的距离。

▶ "张力/连续性"微调框：调整变形样条线的张力和连续性。

(4) "选择"组。

▶ "全部 X"按钮／"全部 Y"按钮／"全部 Z"按钮：选中沿着由该按钮指定的局部维度的所有控制点。

(5) "控制点"组。

▶ "重置"按钮：所有控制点返回它们的原始位置。

▶ "全部动画"按钮：默认情况下，FFD 晶格控制点将不在"轨迹视图"中显示出来，因为没有给它们指定控制器。但是在设置控制点动画时，给它指定了控制器，则它在"轨迹视图"中可见。

▶ "与图形一致"按钮：在对象中心控制点位置之间沿直线延长线，将每一个 FFD 控制点移到修改对象的交叉点上。

▶ "内部点"复选框：选中该复选框，仅控制受"与图形一致"影响的对象内部点。

▶ "外部点"复选框：选中该复选框，仅控制受"与图形一致"影响的对象外部点。

▶ "偏移"微调框：设置受"与图形一致"影响的控制点偏移对象曲面的距离。

3.3　实例："弯曲"修改器的使用方法

【例 3-2】利用"弯曲"修改器制作翘起的马尾造型，如图 3-37 所示。

图 3-37　翘起的马尾造型

01 启动 3ds Max 2022 软件，打开素材文件"长发.max"，如图 3-38 所示。

02 选择右侧的"马尾"，在"修改"面板中单击"修改器列表"下拉按钮，从弹出的下拉列表中选择 Bend 选项，为其添加"弯曲"修改器，如图 3-39 所示。

图 3-38　打开素材文件　　　　图 3-39　添加"弯曲"修改器

03 在"参数"卷展栏中，在"弯曲"组中设置"角度"数值为 120，在"弯曲轴"组中选中 Y 单选按钮，如图 3-40 所示，可以得到如图 3-41 所示的马尾模型效果。

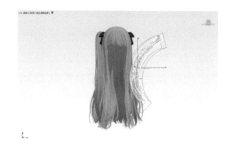

图 3-40　设置参数　　　　　　图 3-41　模型效果

04 在"限制"组中选中"限制效果"复选框，并设置"下限"为 -2.5mm，如图 3-42 所示，可以得到如图 3-43 所示的马尾模型效果。

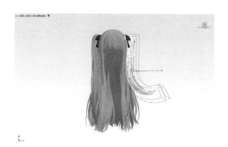

图 3-42　设置参数　　　　　　图 3-43　模型效果

05 在"修改"面板中单击"弯曲"修改器中的"中心"子层级，如图 3-44 所示，进入子层级。

06 在视图中调整"弯曲"修改器中心的位置至如图 3-45 所示的位置，可以控制"马尾"弯曲的位置。

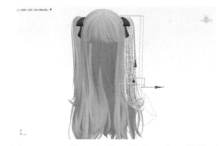

图 3-44 选择 "中心" 选项　　　图 3-45 调整 "弯曲" 修改器中心的位置

07 在 "参数" 卷展栏中设置 "方向" 数值为 -40，如图 3-46 所示。

08 设置完成后，可以得到如图 3-47 所示的马尾模型效果。

图 3-46 设置 "方向" 数值　　　图 3-47 模型效果

09 在修改器名称上右击并在弹出的快捷菜单中选择 "复制" 命令，如图 3-48 所示。

10 在场景中选择左边的马尾模型，然后在 "修改" 面板上右击并在弹出的快捷菜单中选择 "粘贴" 命令，如图 3-49 所示。

图 3-48 选择 "复制" 命令　　　图 3-49 选择 "粘贴" 命令

11 设置完成后，可以得到如图 3-37 所示的模型效果。

3.4 实例："切片" 修改器的使用方法

【例 3-3】本实例将主要讲解 "切片" 修改器的使用方法。

01 启动 3ds Max 2022 软件，单击 "创建" 面板中的 "茶壶" 按钮，如图 3-50 所示。

02 在场景中的任意位置创建一个茶壶模型，如图 3-51 所示。

图 3-50　单击"茶壶"按钮

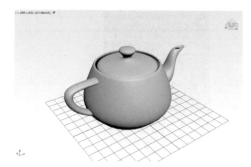

图 3-51　茶壶模型

03 在"修改"面板中，单击"修改器列表"下拉按钮，从弹出的下拉列表中选择"切片"选项，如图 3-52 所示，为茶壶模型添加"切片"修改器。

04 在"切片"卷展栏中，单击"切片方向"组中的 X 按钮，选中"切片类型"组中的"移除正"单选按钮，如图 3-53 所示。

图 3-52　添加"切片"修改器

图 3-53　设置"切片"修改器的参数

05 设置完成后，得到如图 3-54 所示的茶壶切片效果。

06 单击"切片方向"组中的 Y 按钮，如图 3-55 所示。

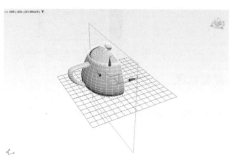

图 3-54　切片效果

图 3-55　单击 Y 按钮

07 设置完成后，得到如图 3-56 所示的茶壶切片效果。

08 在"切片"卷展栏中设置切片的方式为"径向"，并设置"径向切片"组中的"角度 1"值为 60、"角度 2"值为 140，选中"切片类型"组中的"移除负"单选按钮，如图 3-57 所示。

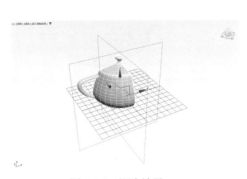

图 3-56 切片效果　　　　　　　　　　　　图 3-57 设置参数

09 设置完成后，可以得到如图 3-58 所示的模型效果。

10 在"切片"卷展栏中单击"切片方向"组中的 X 按钮，并选中"封口"单选按钮，如图 3-59 所示。

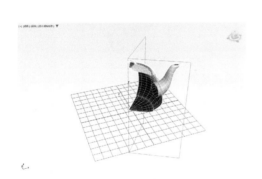

图 3-58 模型效果　　　　　　　　　　　　图 3-59 设置切片方向

11 设置完成后，可以得到如图 3-60 所示的模型效果。

12 在"修改"面板中单击"切片平面"子层级，如图 3-61 所示。

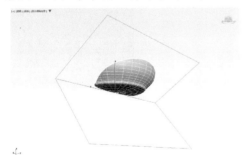

图 3-60 模型效果　　　　　　　　　　　　图 3-61 单击"切片平面"子层级

13 设置完成后，可以得到如图 3-62 所示的模型效果。

14 茶壶模型上需要保留的部分还可以通过调整"切片平面"的位置来进行微调，如图 3-63 所示。

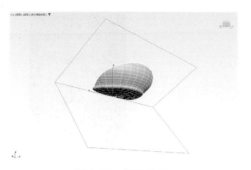

图 3-62　模型效果

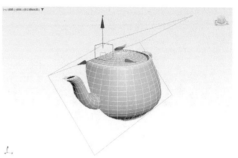

图 3-63　调整"切片平面"位置

3.5　实例："噪波"修改器的使用方法

【例 3-4】利用"噪波"修改器制作起伏效果，如图 3-64 所示。

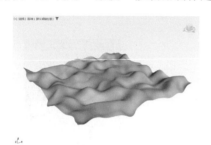

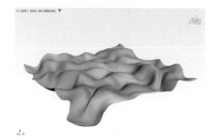

图 3-64　起伏效果

01 ▶ 启动 3ds Max 2022 软件，单击"创建"面板中的"平面"按钮，如图 3-65 所示。

02 ▶ 在"修改"面板中，设置"长度"为 1200mm，设置"宽度"为 1200mm，设置"长度分段"数值为 200，设置"宽度分段"数值为 200，如图 3-66 所示。

图 3-65　单击"平面"按钮

图 3-66　设置平面模型参数

03 ▶ 在"修改"面板中单击"修改器列表"下拉按钮，从弹出的下拉列表中选择 Noise 选项，为平面模型添加"噪波"修改器，如图 3-67 所示。

04 ▶ 在"参数"卷展栏的"噪波"组中设置"比例"数值为 16，在"强度"组中分别设置 X、Y 和 Z 为 120mm，如图 3-68 所示。

图 3-67　添加"噪波"修改器

图 3-68　设置参数

05 设置完成后，可以得到如图 3-69 所示的模型效果。

06 选中"分形"复选框，如图 3-70 所示。

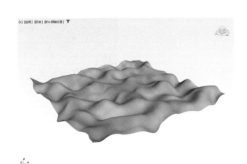

图 3-69　模型效果

图 3-70　选中"分形"复选框

07 此时可以得到细节更丰富的起伏效果，如图 3-71 所示。

08 取消选中"分形"复选框，然后选中"动画噪波"复选框，设置"相位"数值为 74，如图 3-72 所示。

图 3-71　起伏效果

图 3-72　设置参数

09 播放场景动画，可以看到平面产生起伏效果，如图 3-64 所示。

3.6　实例："晶格"修改器的使用方法

【例3-5】本实例主要讲解"晶格"修改器的使用方法，模型效果如图3-73所示。

图3-73　使用"晶格"修改器后的模型效果

01 启动3ds Max 2022软件，打开素材文件"鹿.max"，如图3-74所示。

02 选择鹿模型，在"修改"面板中单击"修改器列表"下拉按钮，从弹出的下拉列表中选择"晶格"选项，为其添加"晶格"修改器，如图3-75所示。

图3-74　打开素材文件　　　　　图3-75　添加"晶格"修改器

03 在"参数"卷展栏的"支柱"组中设置"半径"为0.1mm，设置"边数"数值为8，如图3-76所示。

04 设置"节点"组中的"半径"为0.1mm、"分段"数值为6，如图3-77所示。

图3-76　设置"支柱"组中的参数　　　　　图3-77　设置"节点"组中的参数

05 此时可以得到如图 3-78 所示的模型效果。

06 选择鹿模型，在"修改"面板中单击"修改器列表"下拉按钮，从弹出的下拉列表中选择"网格选择"选项，在"晶格"修改器的下方添加一个"网格选择"修改器，如图 3-79 所示。

图 3-78　鹿模型的效果　　　　　　　图 3-79　添加一个"网格选择"修改器

07 随意选择鹿模型中的一些面，如图 3-80 所示。

08 在"晶格"修改器中，取消选中"应用于整个对象"复选框，如图 3-81 所示。

图 3-80　选择一些面　　　　　　　图 3-81　取消选中"应用于整个对象"复选框

09 设置完成后，可以得到如图 3-73 所示的模型效果。

3.7　实例：制作水晶吊灯模型

修改器建模是 3ds Max 中非常特殊的一种建模方式，下面将通过实例操作，帮助用户进一步掌握所学的知识。

【例 3-6】使用"挤出"修改器制作水晶吊灯模型，如图 3-82 所示。　🎬视频

图 3-82　水晶吊灯模型

01 启动 3ds Max 2022 软件，在"创建"面板中单击"管状体"按钮，如图 3-83 所示。

02 在"修改"面板中，设置"半径 1"为 250mm，设置"半径 2"为 260mm，设置"高度"为 15mm，设置"高度分段"数值为 1，设置"端面分段"数值为 1，设置"边数"数值为 36，如图 3-84 所示。

图 3-83　单击"管状体"按钮

图 3-84　设置参数

03 设置完成后，管状体模型在视图中的显示效果如图 3-85 所示。

04 选择管状体，在前视图中按 Shift 键并拖曳管状体模型，可打开"克隆选项"对话框，在该对话框的"对象"组中选中"复制"单选按钮，设置"副本数"数值为 1，如图 3-86 所示，然后单击"确定"按钮。

图 3-85　管状体模型显示效果

图 3-86　设置管状体克隆参数

05 调整管状体副本的比例，效果如图 3-87 所示。

06 在"创建"面板中单击"长方体"按钮。在"修改"面板中设置"长度"为 30mm、"宽度"为 8mm，放置于管状体外侧，如图 3-88 所示，制作周围的装饰物。

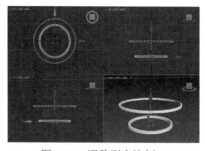

图 3-87　调整副本比例

图 3-88　创建"长方体"模型

07 在"层次"面板中单击"仅影响轴"按钮，在顶视图中将中心点移到合适的位置，如图 3-89 所示。

08 再次单击"仅影响轴"按钮结束命令,接着按 E 键激活"选择并旋转"命令,并在主工具栏中单击"角度捕捉切换"按钮,然后按 Shift 键并沿 Z 轴旋转 20°,释放鼠标,可打开"克隆选项"对话框,在该对话框的"对象"组中选中"实例"单选按钮,设置"副本数"数值为35,如图 3-90 所示。

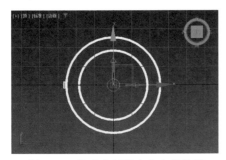

图 3-89 修改坐标轴中心点的位置   图 3-90 设置长方体克隆参数

09 在菜单栏中选择"组"|"组"命令,组合所有长方体模型,如图 3-91 所示。

10 在"场景资源管理器"面板中选择组,按 Shift 键并沿 Z 轴旋转 10°,复制一个新的组,效果如图 3-92 所示。

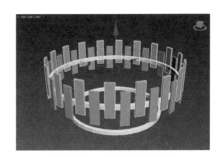

图 3-91 组合模型   图 3-92 旋转并复制组

11 按照同样的方法,制作下方的装饰物模型,效果如图 3-93 所示。

12 在"创建"面板中单击"圆柱体"按钮,然后在"修改"面板中设置"半径"为 90mm、"高度"为 32mm、"高度分段"数值为 5、"端面分段"数值为 8、"边数"数值为 50,效果如图 3-94所示,制作吊灯内部的水晶球。

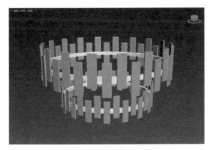

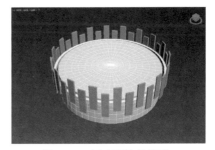

图 3-93 制作下方的装饰物模型   图 3-94 创建圆柱体模型

13 在"修改"面板中单击"修改器列表"下拉按钮，从弹出的下拉列表中选择"晶格"选项，为圆柱体模型添加"晶格"修改器，如图 3-95 所示。

14 在"参数"卷展栏的"支柱"组中设置"半径"数值为 0，然后在"节点"组中选中"二十面体"单选按钮，设置"半径"数值为 8，如图 3-96 所示。

图 3-95 添加"晶格"修改器

图 3-96 设置圆柱体模型的参数

15 设置完成后，圆柱体模型在视图中的显示效果如图 3-97 所示。

16 按照同样的方式制作下方第二层的水晶球模型，效果如图 3-98 所示。

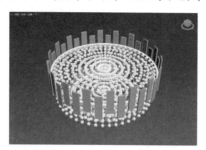

图 3-97 圆柱体模型显示效果

图 3-98 制作下方的水晶球模型

17 选择管状体模型和装饰物，在状态栏中单击"孤立当前选项"按钮■，然后在"创建"面板中单击"圆柱体"按钮，在"修改"面板中设置"半径"为 70mm、"高度"为 35mm、"高度分段"数值为 1、"边数"数值为 24，效果如图 3-99 所示，制作出吸顶盘模型。

18 在"创建"面板中单击"长方体"按钮，在"修改"面板中设置"长度"为 510mm、"宽度"为 8mm、"高度分段"数值为 8，效果如图 3-100 所示，制作出支架模型。

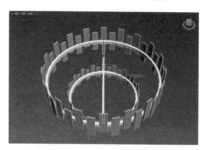

图 3-99 制作吸顶盘模型

图 3-100 制作支架模型

19 按 E 键激活"选择并旋转"命令，在主工具栏中单击"角度捕捉切换"按钮，按 Shift 键并沿 Z 轴旋转 45°，释放鼠标，可打开"克隆选项"对话框，在该对话框中选中"复制"单选按钮，设置"副本数"数值为 3，设置完成后的效果如图 3-101 所示。

20 按同样的方法制作下方的支架，如图 3-102 所示。

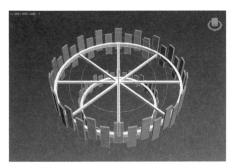
图 3-101　旋转并复制支架

图 3-102　制作下方的支架

21 在"创建"面板中单击"圆柱体"按钮，在"修改"面板中设置"半径"为 12mm、"高度"为 510mm、"高度分段"数值为 1、"端面分段"数值为 2、"边数"数值为 24，效果如图 3-103 所示，制作出吊杆模型。

22 在状态栏中单击"孤立当前选项"按钮 ◼ 结束命令，显示其余的模型，如图 3-104 所示。

图 3-103　制作吊杆模型

图 3-104　显示水晶球模型

23 水晶灯的最终效果如图 3-82 所示。

3.8　实例：制作高尔夫球模型

【例 3-7】使用"涡轮平滑"修改器制作高尔夫球模型，如图 3-105 所示。　🎬视频

图 3-105　高尔夫球模型

01 启动 3ds Max 2022 软件，在"创建"面板中单击"几何球体"按钮，如图 3-106 所示，在场景中创建一个几何球体模型。

02 在"修改"面板中，设置"半径"为 100mm、"分段"数值为 6，如图 3-107 所示。

图 3-106　单击"几何球体"按钮　　　图 3-107　设置几何球体模型的参数

03 设置完成后，几何球体模型在视图中的显示效果如图 3-108 所示。

04 在"修改"面板中单击"修改器列表"下拉按钮，从弹出的下拉列表中选择"涡轮平滑"选项，为几何球体模型添加"涡轮平滑"修改器，如图 3-109 所示。

图 3-108　几何球体模型显示效果　　　图 3-109　添加"涡轮平滑"修改器

05 右击几何球体模型，在弹出的快捷菜单中选择"转换为："|"转换为可编辑多边形"命令，如图 3-110 所示。

06 在"修改"面板中，单击"顶点"按钮进入子层级，如图 3-111 所示。

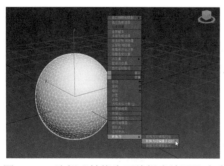

图 3-110　选择"转换为可编辑多边形"命令　　　图 3-111　单击"顶点"按钮

07 在 Ribbon 工具栏中单击"显示完整的功能区"按钮 ，将功能区完全展开，在"选择"选项卡的"按数值"面板中单击"大于"按钮 ，再单击"选择"按钮 ，如图 3-112 所示，选择顶点。

08 设置完成后，得到的模型显示效果如图 3-113 所示。

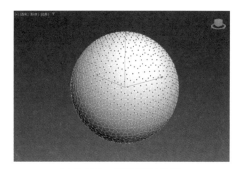

图 3-112 单击"大于"按钮和"选择"按钮　　　　　图 3-113 模型显示效果

09 在"编辑顶点"卷展栏中，单击"切角"按钮右侧的"设置"按钮■，如图 3-114 所示。

10 在弹出的"小盒界面"中设置"顶点切角量"为 8mm、"顶点切角分段"数值为 0，如图 3-115 所示。设置完成后单击"确定"按钮☑。

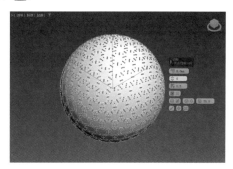

图 3-114 单击"切角"按钮右侧的"设置"按钮　　　图 3-115 调整切角参数

11 在"修改"面板中，单击"多边形"按钮，进入子层级，如图 3-116 所示。

12 在 Ribbon 工具栏的"建模"选项卡中单击"修改选择"标题栏，然后在展开的面板中单击"相似"按钮，如图 3-117 所示。

图 3-116 单击"多边形"按钮　　　　　图 3-117 单击"相似"按钮

13 在"编辑多边形"卷展栏中，单击"插入"按钮右侧的"设置"按钮■，在弹出的"小盒界面"中设置"数量"为 0mm，如图 3-118 所示，设置完成后单击"确定"按钮☑。

14 在"编辑多边形"卷展栏中，单击"倒角"按钮右侧的"设置"按钮■，如图 3-119 所示。

图 3-118　设置"插入"参数　　　　图 3-119　单击"倒角"按钮右侧的"设置"按钮

15 在弹出的"小盒界面"中设置"高度"为 -0.5mm、"轮廓"为 -5mm，如图 3-120 所示，设置完成后单击"确定"按钮☑

16 在"修改"面板中，为几何球体模型添加"涡轮平滑"修改器，如图 3-121 所示。

图 3-120　设置"倒角"参数　　　　图 3-121　添加"涡轮平滑"修改器

17 设置完成后，得到的模型效果如图 3-105 所示。

3.9　习题

1. 简述修改器堆栈的类型有哪些。

2. 简述如何为所选对象添加修改器。

3. 运用本章所学的知识，尝试制作鸟笼模型，如图 3-122 所示。

图 3-122　鸟笼模型

第 4 章
二维图形建模

在 3ds Max 中，二维图形建模是一种常用的建模方法。在利用二维图形建模时，通常需要配合样条线、挤出、倒角、倒角剖面、车削、扫描等编辑修改器来进行操作。本章将通过介绍 3ds Max 2022 提供的二维图形创建和编辑命令，帮助用户了解如何建立与编辑二维图形，从而掌握二维图形建模的方法。

▎二维码教学视频 ▎

【例 4-1】 "文本" 工具的使用方法 　　【例 4-4】 制作花瓶模型

【例 4-2】 "截面" 工具的使用方法 　　【例 4-5】 制作霓虹灯灯牌模型

【例 4-3】 制作立书架模型

4.1　二维图形建模简介

二维线条是一种矢量图形，可以由其他绘图软件产生，如 Illustrator、CorelDRAW、AutoCAD 等，用户创建的矢量图形在以 AI 或 DWG 格式存储后，即可直接导入 3ds Max 中。

二维线条建模是全行业都广泛应用的建模技法，也是制作大部分模型的方法。要想掌握二维图形建模方法，就必须学会建立和编辑二维图形。3ds Max 2022 提供了丰富的二维图形建立工具和编辑命令，本章将通过实例详细介绍这些工具和命令。

4.2　样条线

在 3ds Max 中，用户可以通过"创建"面板中的工具来创建二维图形。在"创建"面板中选择"图形"选项卡，即可显示二维图形的创建工具（其中包括 13 种创建工具），如图 4-1 所示，选择其中的一种工具后，即可在场景中创建二维图形。

此外，在"图形"选项卡中单击"样条线"下拉按钮，如图 4-2 所示，在弹出的下拉列表中，用户还可以选择图形的类型，3ds Max 为不同类型的图形提供的绘图命令各不相同。

图 4-1　"创建"面板　　　　　　图 4-2　单击"样条线"下拉按钮

4.2.1　线

线在二维图形建模中是最常用的一种样条线，其使用方法非常灵活，形状也不受约束。利用"创建"面板中的"线"工具，用户可以随心所欲地创建所需的图形，创建效果如图 4-3 所示。

在"创建"面板的"图形"选项卡中单击"线"工具按钮后，"创建方法"卷展栏中将显示两种创建类型，分别为"初始类型"和"拖动类型"，如图 4-4 所示。其中，"初始类型"包括"角点"和"平滑"两种，"拖动类型"包括"角点""平滑"和 Bezier（贝塞尔）三种，各选项的功能说明如下。

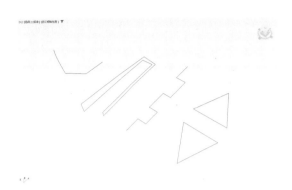

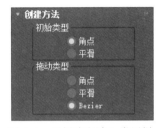

图 4-3 利用"线"工具创建图形　　　　图 4-4 "创建方法"卷展栏

(1)"初始类型"组。

▶ "角点"单选按钮：使用该选项创建的线将产生一个尖端，且样条线在顶点的任意一边都是线性的。

▶ "平滑"单选按钮：使用该选项创建的线，其顶点产生一条平滑、不可调整的曲线，由顶点的间距设置曲率的数量。

(2)"拖动类型"组。

▶ "角点"单选按钮：使用该选项创建的线将产生一个尖端，且样条线在顶点的任意一边都是线性的。

▶ "平滑"单选按钮：使用该选项创建的线，其顶点产生一条平滑、不可调整的曲线，由顶点的间距设置曲率的数量。

▶ Bezier 单选按钮：通过顶点产生一条平滑、可调整的曲线。通过在每个顶点拖动鼠标来设置曲率的值和曲线的方向。

4.2.2 矩形

使用"创建"面板中的"矩形"工具，用户可以在场景中以绘制的方式创建矩形样条线对象，创建效果如图 4-5 所示。

矩形的参数如图 4-6 所示，各选项的功能说明如下。

图 4-5 矩形样条线对象　　　　图 4-6 矩形的参数

▶ 长度 / 宽度微调框：设置矩形对象的长度和宽度。

▶ "角半径"微调框：设置矩形对象的圆角效果，如图 4-7 所示为"角半径"微调框数值为
20 的效果。

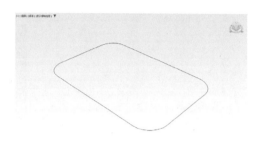

图 4-7   "角半径"数值为 20 的效果

4.2.3　文本

使用"文本"工具可以很方便地在视图中以绘制的方式创建文字效果的样条线对象，如图
4-8 所示，此外，用户还可以根据模型设计的需要更改字体的类型、大小和样式。

文本的参数如图 4-9 所示，各选项的功能说明如下。

图 4-8   文字效果的样条线对象

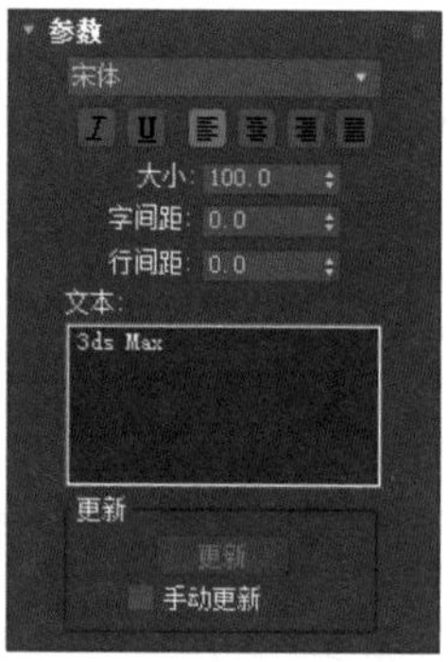

图 4-9   文本的参数

▶ "字体列表"下拉按钮：单击该下拉按钮，在弹出的下拉列表中可以选择文本的字体。

▶ "斜体"按钮█：设置文本为斜体，如图 4-10 所示分别为单击该按钮前后的字体效果对比。

图 4-10   单击"斜体"按钮前后的字体效果对比

▶ "下画线"按钮█：为文本设置下画线，如图 4-11 所示分别为单击该按钮前后的字体效
果对比。

图 4-11　单击 "下画线" 按钮前后的字体效果对比

▶ "左对齐" 按钮、"居中对齐" 按钮和 "右对齐" 按钮：分别用于将文本与边界框的左侧、中央和右侧对齐。

▶ "分散对齐" 按钮：分隔所有文本以填充边界框的范围。

▶ "大小" 微调框：设置文本高度。

▶ "字间距" 微调框：调整文本的字间距。

▶ "行间距" 微调框：调整文本的行间距，该选项仅当图形中包含多行文本时才起作用。

▶ "文本" 文本框：用于输入多行文本。

▶ "手动更新" 复选框：选中该复选框后，输入编辑框中的文本未在视口中显示，直到单击 "更新" 按钮时才会显示。

4.2.4　实例："文本" 工具的使用方法

【例 4-1】本实例将讲解 "文本" 工具的使用方法。

01 启动 3ds Max 2022 软件，单击 "创建" 面板中的 "文本" 按钮，如图 4-12 所示，在前视图中创建一个文本图形。

02 在 "修改" 面板中展开 "参数" 卷展栏，在 "文本" 文本框中输入 3ds Max，如图 4-13 所示。

图 4-12　单击 "文本" 按钮

图 4-13　在文本框中输入 3ds Max

03 设置完成后，文本图形在视图中的显示效果如图 4-14 所示。

04 选择文本图形，在 "修改" 面板中单击 "修改器列表" 下拉按钮，从弹出的下拉列表中选择 "倒角" 选项，为其添加 "倒角" 修改器，如图 4-15 所示。

图 4-14　文本图形的显示效果

图 4-15　添加"倒角"修改器

05 在"修改"面板中，展开"倒角值"卷展栏，设置"倒角"修改器的参数如图 4-16 所示，即可得到一个边缘带有倒角效果的立体文字模型。

06 本实例的最终模型效果如图 4-17 所示。

图 4-16　设置"倒角"修改器的参数

图 4-17　文字模型最终效果

4.2.5　截面

在"创建"面板中单击"截面"按钮，即可在场景中以绘制的方式创建截面对象，创建效果如图 4-18 所示。需要特别注意的是，截面工具需要配合几何体对象才能产生截面图形。

截面的参数如图 4-19 所示，各选项的功能说明如下。

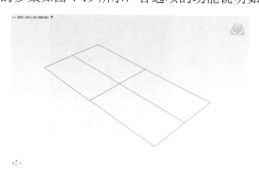

图 4-18　截面对象

图 4-19　截面的参数

▶ "创建图形"按钮：基于当前显示的相交线创建图形。

(1)"更新"组。

▶ "移动截面时"单选按钮：在移动或调整截面图形时更新相交线。

▶ "选择截面时"单选按钮：在选择截面图形但未移动时，更新相交线。

▶ "手动"单选按钮：仅在单击"更新截面"按钮时更新相交线。

▶ "更新截面"按钮：单击该按钮更新相交点，以便与截面对象的当前位置匹配。

　　(2)"截面范围"组。

▶ "无限"单选按钮：截面平面在所有方向上都是无限的，从而使横截面位于其平面中的任意网格几何体上。

▶ "截面边界"单选按钮：仅在截面图形边界内或与其接触的对象中生成横截面。

▶ "禁用"单选按钮：不显示或生成横截面。

4.2.6　实例："截面"工具的使用方法

【例 4-2】本实例将讲解"截面"工具的使用方法。　🎬 视频

01 启动 3ds Max 2022 软件，单击"创建"面板中的"圆锥体"按钮，如图 4-20 所示，在场景中的任意位置创建一个圆锥体模型。

02 在"修改"面板中，设置"半径 1"数值为 110、"高度"数值为 200，如图 4-21 所示。

图 4-20　单击"圆锥体"按钮

图 4-21　设置圆锥体模型的参数

03 设置完成后，圆锥体模型在视图中的显示效果如图 4-22 所示。

04 单击"创建"面板中的"截面"按钮，如图 4-23 所示，在场景中创建一个截面对象。

图 4-22　圆锥体模型的显示效果

图 4-23　单击"截面"按钮

05 在透视视图中调整截面对象的位置和旋转方向，如图 4-24 所示，然后在"截面参数"卷展栏中单击"创建图形"按钮，可以看到圆锥体模型上对应位置处会显示一条黄色的曲线。

06 参考以上操作步骤，连续创建圆锥体对象的截面曲线，效果如图 4-25 所示。

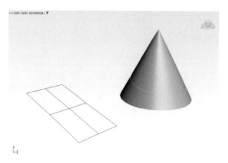

图 4-24　调整截面对象的位置和旋转方向　　　　图 4-25　连续创建截面曲线

07 选择其中的一个截面曲面，在"修改"面板中单击"附加多个"按钮，如图 4-26 所示，逐个选择其余的截面曲面，将所有截面曲面合并为一个图形。

08 打开"附加多个"对话框，全选其中的截面曲面，如图 4-27 所示，然后单击"附加"按钮。

图 4-26　单击"附加多个"按钮　　　　　　图 4-27　全选其中的截面曲面

09 在场景资源管理器面板中单击圆锥体模型前面的"显示/隐藏对象"按钮，如图 4-28 所示。

10 设置完成后，截面曲面在视图中的显示效果如图 4-29 所示。

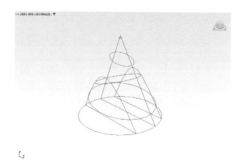

图 4-28　单击"显示/隐藏对象"按钮　　　　图 4-29　截面曲面的显示效果

11 在"修改"面板中展开"渲染"卷展栏，选中"在渲染中启用"和"在视口中启用"复选框，设置"厚度"数值为 5，如图 4-30 所示。

⚫12 一个由线构成的圆锥体模型就制作完成了，效果如图 4-31 所示。

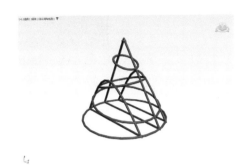

图 4-30　展开"渲染"卷展栏并设置参数　　　　图 4-31　由线构成的圆锥体模型

4.2.7　徒手

　　"徒手"工具为手绘能力较强的用户提供了一种在 3ds Max 2022 软件中使用手绘板或鼠标直接绘图的曲线绘制方式，绘制效果如图 4-32 所示。

　　徒手样条线的参数如图 4-33 所示，各选项的功能说明如下。

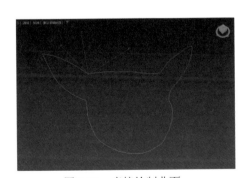

图 4-32　直接绘制曲面　　　　　　　　　　　图 4-33　徒手样条线的参数

▷ "显示结"复选框：显示样条线上的结。

　　(1)"创建"组。

▷ "粒度"微调框：创建结之前获取的光标位置采样数。

▷ "阈值"微调框：设置创建新结之前光标必须移动的距离。该值越大，距离越远。

▷ "约束"复选框：将样条线约束到场景中的选定对象，如图 4-34 所示为启用了约束功能后在摆件模型上绘制的曲线效果。

图 4-34　约束绘制曲线效果

- ▶ "拾取对象"按钮：启用对象选择模式，用于约束对象。完成对象拾取时，再次单击该按钮完成操作。
- ▶ "清除"按钮：清除选定对象列表。
- ▶ "释放按钮时结束创建"复选框：选中该复选框时，在释放鼠标按钮时创建徒手样条线。未选中该复选框时，再次按下鼠标按钮时继续绘制图形，并自动连接样条线的开口端；要完成绘制，必须按 Esc 键或在视口中右击。

　　(2)"选项"组。

- ▶ 弯曲 / 变直单选按钮：设置结之间的线段是弯曲的还是直的。
- ▶ "闭合"复选框：选中该复选框后，在样条线的起点和终点之间绘制一条线以将其闭合。
- ▶ "法线"复选框：选中该复选框后，在视口中显示受约束样条线的法线。
- ▶ "偏移"微调框：使手绘样条线的位置向远离约束对象曲面的方向偏移。

　　(3)"统计信息"组。

- ▶ "样条线数"文本框：显示图形中样条线的数量。
- ▶ "原始结数"文本框：显示绘制样条线时自动创建的结数。
- ▶ "新结数"文本框：显示新结数。

4.2.8　其他二维图形

　　在"创建"面板的"图形"选项卡中，对于"样条线"类型来说，除了上述介绍的几种工具按钮以外，还有"圆"按钮、"椭圆"按钮、"弧"按钮、"圆环"按钮、"多边形"按钮、"星形"按钮、"螺旋线"按钮、"卵形"按钮等工具按钮，绘制效果如图 4-35 所示。此外，单击"样条线"下拉按钮，从弹出的下拉列表中选择"扩展样条线"选项，在显示的面板中还将出现"墙矩形""通道""角度""T 形"和"宽法兰"工具按钮，如图 4-36 所示。使用这些工具按钮创建对象的方法及参数设置与前面介绍的内容基本相同，这里不再重复讲解。

图 4-35　其他二维图形绘制效果

图 4-36　扩展样条线

4.3　编辑样条线

3ds Max 2022 提供的样条线对象，不管是规则图形还是不规则图形，都可以被塌陷成一个可编辑样条线对象。在执行塌陷操作后，参数化的二维图形将不能再访问之前的创建参数，其属性名称在堆栈中会变成"可编辑样条线"，可以进入其子对象层级进行编辑，从而改变其局部形态。二维对象包含"顶点""线段"和"样条线"3 个子对象，如图 4-37 所示。下面分别介绍它们的特点和编辑方法。

图 4-37　3 个子对象

4.3.1　转换为可编辑样条线

将二维图形塌陷为可编辑样条线的方法有三种。第一种方法是选择二维图形，在视图中的任意位置右击并在弹出的快捷菜单中选择"转换为："|"转换为可编辑样条线"命令，如图 4-38所示。

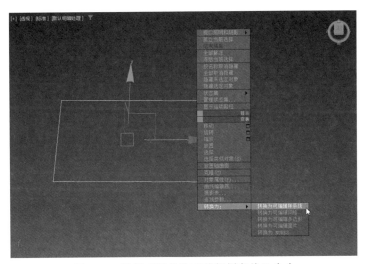

图 4-38　选择"转换为可编辑样条线"命令

第二种方法是选择图形，在"修改"面板中单击"修改器列表"下拉按钮，从弹出的下拉列表中选择"编辑样条线"命令，添加"编辑样条线"修改器来编辑样条线，如图 4-39 所示。

　　第三种方法是选择二维图形，在"修改"面板中右击修改器堆栈，从弹出的快捷菜单中选择"可编辑样条线"命令，如图 4-40 所示。

　　在将二维图形转换为可编辑样条线后，在"修改"面板中共有 5 个卷展栏，分别是"渲染"卷展栏、"插值"卷展栏、"选择"卷展栏、"软选择"卷展栏和"几何体"卷展栏，如图 4-41 所示。下面讲解其中较为常用的工具。

图 4-39　添加"编辑样条线"修改器

图 4-40　选择"可编辑样条线"命令

图 4-41　5 个卷展栏

4.3.2　"渲染"卷展栏

　　"渲染"卷展栏的参数如图 4-42 所示，各选项的功能说明如下。

图 4-42　"渲染"卷展栏参数

▶ "在渲染中启用"复选框：选中该复选框后，可以渲染曲线。

▶ "在视口中启用"复选框：选中该复选框后，可以在视口中看到曲线的网格形态。

▶ "使用视口设置"复选框：用于设置不同的渲染参数，并显示"视口"设置生成的网格。

▶ "生成贴图坐标"复选框：选中该复选框可应用贴图坐标。

▶ "真实世界贴图大小"复选框：控制应用于该对象的纹理贴图材质所使用的缩放方法。

▶ "视口"单选按钮：选中该复选框后，可为该图形指定径向或矩形参数，当选中"在视口中启用"复选框时，图形的效果将显示在视口中。

▶ "渲染"单选按钮：选中该复选框后，可为该图形指定径向或矩形参数，当选中"在视口中启用"复选框时，渲染或查看后图形的效果将显示在视口中。

▶ "径向"单选按钮：将 3D 网格显示为圆柱形对象。

▶ "厚度"微调框：指定曲线的直径。默认设置为 1.0mm，如图 4-43 所示分别为"厚度"微调框数值为 0.5 和 2 时的图形显示效果对比。

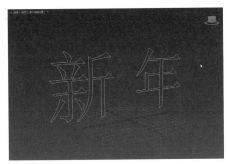

图 4-43　"厚度"为不同数值时的效果对比

▶ "边"微调框：设置样条线网格在视口或渲染器中的边 (面) 数，如图 4-44 所示分别为"边"微调框数值为 3 和 12 时的图形显示效果对比。

图 4-44　"边"为不同数值时的效果对比

▶ "角度"微调框：调整视口或渲染器中横截面的旋转位置。

▶ "矩形"单选按钮：将样条线网格图形显示为矩形。

▶ "长度"微调框：指定沿着局部 Y 轴的横截面大小。

▶ "宽度"微调框：指定沿着 X 轴的横截面大小。

▶ "角度"微调框：调整视口或渲染器中横截面的旋转位置。

▶ "纵横比"微调框：用于设置长度与宽度的比率。

▶ "锁定"按钮 🔒：可以锁定纵横比。

▶ "自动平滑"复选框：选中"自动平滑"复选框后，则可使用"阈值"设置指定的阈值自动平滑样条线。

- "阈值"微调框：以度数为单位指定阈值角度，如果相邻线段之间的角度小于阈值角度，则可以将任何两个相接的样条线分段放到相同的平滑组中。

4.3.3　"插值"卷展栏

"插值"卷展栏的参数如图 4-45 所示，各选项的功能说明如下。

图 4-45　"插值"卷展栏参数

- "步数"微调框：用来设置程序在每个顶点之间使用的划分数量，如图 4-46 所示分别为"步数"微调框数值为 1 和 6 时的图形显示效果对比。

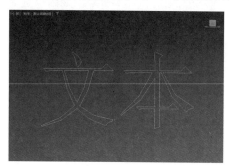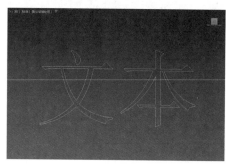

图 4-46　"步数"为不同数值时的效果对比

- "优化"复选框：选中该复选框后，可以从样条线的直线线段中删除不需要的步数。
- "自适应"复选框：选中该复选框后，可以自动设置每个样条线的步长数，以生成平滑曲线。

4.3.4　"选择"卷展栏

"选择"卷展栏的参数如图 4-47 所示，各选项的功能说明如下。

图 4-47　"选择"卷展栏参数

- ▶ "顶点"按钮 ：进入"顶点"子层级。
- ▶ "线段"按钮 ：进入"线段"子层级。
- ▶ "样条线"按钮 ：进入"样条线"子层级。

　　(1)"命名选择"组。

- ▶ "复制"按钮 复制 ：将命名选择放置到复制缓冲区。
- ▶ "粘贴"按钮 粘贴 ：从复制缓冲区中粘贴命名选择。
- ▶ "锁定控制柄"复选框：通常每次只能变换一个顶点的切线控制柄，使用"锁定控制柄"
  控件可以同时变换多个 Bezier 和 Bezier 角点控制柄。
- ▶ "区域选择"复选框：允许用户自动选择单击顶点的特定半径中的所有顶点。
- ▶ "线段端点"复选框：通过单击线段选择顶点。
- ▶ "选择方式"按钮 选择方式... ：选择所选样条线或线段上的顶点。

　　(2)"显示"组。

- ▶ "显示顶点编号"复选框：选中该复选框后，程序将在任何子对象层级的所选样条线的顶
  点旁边显示顶点编号，如图 4-48 所示。
- ▶ "仅选定"复选框：选中该复选框后，仅在所选顶点旁边显示顶点编号，如图 4-49 所示。

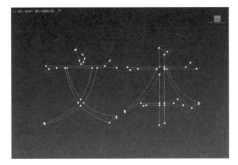
图 4-48　选中"显示顶点编号"复选框后的效果

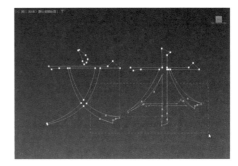
图 4-49　选中"仅选定"复选框后的效果

4.3.5　"软选择"卷展栏

　　"软选择"卷展栏的参数如图 4-50 所示，各选项的功能说明如下。

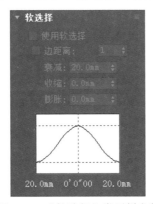
图 4-50　"软选择"卷展栏参数

- ▶ "使用软选择"复选框：选中该复选框，可开启软选择功能。

- ▶ "边距离"复选框：选中该复选框，将软选择限制到指定距离。
- ▶ "衰减"微调框：定义影响区域的距离。
- ▶ "收缩"微调框：沿着垂直轴收缩曲线。
- ▶ "膨胀"微调框：沿着垂直轴膨胀曲线。

4.3.6 "几何体"卷展栏

"几何体"卷展栏的参数如图 4-51 所示，各选项的功能说明如下。

图 4-51 "几何体"卷展栏参数

(1) "新顶点类型"组。
- ▶ "线性"单选按钮：新顶点将具有线性切线。
- ▶ "平滑"单选按钮：新顶点将具有平滑切线。
- ▶ Bezier 单选按钮：新顶点将具有 Bezier 切线。
- ▶ "Bezier 角点"单选按钮：新顶点将具有 Bezier 角点切线。
- ▶ "创建线"按钮 创建线 ：将更多样条线添加到所选样条线。
- ▶ "断开"按钮 断开 ：从选定的一个或多个顶点拆分样条线。
- ▶ "附加"按钮 附加 ：允许用户将场景中的另一个样条线附加到所选样条线。
- ▶ "附加多个"按钮 附加多个 ：单击此按钮，可以显示"附加多个"对话框，其中包含场景中所有其他图形的列表，选择要附加到当前可编辑样条线的形状，然后单击"确定"按钮即可完成操作。
- ▶ "横截面"按钮 横截面 ：在横截面形状外创建样条线框架。

(2) "端点自动焊接"组。
- ▶ "自动焊接"复选框：启用"自动焊接"后，会自动焊接在与同一样条线的另一个端点的阈值距离内放置和移动的端点顶点，此功能可以在对象层级和所有子对象层级使用。

▶ "阈值距离"微调框："阈值距离"微调器是一个近似设置，用于控制在自动焊接顶点之前，顶点可以与另一个顶点接近的程度，默认设置为 6.0。

▶ "焊接"按钮 焊接 ：将两个端点顶点或同一样条线中的两个相邻顶点转换为一个顶点。

▶ "连接"按钮 连接 ：连接两个端点顶点，以生成一个线性线段，无论端点顶点的切线值是多少。

▶ "插入"按钮 插入 ：插入一个或多个顶点，以创建其他线段。

▶ "设为首顶点"按钮 设为首顶点 ：指定所选形状中的哪个顶点是第一个顶点。

▶ "熔合"按钮 熔合 ：将所有选定顶点移至它们的平均中心位置，如图 4-52 所示。

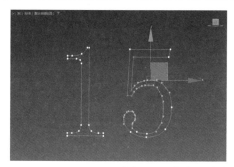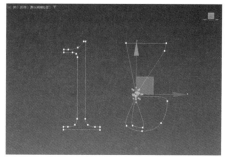

图 4-52 单击"熔合"按钮前后的效果对比

▶ "反转"按钮 反转 ：反转所选样条线的方向，如图 4-53 所示，可以看到反转曲线后，每个点的 ID 发生了变化。

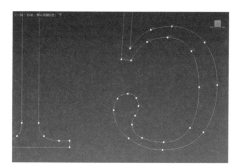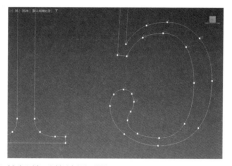

图 4-53 单击"反转"按钮前后的效果对比

▶ "圆角"按钮 圆角 ：在线段连接的地方设置圆角并添加新的控制点，如图 4-54 所示。

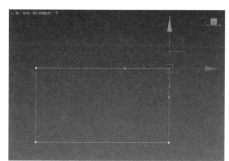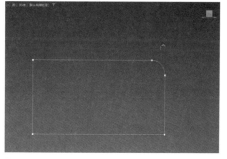

图 4-54 单击"圆角"按钮前后的效果对比

► "切角"按钮 切角 ：在线段连接的地方设置直角并添加新的控制点，如图 4-55 所示。

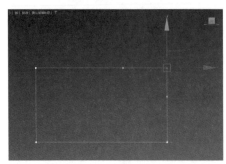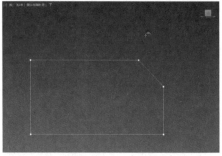

图 4-55　单击"切角"按钮前后的效果对比

► "轮廓"按钮 轮廓 ：制作样条线的副本，所有侧边上的距离偏移量由"轮廓宽度"微调器指定，如图 4-56 所示。

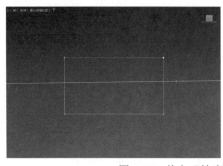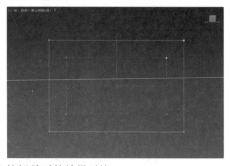

图 4-56　单击"轮廓"按钮前后的效果对比

► "布尔"按钮 布尔 ：选择两条或多条相交的样条线进行并集、差集、交集运算，可以将其组合在一起。"布尔"按钮包括"并集"按钮、"交集"按钮和"差集"按钮 3 种。

► "镜像"按钮 镜像 ：沿长、宽或对角方向镜像样条线。"镜像"按钮包括"水平镜像"按钮、"垂直镜像"按钮和"双向镜像"按钮 3 种。

► "修剪"按钮 修剪 ：清理形状中的重叠部分，使端点连接在一个点上。

► "延伸"按钮 延伸 ：清理形状中的开口部分，使端点连接在一个点上。

► "无限边界"复选框：为了计算相交，启用此选项将开口样条线视为无穷长。

► "隐藏"按钮 隐藏 ：隐藏选定的样条线。

► "全部取消隐藏"按钮 全部取消隐藏 ：显示所有隐藏的子对象。

► "删除"按钮 删除 ：删除选定的样条线。

► "关闭"按钮 关闭 ：通过将所选样条线的端点、顶点与新线段相连来闭合该样条线。

► "拆分"按钮 拆分 ：通过添加由微调器指定的顶点数来拆分所选线段。

► "分离" 按钮 分离 ：将所选样条线复制到新的样条线对象，并从当前所选样条线中删除复制的样条线。

► "炸开"按钮 炸开 ：通过将每个线段转化为一个独立的样条线或对象，来分裂任何所选样条线。

4.4 实例：制作立书架模型

【例4-3】 本实例将制作立书架模型，如图4-57所示。 视频

图4-57 立书架模型

01 启动 3ds Max 2022 软件，单击"创建"面板中的"多边形"按钮，如图 4-58 所示。

02 在"修改"面板的"参数"卷展栏中，设置"半径"为110mm，设置"边数"数值为3，设置"角半径"为8mm，如图 4-59 所示，制作立书架的隔板。

图4-58 单击"多边形"按钮

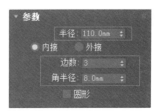

图4-59 设置多边形的参数

03 设置完成后，可以得到如图 4-60 所示的曲线效果。

04 在"修改"面板中展开"渲染"卷展栏，选中"在渲染中启用"和"在视口中启用"复选框，设置"厚度"为4mm，如图 4-61 所示。

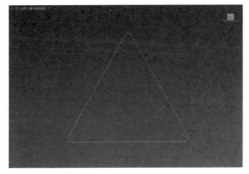

图4-60 曲线效果

图4-61 展开"渲染"卷展栏并设置参数

05 设置完成后，隔板模型在视图中的显示效果如图 4-62 所示。

06 将视图切换为透视图，按 Shift 键并拖曳隔板模型，可打开"克隆选项"对话框，在该对话框的"对象"组中选中"复制"单选按钮，设置"副本数"数值为 9，如图 4-63 所示，然后单击"确定"按钮。

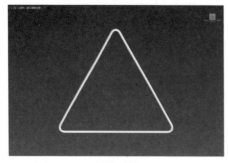

图 4-62　隔板模型的显示效果

图 4-63　设置克隆选项的参数

07 设置完成后，隔板模型在视图中的显示效果如图 4-64 所示。

08 单击"创建"面板中的"矩形"按钮，如图 4-65 所示，制作底座。

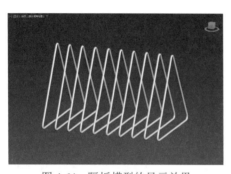

图 4-64　隔板模型的显示效果

图 4-65　单击"矩形"按钮

09 在"修改"面板的"参数"卷展栏中，设置"长度"为 180mm，设置"宽度"为 260mm，设置"角半径"为 5mm，如图 4-66 所示。

10 在"修改"面板中展开"渲染"卷展栏，选中"在渲染中启用"和"在视口中启用"复选框，设置"厚度"为 5mm，如图 4-67 所示。

图 4-66　设置矩形图形的参数

图 4-67　展开"渲染"卷展栏并设置参数

11 设置完成后，底座在视图中的显示效果如图 4-68 所示。

12 调整底座至如图 4-69 所示的位置。

图 4-68 底座的显示效果　　　　　　图 4-69 调整底座位置

13 立书架的最终效果如图 4-57 所示。

4.5　实例：制作花瓶模型

【例 4-4】本实例将制作花瓶模型，如图 4-70 所示。

图 4-70 花瓶模型

01 启动 3ds Max 2022 软件，单击"创建"面板中的"线"按钮，如图 4-71 所示。

02 在前视图中绘制花瓶的大致轮廓，如图 4-72 所示。

图 4-71 单击"线"按钮

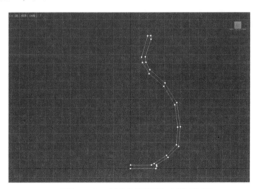

图 4-72 绘制花瓶的大致轮廓

03 在"修改"面板中进入"顶点"子层级，选择除了底部的其余顶点，右击并从弹出的快捷菜单选择"平滑"命令，如图 4-73 所示，将所选择的点由默认的"角点"转换为"平滑"。

04 在"几何体"卷展栏中单击"插入"按钮，如图 4-74 所示，为线段底部添加顶点。

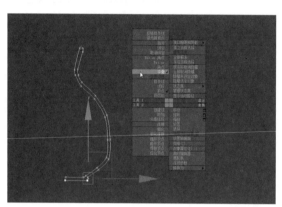

图 4-73　选择"平滑"命令

图 4-74　单击"插入"按钮

05 通过单击的方式在线段底部添加顶点，如图 4-75 所示。

06 选择曲线，在"修改"面板中单击"修改器列表"下拉按钮，从弹出的下拉列表中选择"车削"选项，为其添加"车削"修改器，如图 4-76 所示。

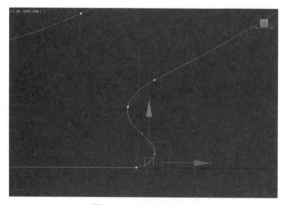

图 4-75　添加顶点

图 4-76　添加"车削"修改器

07 设置完成后，花瓶模型在视图中的显示效果如图 4-77 所示。

08 在"修改"面板中单击"车削"修改器中的"轴"子层级，如图 4-78 所示。

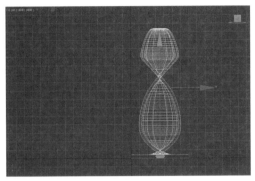

图 4-77 花瓶模型的显示效果

图 4-78 单击"轴"子层级

09 按 S 键并移动坐标轴至网格中心点,如图 4-79 所示。

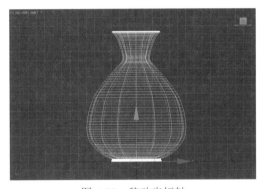

图 4-79 移动坐标轴

10 花瓶的最终效果如图 4-70 所示。

4.6 实例:制作霓虹灯灯牌模型

【例 4-5】本实例将制作霓虹灯灯牌模型,如图 4-80 所示。 📀视频

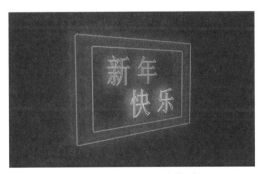

图 4-80 霓虹灯灯牌模型

01 启动 3ds Max 2022 软件,单击"创建"面板中的"文本"按钮,如图 4-81 所示,在前视图中创建一个文本图形。

02 在"修改"面板中展开"参数"卷展栏,在"文本"文本框内输入"新年快乐",然后设置"行间距"为 10mm,如图 4-82 所示。

图 4-81　单击"文本"按钮

图 4-82　设置文本图形的参数

03 设置完成后，文本图形在视图中的显示效果如图 4-83 所示。

04 在"修改"面板中展开"渲染"卷展栏，选中"在渲染中启用"和"在视口中启用"复选框，设置"厚度"为 2mm，如图 4-84 所示。

图 4-83　文本图形的显示效果

图 4-84　展开"渲染"卷展栏并设置参数

05 设置完成后，文本图形在视图中的显示效果如图 4-85 所示。

06 单击"创建"面板中的"矩形"按钮，如图 4-86 所示，制作背景板。

图 4-85　文本图形的显示效果

图 4-86　单击"矩形"按钮

07 在"修改"面板的"参数"卷展栏中设置"长度"为 250mm、"宽度"为 420mm、"角半径"为 5mm，如图 4-87 所示，制作背景板外框。

08 设置完成后，矩形图形在视图中的显示效果如图 4-88 所示。

图 4-87　设置矩形图形的参数

图 4-88　矩形图形的显示效果

09 在"修改"面板中，展开"渲染"卷展栏，选中"在渲染中启用"和"在视口中启用"复选框，设置"厚度"为 2.5mm，如图 4-89 所示。

10 设置完成后，矩形图形在视图中的显示效果如图 4-90 所示。

图 4-89　展开"渲染"卷展栏并设置参数

图 4-90　矩形图形的显示效果

11 按 Shift 键并拖曳矩形图形模型，可打开"克隆选项"对话框，在该对话框的"对象"组中选中"复制"单选按钮，设置"副本数"数值为 1，如图 4-91 所示，然后单击"确定"按钮。

12 在"参数"卷展栏中设置"长度"为 270mm、"宽度"为 460mm、"角半径"为 5mm，如图 4-92 所示。

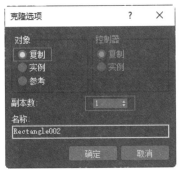

图 4-91　设置克隆选项的参数

图 4-92　设置副本矩形的参数

13 设置完成后，可以得到如图 4-93 所示的模型效果。

图 4-93　设置完成后的模型效果

14 霓虹灯灯牌的最终显示效果如图 4-80 所示。

4.7　习题

1. 简述不同二维图形工具的作用分别是什么。

2. 简述在 3ds Max 中如何创建二维图形，如何编辑样条线。

3. 运用本章所学的知识，尝试制作台灯模型，如图 4-94 所示。

图 4-94　台灯模型

第5章
多边形建模

　　多边形建模是 3dx Max 中一种常用的建模方式，通过这种方式，用户可以进入子对象层级并对模型进行编辑，从而制作更加复杂的模型效果，如家具、楼房、汽车以及包括复杂曲面的人物面部模型。本章将详细介绍 3ds Max 多边形建模的具体使用方法。

┃ 二维码教学视频 ┃

5.1 多边形建模简介

多边形建模是目前三维软件流行的建模方法之一。通过多边形建模不仅可以创建家具、建筑等简单的模型，还可以创建人物角色、工业产品等带有复杂曲面的模型。如图 5-1、图 5-2 所示为使用多边形建模技术制作出来的模型作品。

图 5-1　室内模型

图 5-2　机械模型

可编辑多边形对象包括顶点、边、边界、多边形和元素 5 个子对象层级，如图 5-3 所示，用户可以在任何一个子对象层级进行深层次的编辑操作。

图 5-3　5 个子对象层级

5.2 创建多边形对象

多边形对象的创建方法主要有两种：一种是将要修改的对象直接塌陷转换为"可编辑的多边形"；另一种是在"修改"面板的下拉列表中为对象添加"编辑多边形"修改器命令，此种方式又可以用两种方法实现。下面讲解创建多边形对象的具体操作。

方法一：在视图中选择要塌陷的对象，右击并在弹出的快捷菜单中选择"转换为："|"转换为可编辑多边形"命令，如图 5-4 所示，该物体则被快速塌陷为多边形对象。

方法二：选择视图中的物体，打开"修改"面板，将光标移至修改堆栈的命令上，右击，在弹出的快捷菜单中选择"可编辑多边形"命令，完成塌陷，如图 5-5 所示。

方法三：单击选择视图中的模型，在"修改器列表"中找到并添加"编辑多边形"修改器，如图 5-6 所示。需要注意的是，该方法只是在对象的修改器堆栈内添加一个修改器，与直接将对象转换为可编辑的多边形相比较而言，仍存在少许不同。

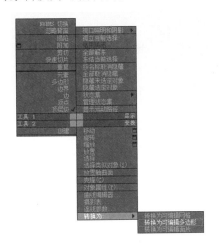

图 5-4 第一种方法

图 5-5 第二种方法

图 5-6 第三种方法

5.3 可编辑多边形对象的子对象

可编辑多边形为用户将物体塌陷为可编辑多边形对象后，即可对可编辑多边形对象的顶点、边、边界、多边形和元素这 5 个层级的子对象分别进行编辑，通过使用不同的子对象，配合子对象内不同的命令可以更方便、直观地进行模型的修改工作。

在对模型进行修改之前，一定要先单击模型以选定这些独立的子对象。只有处于一种特定的子对象模式时，才能选择视口中模型的对应子对象。可编辑多边形对象除了各层级自己独有的卷展栏，还拥有公共参数，包括"选择""软选择""编辑几何体""细分曲面""细分置换"和"绘制变形"共 6 个卷展栏，如图 5-7 所示为"顶点"层级面板，如图 5-8 所示为"边"层级面板。

图 5-7 "顶点"层级面板

图 5-8 "边"层级面板

5.3.1　"顶点"子对象

"顶点"是位于相应位置的点，用来定义构成多边形对象的其他子对象的结构。当移动或编辑顶点时，它们形成的几何体也会受影响。顶点可以独立存在，这些孤立的顶点可以用来构建其他几何体，但在渲染时，它们是不可见的。

进入"编辑多边形"的"顶点"子对象层级后，如图 5-9 所示，在"修改"面板中将会出现"编辑顶点"卷展栏，如图 5-10 所示，它专用于编辑顶点子对象，主要选项的功能说明如下。

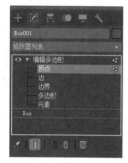

图 5-9　进入"顶点"子对象层级　　　　图 5-10　"编辑顶点"卷展栏

▶ "移除"按钮 移除 ：删除选中的顶点以及与该顶点相连的边线，如图 5-11 所示，快捷键是 Backspace 键。

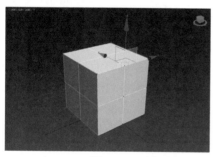

图 5-11　删除选中的顶点以及与该顶点相连的边线

▶ "断开"按钮 断开 ：在与选定顶点相连的每个多边形上都创建一个新顶点，这样可以使多边形的转角相互分开，使它们不再相连于原来的顶点上。

▶ "挤出"按钮 挤出 ：可以手动挤出所选择的顶点，如图 5-12 所示。

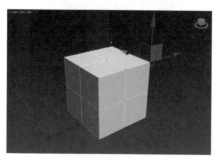

图 5-12　手动挤出所选择的顶点

▶ "焊接"按钮 焊接 ：将指定的阈值范围内的选定顶点进行合并，如图 5-13 所示。

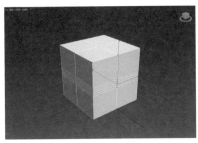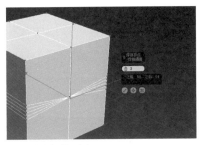

图 5-13　合并指定阈值范围内的顶点

▶ "切角"按钮 切角 ：单击此按钮后，可在活动对象中拖动顶点得到切角效果，如图 5-14 所示。

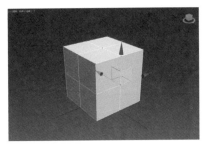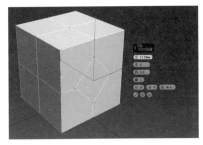

图 5-14　拖动顶点得到切角效果

▶ "目标焊接"按钮 目标焊接 ：可以选择一个顶点，并将它焊接到相邻目标顶点上。
▶ "连接"按钮 连接 ：在选中的顶点对象之间创建新的边。
▶ "移除孤立顶点"按钮 移除孤立顶点 ：将不属于任何多边形的顶点删除。
▶ "移除未使用的贴图顶点"按钮 移除未使用的贴图顶点 ：某些建模操作会留下未使用的（孤立）贴图顶点，它们会显示在"展开 UVW"编辑器中，但是不能用于贴图，可以使用此按钮自动删除这些贴图顶点。

5.3.2　"边"子对象

"边"是连接两个顶点的直线，它可以形成多边形的边。

进入"编辑多边形"的"边"子对象层级后，如图 5-15 所示，在"修改"面板中将出现"编辑边"卷展栏，如图 5-16 所示，它专用于编辑边子对象，各选项的功能说明如下。

图 5-15　进入"边"子对象层级　　　图 5-16　"编辑边"卷展栏

▶ "插入顶点"按钮 插入顶点 ：用于手动细分可视边。

- ▶ "移除"按钮 移除 ：删除选定边。
- ▶ "分割"按钮 分割 ：沿着选定边分割网格。
- ▶ "挤出"按钮 挤出 ：直接在视图中操作时，可以手动挤出边。
- ▶ "焊接"按钮 焊接 ：将指定的阈值范围内的选定边进行合并。
- ▶ "切角"按钮 切角 ：为选定的边创建两条或更多条新边，如图 5-17 所示。

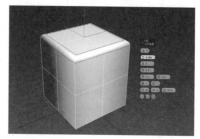

图 5-17　创建两条或更多条新边

- ▶ "目标焊接"按钮 目标焊接 ：选择边并将其焊接到目标边上，如图 5-18 所示。

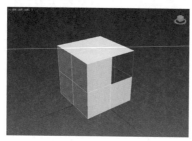

图 5-18　将选择的边焊接到目标边

- ▶ "桥"按钮 桥 ：在选择的边之间建立新面，如图 5-19 所示。

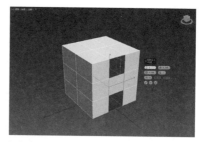

图 5-19　建立新面

- ▶ "连接"按钮 连接 ：在选择的边之间创建新的边线，如图 5-20 所示。

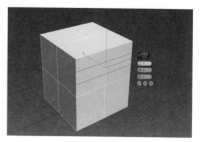

图 5-20　创建新的边线

- ▶ "利用所选内容创建图形"按钮 利用所选内容创建图形 ：根据选择的一条或多条边创建一条新的样条线。
- ▶ "硬"按钮 硬 ：显示选定边并将其渲染为未平滑的边。
- ▶ "平滑"按钮 平滑 ：设置选定边以将其显示为平滑边。
- ▶ "显示硬边"复选框：选中该复选框后，所有硬边都使用通过邻近色样定义的硬边颜色显示在视口中。
- ▶ "编辑三角形"按钮 编辑三角形 ：将多边形面显示为三角形，并允许用户对其进行编辑。
- ▶ "旋转"按钮 旋转 ：通过单击对角线，将多边形修改成三角形。

5.3.3　"边界"子对象

"边界"是多边形对象开放的边，可以理解为孔洞的边缘，简单来说，边界是指一个完整闭合的模型上因缺失了部分的面而产生了开口的地方，所以我们常常使用边界来检查模型是否有破面。进入"编辑多边形"的"边界"子对象层级，在模型上框选一下，如果模型可以被选中，则代表模型有破面。

进入"编辑多边形"的"边界"子对象层级后，如图 5-21 所示，在"修改"面板中将出现"编辑边界"卷展栏，如图 5-22 所示，它专用于编辑边界子对象，主要选项的功能说明如下。

图 5-21　进入"边界"子对象层级　　　　图 5-22　"编辑边界"卷展栏

- ▶ "挤出"按钮 挤出 ：在视图中对选择的边界进行手动挤出，如图 5-23 所示。

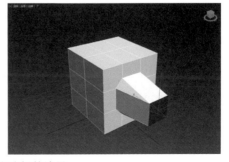

图 5-23　挤出选择的边界

- ▶ "插入顶点"按钮 插入顶点 ：用于手动细分边界边。
- ▶ "切角"按钮 切角 ：单击该按钮，然后拖动活动对象中的边界进行切角处理。

▶ "封口"按钮 封口 ：在所选对象上缺面的地方创建一个面，如图 5-24 所示。

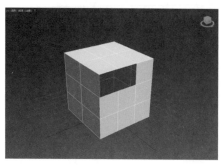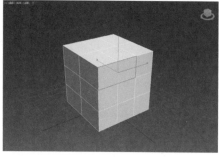

图 5-24　在缺面的地方创建一个面

▶ "桥"按钮 桥 ：在选择的边界位置处创建面来进行连接，如图 5-25 所示。

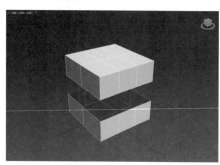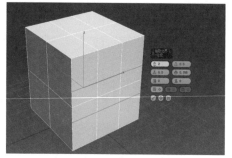

图 5-25　在选择的边界位置处创建面来进行连接

▶ "连接"按钮 连接 ：在选定的边界边之间创建新边，这些边可以通过其中的点相连。
▶ "利用所选内容创建图形"按钮 利用所选内容创建图形 ：根据选择的一条或多条边创建一个或多个样条线图形。

5.3.4　"多边形"子对象

多边形是指通过 3 条或 3 条以上的边所构成的面。

进入"编辑多边形"的"多边形"子对象层级后，如图 5-26 所示，在"修改"面板中将出现"编辑多边形"卷展栏，如图 5-27 所示，各选项的功能说明如下。

图 5-26　进入"多边形"子对象层级

图 5-27　"编辑多边形"卷展栏

- ▶ "插入顶点"按钮 插入顶点 ：用于手动细分多边形。
- ▶ "挤出"按钮 挤出 ：对所选择的面进行手动挤出操作。
- ▶ "轮廓"按钮 轮廓 ：用于增加或减少每组连续的、选定的多边形外边。
- ▶ "倒角"按钮 倒角 ：直接在视图中进行倒角操作。
- ▶ "插入"按钮 插入 ：进行没有高度的倒角操作，也就是在选定的平面内进行该操作，如图 5-28 所示。

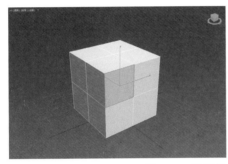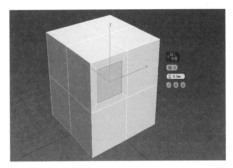

图 5-28　进行没有高度的倒角操作

- ▶ "桥"按钮 桥 ：对所选择的面进行桥接操作。
- ▶ "翻转"按钮 翻转 ：翻转选定多边形的法线方向。
- ▶ "从边旋转"按钮 从边旋转 ：通过在视图中直接操纵执行手动旋转操作。
- ▶ "沿样条线挤出"按钮 沿样条线挤出 ：沿着创建的样条线挤出所选择的面，如图 5-29 所示。

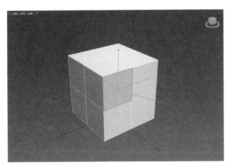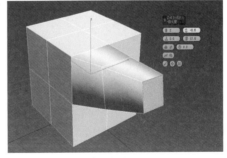

图 5-29　沿着创建的样条线挤出所选择的面

- ▶ "编辑三角剖分"按钮 编辑三角剖分 ：通过绘制内边，将多边形修改为三角形的方式。
- ▶ "重复三角算法"按钮 重复三角算法 ：允许 3ds Max 对当前选定的多边形自动选择最佳的三角剖分操作。
- ▶ "旋转"按钮 旋转 ：通过单击对角线，将多边形修改为三角形的方式。

5.3.5　"元素"子对象

"编辑多边形"中的"元素"子对象层级，可以选中多边形内部整个的几何体。

进入"编辑多边形"的"元素"子对象层级后，如图 5-30 所示，在"修改"面板中会出现"编辑元素"卷展栏，如图 5-31 所示，各选项的功能说明如下。

图 5-30 "元素"子对象层级

图 5-31 "编辑元素"卷展栏

▶ "插入顶点"按钮 插入顶点 ：用于手动细分多边形。

▶ "翻转"按钮 翻转 ：翻转选定多边形的法线方向。

▶ "编辑三角剖分"按钮 编辑三角剖分 ：通过绘制内边，将多边形修改为三角形的方式。

▶ "重复三角算法"按钮 重复三角算法 ：允许 3ds Max 对当前选定的多边形自动选择最佳的三角剖分操作。

▶ "旋转"按钮 旋转 ：通过单击对角线，将多边形修改为三角形的方式。

5.3.6 实例：多边形子对象层的操作

【例 5-1】本实例将讲解如何进行多边形子对象层的操作。 视频

01 启动 3ds Max 2022 软件，在场景中创建一个圆柱体模型，如图 5-32 所示。

02 选择圆柱体模型，右击并在弹出的快捷菜单中选择"转换为："|"转换为可编辑多边形"命令，如图 5-33 所示。

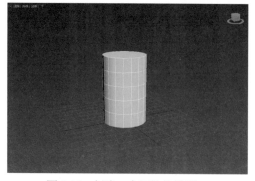

图 5-32 创建一个圆柱体模型

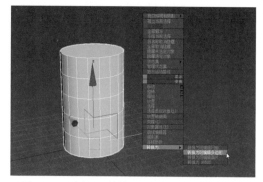

图 5-33 选择"转换为可编辑多边形"命令

03 在"修改"面板中，展开"选择"卷展栏，单击"顶点"按钮，即可进入圆柱体的"顶点"子对象层级，如图 5-34 所示。

04 在多边形对象中，每一个顶点均有自己的 ID 号。单击模型上的任意点，在"修改"面板中的"选择"卷展栏下方可以看到所选择顶点的 ID 号，如图 5-35 所示。

图 5-34　进入"顶点"子对象层级

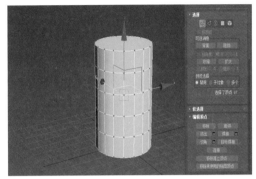

图 5-35　顶点的 ID 号

05 如果用户选择了多个顶点，在"选择"卷展栏的下方会提示具体选择了多少个顶点，如图 5-36 所示。

06 选择圆柱体模型上的一个顶点，然后在"编辑顶点"卷展栏中单击"移除"按钮，可以将选择的顶点子对象移除，如图 5-37 所示。

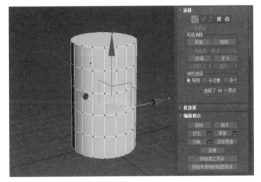

图 5-36　提示具体选择了多少个顶点

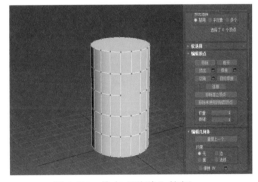

图 5-37　单击"移除"按钮

07 在模型中选择一个顶点，单击"编辑顶点"卷展栏中的"断开"按钮，可以在所选顶点的位置创建更多的顶点，并且所选顶点周围的表面将不再共用同一个顶点。此时选择"选择并移动"命令以移动这一区域内的顶点时，对象中连续的表面就会产生分裂，如图 5-38 所示。

08 在"编辑顶点"卷展栏中单击"焊接"命令右侧的"设置"按钮▣，在弹出的"小盒界面"中设置"焊接"为 8mm，如图 5-39 所示。

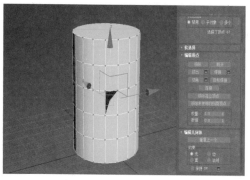

图 5-38 移动断开的顶点

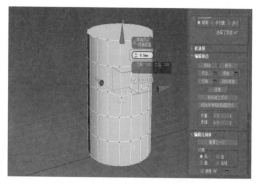

图 5-39 设置"焊接"参数

09 ▶ 在"编辑顶点"卷展栏中单击"目标焊接"按钮，如图 5-40 所示，将其激活后，在视图中单击断开的顶点，此时移动鼠标就会拖出一条虚线。将光标移到想要焊接的顶点上并再次单击，即可将先前单击的顶点焊接到后来单击的顶点上，如图 5-41 所示。

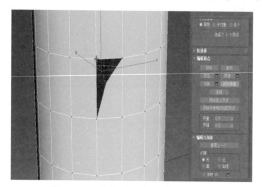

图 5-40 单击"目标焊接"按钮

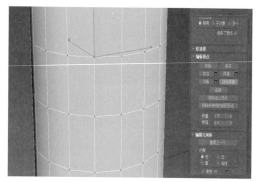

图 5-41 焊接顶点

10 ▶ 同样，当用户在"边"子对象层级和"多边形"子对象层级中进行边或面的选择时，也会出现相应的提示，如图 5-42 所示。

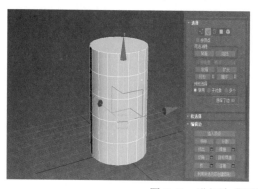

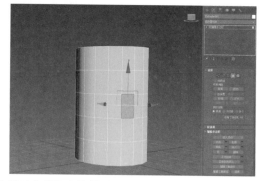

图 5-42 进行边或面的选择时出现相应的提示

11 ▶ 在"修改"面板中，进入"多边形"子对象层级，选中其中的一个面，将其删除，如图 5-43 所示。

12 ▶ 在"修改"面板中，进入"边界"子对象层级，框选圆柱体模型，圆柱体模型缺面位置处的边线会被选中，如图 5-44 所示。用户可通过该方法检查模型是否有缺面。

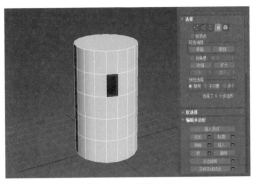
图 5-43　删除面

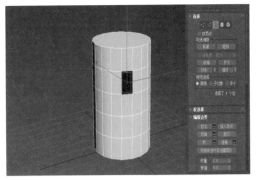
图 5-44　框选圆柱体模型

13 单击"编辑边界"卷展栏中的"封口"按钮,即可将圆柱体模型缺失的面补好,如图 5-45 所示。

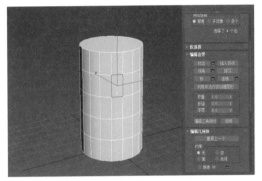
图 5-45　补好缺失的面

5.4　实例：制作镂空饰品模型

【例 5-2】本实例将综合所学知识制作镂空饰品模型,如图 5-46 所示。　　视频

图 5-46　镂空饰品

01 启动 3ds Max 2022 软件,单击"创建"面板中的"管状体"按钮,如图 5-47 所示。

02 在"修改"面板中设置"半径 1"为 70mm、"半径 2"为 75mm、"高度"为 60mm、"高度分段"数值为 6、"端面分段"数值为 1、"边数"数值为 18,如图 5-48 所示。

图 5-47　单击"管状体"按钮　　　　　图 5-48　设置管状体模型的参数

03 设置完成后，管状体模型在视图中的显示效果如图 5-49 所示。

04 单击"创建"面板中的"球体"按钮，在"修改"面板中设置"半径"为 75mm、"分段"数值为 26，可以得到如图 5-50 所示的球体模型。

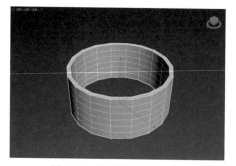

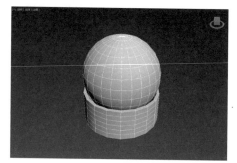

图 5-49　管状体显示效果　　　　　　图 5-50　创建球体模型

05 在"修改"面板中单击"修改器列表"下拉按钮，从弹出的下拉列表中选择"细分"选项，为其添加"细分"修改器，设置"大小"为 15mm，如图 5-51 所示。

06 选择管状体模型，右击并在弹出的快捷菜单中选择"转换为："|"转换为可编辑多边形"命令，如图 5-52 所示。

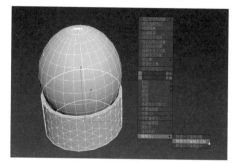

图 5-51　添加"细分"修改器　　　　　图 5-52　选择"转换为可编辑多边形"命令

07 在 Ribbon 工具栏中单击"显示完整的功能区"按钮 ，将功能区完全展开，在"建模"

选项卡中单击"修改选择"标题栏，然后在展开的面板中单击"生成拓扑"按钮，如图 5-53 所示。

08 在弹出的"拓扑"对话框中，单击"边方向"按钮，如图 5-54 所示。

图 5-53 单击"相似"按钮　　　　　　　　图 5-54 单击"边方向"按钮

09 设置完成后，管状体模型在视图中的显示效果如图 5-55 所示。

10 在"修改"面板中，展开"选择"卷展栏，单击"边"按钮◁，即可进入管状体的"边"子对象层级，按 F3 键切换到线框显示模式，框选管状体模型所有的边，如图 5-56 所示。

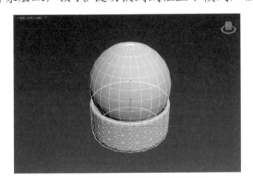

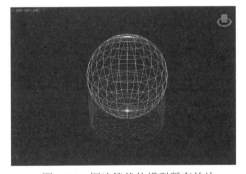

图 5-55 管状体模型的显示效果　　　　　图 5-56 框选管状体模型所有的边

11 再按一次 F3 键切换回实体显示，在"编辑边"卷展栏中单击"利用所选内容创建图形"按钮，如图 5-57 所示。

12 在弹出的"创建图形"对话框中，选中"平滑"单选按钮，如图 5-58 所示，单击"确定"按钮。

图 5-57 单击"利用所选内容创建图形"按钮　　　图 5-58 "创建图形"对话框

⓭ 再次单击"边"按钮◁，退出"边"子对象层级，在"场景资源管理器"面板中单击管状体模型名称前的"显示隐藏对象"按钮◉，如图 5-59 所示。

⓮ 在"修改"面板中展开"渲染"卷展栏，选中"在渲染中启用"和"在视口中启用"复选框，设置"厚度"为 1mm，如图 5-60 所示。

图 5-59　隐藏管状体模型　　　　　　　　图 5-60　设置图形参数

⓯ 设置完成后，管状体模型在视图中的显示效果如图 5-61 所示。

⓰ 按照同样的制作方式制作上方的球体模型，效果如图 5-62 所示。

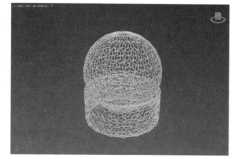

图 5-61　管状体模型显示效果　　　　　　图 5-62　模型显示效果

⓱ 制作完成后，镂空饰品的效果如图 5-46 所示。

5.5　实例：制作牛奶盒模型

【例 5-3】本实例将综合所学的知识制作牛奶盒模型，如图 5-63 所示。🎬视频

图 5-63　牛奶盒

01 启动 3ds Max 2022 软件,单击"创建"面板中的"长方体"按钮,如图 5-64 所示。

02 在"修改"面板中设置"长度"为 75mm、"宽度"为 75mm、"高度"为 60mm、"宽度分段"数值为 2,如图 5-65 所示。

图 5-64　单击"长方体"按钮

图 5-65　设置长方体模型的参数

03 设置完成后,长方体模型在视图中的显示效果如图 5-66 所示。

04 选择长方体模型,右击并在弹出的快捷菜单中选择"转换为:"|"转换为可编辑多边形"命令,如图 5-67 所示。

图 5-66　长方体模型显示效果

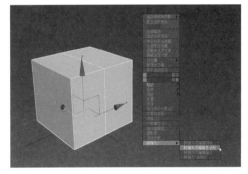

图 5-67　选择"转换为可编辑多边形"命令

05 展开"选择"卷展栏,单击"多边形"按钮,如图 5-68 所示,即可进入长方体的"多边形"子对象层级。

06 选择如图 5-69 所示的面。

图 5-68　单击"多边形"按钮

图 5-69　选择面

07 在"编辑几何体"卷展栏中单击"分离"按钮,如图 5-70 所示。

08 在弹出的"分离"对话框中单击"确定"按钮,如图 5-71 所示。

图 5-70 单击"分离"按钮

图 5-71 单击"确定"按钮

09 选择分离出来的对象，单击"边"按钮，进入长方体的"边"子对象层级，然后选择中线沿 Y 轴移至如图 5-72 所示的位置。

10 选择分离出来的对象，在"编辑几何体"卷展栏中单击"附加"按钮，如图 5-73 所示，再选择下方的长方体模型，将其合并。

图 5-72 移动边

图 5-73 单击"附加"按钮

11 按数字键 1 切换至"顶点"子对象层级，全选模型所有的顶点，然后在"编辑顶点"卷展栏中单击"焊接"按钮，如图 5-74 所示。

12 按数字键 3 切换至"边界"子对象层级，然后在"编辑边界"卷展栏中单击"封口"按钮，如图 5-75 所示。

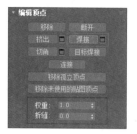

图 5-74 单击"焊接"按钮

图 5-75 单击"封口"按钮

13 设置完成后，可以得到如图 5-76 所示的模型效果。

14 按 Alt+W 快捷键切换至前视图，框选如图 5-77 所示的顶点。

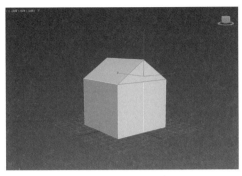

图 5-76 模型效果

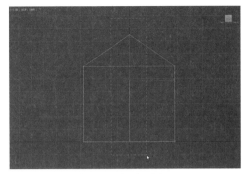

图 5-77 框选顶点

15 在"编辑顶点"卷展栏中单击"连接"按钮，如图 5-78 所示。

16 设置完成后，可以得到如图 5-79 所示的模型效果。

图 5-78 单击"连接"按钮

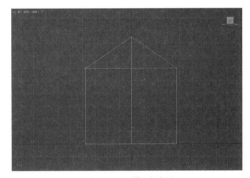

图 5-79 模型效果

17 按数字键 4 切换至"多边形"子对象层级，选择如图 5-80 所示的面，然后在"编辑多边形"卷展栏中单击"插入"按钮，模型效果如图 5-81 所示。

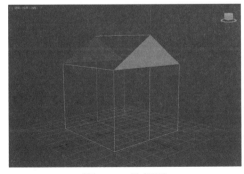

图 5-80 选择面

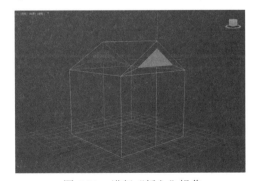

图 5-81 进行"插入"操作

18 在"编辑几何体"卷展栏中单击"塌陷"按钮，如图 5-82 所示。

19 按数字键 1 切换至"顶点"子对象层级，再按 Ctrl 键加选两个塌陷出来的顶点，沿 Y 轴进行缩放，可以得到如图 5-83 所示的模型效果。

图 5-82　单击"塌陷"按钮

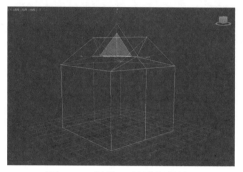

图 5-83　沿着 Y 轴进行缩放

20 按数字键 2 切换至"边"子对象层级，再按 Ctrl+A 快捷键全选所有的边，在"编辑边"卷展栏中单击"切角"按钮，结果如图 5-84 所示。

21 按数字键 4 切换至"多边形"子对象层级，选择顶面的面，按住 Shift 键激活"智能挤出"命令，然后沿着 Y 轴移动至如图 5-85 所示的位置。

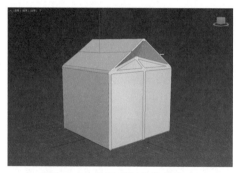

图 5-84　进行"切角"操作

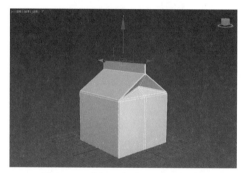

图 5-85　进行"智能挤出"操作

22 选择如图 5-86 所示的边，在"编辑多边形"卷展栏中，单击"连接"命令右侧的"设置"按钮■，在弹出的"小盒界面"中设置"分段"数值为 2，设置"收缩"数值为 96，如图 5-87 所示，对模型四周进行卡线操作。

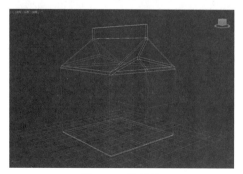

图 5-86　选择边

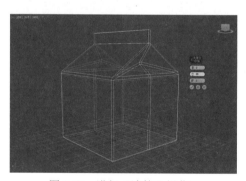

图 5-87　进行"连接"操作

23 按照同样的方法，对侧面进行卡线操作，如图 5-88 所示。

24 按照同样的方法，对顶部的结构进行卡线操作，如图 5-89 所示。

图 5-88　继续进行"连接"操作

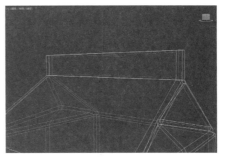

图 5-89　对顶部结构进行卡线操作

25 选择前后凹陷结构处的顶点，如图 5-90 所示。

26 按 Ctrl 键并单击"多边形"按钮，即可选中周围的面，如图 5-91 所示。

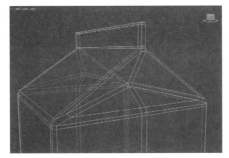

图 5-90　选择顶点

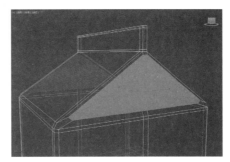

图 5-91　选择周围的面

27 在"编辑多边形"卷展栏中，单击"插入"按钮，设置"数量"为 1mm，对凹陷处的结构进行卡线操作，如图 5-92 所示。

28 再按数字键 4 退出"多边形"子对象层级，然后选择模型，在"细分曲面"卷展栏中选中"使用 NURMS 细分"复选框，如图 5-93 所示，观察模型的细分效果。

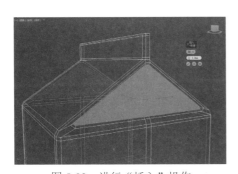

图 5-92　进行"插入"操作

图 5-93　选中"使用 NURMS 细分"复选框

29 设置完成后，可以得到如图 5-94 所示的模型效果。

30 牛奶盒最终的模型效果如图 5-63 所示。

图 5-94　牛奶盒模型效果

5.6　实例：制作现代床头柜模型

本节重点介绍多边形建模中的一些常用命令和技巧。下面通过实例操作，帮助用户进一步巩固所学的知识。

【例5-4】本实例将讲解如何使用多边形建模技术制作一个柜子模型，如图 5-95 所示。视频

图 5-95　现代床头柜

01 启动 3ds Max 2022 软件，单击"创建"面板中的"长方体"按钮，如图 5-96 所示，在场景中创建一个长方体模型。

02 在"修改"面板中，设置"长度"为 480mm，设置"宽度"为 480mm，设置"高度"为 410mm，设置"长度分段"数值为 1，设置"宽度分段"数值为 1，设置"高度分段"数值为 2，如图 5-97 所示。

图 5-96　单击"长方体"按钮

图 5-97　设置长方体模型的参数

03 设置完成后，长方体模型在视图中的显示效果如图 5-98 所示。

04 选择长方体模型，右击并在弹出的快捷菜单中选择"转换为："|"转换为可编辑多边形"
命令，将其转换为可编辑状态，如图 5-99 所示。

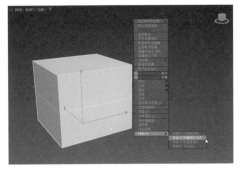

图 5-98　长方体模型显示效果　　　　　图 5-99　选择"转换为可编辑多边形"命令

05 选择长方体正面的面，按住 Shift 键不放激活"智能挤出"命令，然后按 R 键进行缩放，
再按 W 键将选择的面调整至如图 5-100 所示的造型。

06 继续使用"智能挤出"命令，将所选择的面调整至如图 5-101 所示的模型效果。

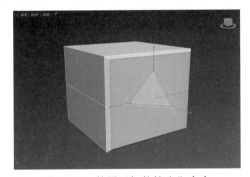
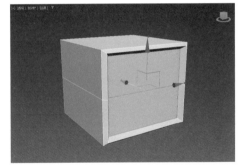

图 5-100　使用"智能挤出"命令　　　　　图 5-101　继续使用"智能挤出"命令

07 在"编辑多边形"卷展栏中，单击"插入"按钮右侧的"设置"按钮，如图 5-102 所示。

08 在弹出的"小盒界面"中单击"插入"属性的"按多边形"选项，设置"数量"为
5mm，如图 5-103 所示，设置完成后单击"确定"按钮。

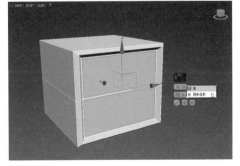

图 5-102　单击"设置"按钮　　　　　图 5-103　设置"插入"参数

09 按住 Shift 键继续使用"智能挤出"命令，将所选择的面沿 X 轴方向移动，得到如图 5-104
所示的模型效果。

10 在"编辑多边形"卷展栏中，单击"插入"命令右侧的"设置"按钮，在弹出的"小盒界面"中设置"数量"为 0.2mm，如图 5-105 所示，设置完成后单击"确定"按钮。

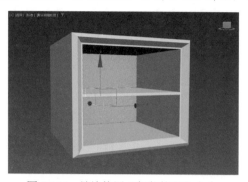
图 5-104　继续使用"智能挤出"命令

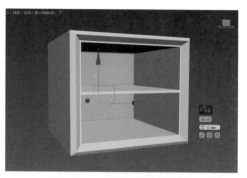
图 5-105　设置"插入"参数

11 按住 Shift 键继续使用"智能挤出"命令，制作抽屉的造型，如图 5-106 所示。

12 继续使用"智能挤出"命令，向外挤出并进行缩放，效果如图 5-107 所示。

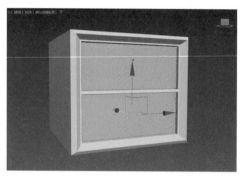
图 5-106　制作抽屉的造型

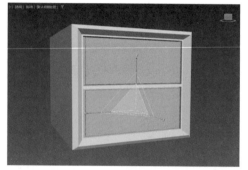
图 5-107　向外挤出并进行缩放

13 选择如图 5-108 所示的边线，在"编辑多边形"卷展栏中，单击"切角"命令右侧的"设置"按钮，在弹出的"小盒界面"中设置"边切角量"为 2mm、"链接边分段"为 2mm，如图 5-109 所示。

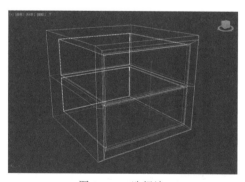
图 5-108　选择边

图 5-109　设置"切角"参数

14 单击"创建"面板中的"球体"按钮，在"修改"面板中，设置"半径"为 12mm、"分段"为 24，如图 5-110 所示。

15 在前视图中创建一个球体模型，如图 5-111 所示，制作床头柜的把手模型。

图 5-110　设置球体模型的参数

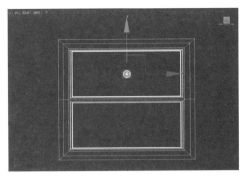

图 5-111　创建球体

16 选择球体模型，右击并在弹出的快捷菜单中选择"转换为："|"转换为可编辑多边形"命令，将其转换为可编辑状态，然后按数字键 4 进入"多边形"子对象层级，选择如图 5-112 所示的面。

17 按住 Shift 键对其进行"智能挤出"操作，制作如图 5-113 所示的造型。

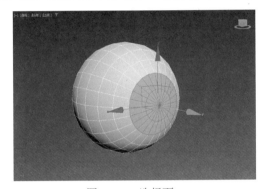

图 5-112　选择面

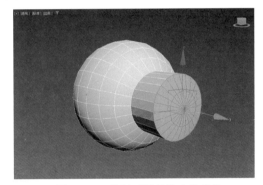

图 5-113　进行"智能挤出"操作

18 按数字键 1 进入"顶点"子对象层级，选择如图 5-114 所示的顶点。

19 在"修改"面板中，选中"使用软选择"复选框，并设置"衰减"微调框数值为 30mm，如图 5-115 所示，沿 Z 轴调整球体前端的造型。

图 5-114　选择顶点

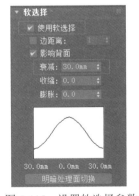

图 5-115　设置软选择参数

20 按 Shift 键并拖曳把手模型，可打开"克隆选项"对话框，在该对话框的"对象"组中选中"复制"单选按钮，设置"副本数"数值为 1，如图 5-116 所示，然后单击"确定"按钮。

21 将把手模型调整至如图 5-117 所示的位置。

图 5-116　设置克隆参数

图 5-117　调整把手模型位置

22 单击"创建"面板中的"长方体"按钮，设置"长度"为 35mm、"宽度"为 35mm、"高度"为 125mm，如图 5-118 所示。

23 在场景中创建一个长方体模型，如图 5-119 所示。

图 5-118　设置长方体模型的参数

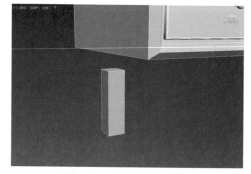

图 5-119　创建长方体模型

24 选择长方体模型，右击并在弹出的快捷菜单中选择"转换为："|"转换为可编辑多边形"命令，将其转换为可编辑状态，然后按数字键 1 进入"顶点"子对象层级，按 F3 键切换至线框显示模式，选择如图 5-120 所示的顶点。

25 再次按 F3 键切换至实体显示模式，沿 X 轴方向移动，再按 R 键激活"选择并均匀缩放"命令对顶点进行缩放，制作如图 5-121 所示的造型。

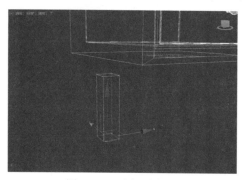

图 5-120　选择顶点

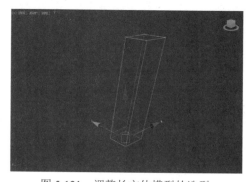

图 5-121　调整长方体模型的造型

26 按 E 键激活"选择并旋转"命令，旋转长方体的方向，并调整其位置至如图 5-122 所示。

27 按数字键 2 切换至"边"子对象层级，框选长方体左右的边线，在"编辑多边形"卷展栏中，单击"切角"命令右侧的"设置"按钮▣，在弹出的"小盒界面"中设置"边切角量"为 5mm、"链接边分段"为 2mm，如图 5-123 所示。

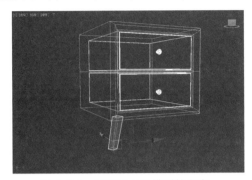

图 5-122　调整长方体模型的方向

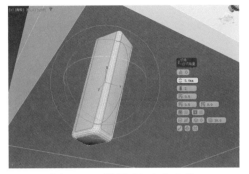

图 5-123　设置"切角"参数

28 在"层次"面板中单击"仅影响轴"按钮，如图 5-124 所示。

29 按 S 键激活"捕捉开关"命令，将坐标轴回归网格中心，如图 5-125 所示。

图 5-124　单击"仅影响轴"按钮

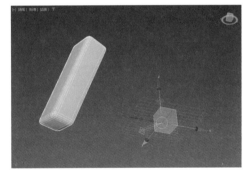

图 5-125　将坐标轴回归网格中心

30 在主工具栏中单击"镜像"按钮▣，在弹出的"镜像：世界 坐标"对话框中选中 X 单选按钮和"复制"单选按钮，如图 5-126 所示，然后单击"确定"按钮。

31 设置完成后，得到如图 5-127 所示的模型效果。

图 5-126　设置镜像参数

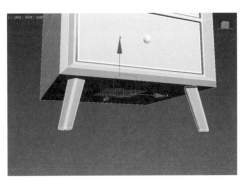

图 5-127　模型效果

32 按照同样的方法制作其余的柜腿，效果如图 5-128 所示。

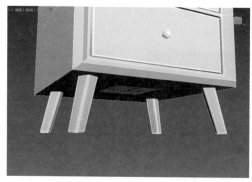

图 5-128　制作其余的柜腿

33 现代床头柜的最终效果如图 5-95 所示。

5.7　习题

1. 简述可编辑多边形对象包括哪 5 个子对象层级。
2. 简述如何将选择的对象转换为可编辑多边形。
3. 运用本章所学的知识，尝试制作罐装香薰、托盘和圆形桌子模型，如图 5-129 所示。

图 5-129　制作罐装香薰、托盘和圆形桌子模型

第6章
材质与贴图

  在 3ds Max 中，材质主要用于表现物体的颜色、质地、纹理、透明度和光泽度等特性，利用各种类型的材质，用户可以模拟出现实世界中任何物体的质感，让模型看起来更加真实。

  本章将通过实例操作，帮助读者对 3ds Max 中材质与贴图的运用有一个比较全面的了解。

┃ 二维码教学视频 ┃

【例 6-1】 "材质编辑器" 的基本操作   【例 6-5】 制作大理石材质

【例 6-2】 "物理材质" 参数讲解   【例 6-6】 制作陶瓷材质

【例 6-3】 制作玻璃材质   【例 6-7】 制作图书材质

【例 6-4】 制作金属材质   【例 6-8】 制作渐变玻璃材质

6.1　材质概述

在 3ds Max 中，简单地说，使用材质就是为了给模型添加色彩和质感，材质反映着模型的质感、属性，由纹理堆积而成，使物体更具有真实物体的物理属性，如图 6-1 所示。用户需要多观察现实世界中的物体，并对物体的属性具有深入的了解。

图 6-1　材质

6.2　材质编辑器

材质编辑器提供创建和编辑材质及贴图的功能，材质通常由多个参数组成。3ds Max 2022 所提供的"材质编辑器"窗口非常重要，里面不但包含所有的材质及贴图命令，还提供大量预先设置好的材质供用户选择和使用，打开"材质编辑器"的方法有以下几种。

第一种方法：在菜单栏中选择"渲染"|"材质编辑器"命令，可以看到 3ds Max 2022 为用户所提供的"精简材质编辑器"命令和"Slate 材质编辑器"命令，如图 6-2 所示。

第二种方法：在主工具栏上单击"精简材质编辑器"图标或"Slate 材质编辑器"图标也可以打开对应类型的材质编辑器，如图 6-3 所示。

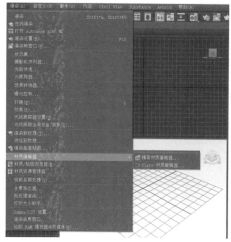

图 6-2　在菜单栏中选择材质编辑器

图 6-3　在主工具栏上单击材质编辑器图标

第三种方法：按下 M 键打开"材质编辑器"窗口，可以显示上次打开的"材质编辑器"版本 ("精简材质编辑器"或者"Slate 材质编辑器")。

6.2.1　精简材质编辑器

精简材质编辑器主要用于创建、改变和应用场景中的材质，它使用的窗口比 Slate 材质编辑器的小，如图 6-4 所示，3ds Max 2022 中增加了 Slate 材质编辑器。由于在实际工作中，精简材质编辑器更为常用，故本书以"精简材质编辑器"进行讲解。

6.2.2　Slate 材质编辑器

在 3ds Max 的主工具栏中长按"材质编辑器"按钮或者按下 M 键，在下拉列表中选择"Slate 材质编辑器"命令，系统将打开 Slate 材质编辑器，如图 6-5 所示，其中包含了各种编辑工具，这些工具可以帮助我们制作对象的材质。

图 6-4　精简材质编辑器

图 6-5　Slate 材质编辑器

6.2.3　实例："材质编辑器"的基本操作

【例 6-1】本实例将讲解"材质编辑器"的基本操作。 🎦视频

01 启动 3ds Max 2022 软件，在"创建"面板中单击"球体"按钮，如图 6-6 所示。

02 在场景中创建两个球体模型，如图 6-7 所示。

图 6-6　单击"球体"按钮

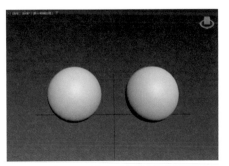

图 6-7　创建两个球体模型

03 按 M 键打开"材质编辑器"窗口，如图 6-8 所示，默认的材质类型为"物理材质"。

04 在场景中先选择一个球体模型，再在"材质编辑器"窗口中单击"将材质指定给选定对象"按钮，即可对球体模型指定物理材质，设置完成后，球体模型的颜色会跟对应材质球的颜色保持一致，效果如图 6-9 所示。

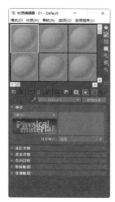

图 6-8　打开"材质编辑器"窗口

图 6-9　指定物理材质

05 按 F4 键显示模型的边线，可以看到添加了材质的球体模型的边线颜色仍然保持初始的蓝色，如图 6-10 所示。

06 如果"材质编辑器"窗口中的材质球全部使用完毕，在"材质编辑器"的菜单栏中选择"实用程序"|"重置材质编辑器窗口"命令，如图 6-11 所示。这样"材质编辑器"窗口中会出现一组新的材质球供用户使用。

图 6-10　显示边线

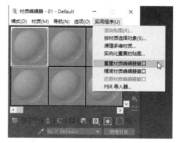

图 6-11　选择"重置材质编辑器窗口"命令

07 或者通过单击"从对象拾取材质"按钮来获取场景中模型的材质，如图 6-12 所示。

08 在"实用程序"面板中单击"更多"按钮，如图 6-13 所示。

图 6-12　单击"从对象拾取材质"按钮

图 6-13　单击"更多"按钮

09 在弹出的"实用程序"对话框中选择"UVW 移除"命令，如图 6-14 所示，然后单击"确定"按钮。这样"实用程序"面板可以显示对应的"参数"卷展栏。

10 在"参数"卷展栏中单击"材质"按钮，如图 6-15 所示，可以删除所选模型的材质。

11 设置完成后观察场景，球体模型又回归原始状态，如图 6-16 所示。

图 6-14　选择"UVW 移除"命令

图 6-15　单击"材质"按钮

图 6-16　球体模型回归原始状态

6.3　常用材质与贴图

3ds Max 2022 为用户提供了多个常见的、不同类型的材质球。用户在学习材质之前，首先需要了解一下其中较为常用的材质。

6.3.1　物理材质

物理材质是 3ds Max 2022 软件的默认材质，使用物理材质几乎可以制作出现实生活中的大部分材质。物理材质的参数是基于现实世界中物体的自身物理属性所设计的，主要包含预设、涂层参数、基本参数、各向异性、特殊贴图和常规贴图 6 个卷展栏，下面讲解其中较为常用的参数。

1．"预设"卷展栏

通过"预设"卷展栏，用户可以访问"物理材质"预设，以便快速创建不同类型的材质。"预设"卷展栏内的参数如图 6-17 所示。

图 6-17　"预设"卷展栏

▶ "预设"下拉列表：提供许多预先设置好参数的材质供用户选择和使用。

▶ "材质模式"下拉列表：提供"简单"和"高级"2 种模式供用户选择和使用，默认模式为"简单"。

2．"涂层参数"卷展栏

通过"涂层参数"卷展栏，用户可以为材质添加透明涂层，并让透明涂层位于所有其他明暗处理效果之上。"涂层参数"卷展栏内的参数如图 6-18 所示。

图 6-18　"涂层参数"卷展栏

(1)"透明涂层"组。

▶ "权重"微调框：用于设置涂层的厚度，默认值为 0。

▶ 颜色控件：用于设置涂层的颜色。

▶ 粗糙度：用于设置涂层表面的粗糙程度。

▶ "涂层 IOR"微调框：用于设置涂层的折射率。

(2)"影响基本"组。

▶ "颜色"微调框：设置涂层对材质基础颜色的影响程度。

▶ "粗糙度"微调框：设置涂层对材质基础粗糙度的影响程度。

3．"基本参数"卷展栏

"基本参数"卷展栏包含物理材质的常规设置。"基本参数"卷展栏内的参数如图 6-19 所示。

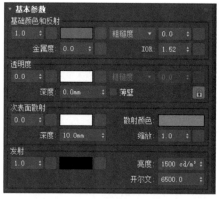

图 6-19　"基本参数"卷展栏

(1)"基础颜色和反射"组。

▶ "权重"微调框：设置基础颜色对物理材质的影响程度。

▶ 颜色控件：设置基础颜色。

▶ 粗糙度：设置材质的粗糙程度。

▶ "金属度"微调框：设置材质的金属表现程度。

▶ IOR 微调框：设置材质的折射率。

(2) "透明度"组。

▶ "权重"微调框：设置材质的透明程度。

▶ 颜色控件：设置透明度的颜色。

▶ "薄壁"复选框：用于模拟较薄的透明物体，如肥皂泡。

(3) "次表面散射"组。

▶ "权重"微调框：设置材质的次表面散射程度。

▶ 颜色控件：设置材质的次表面散射颜色。

▶ "散射颜色"：设置灯光通过材质产生的散射颜色。

(4) "发射"组。

▶ "权重"微调框：设置材质自发光的程度。

▶ 颜色控件：设置材质自发光的颜色。

▶ "亮度"微调框：设置材质的发光明亮程度。

▶ "开尔文"微调框：使用色温来控制自发光的颜色。

4. "各向异性"卷展栏

通过"各向异性"卷展栏，用户可在指定的方向上拉伸高光和反射。"各向异性"卷展栏内的参数如图 6-20 所示。

图 6-20 "各向异性"卷展栏

▶ "各向异性"微调框：用于控制材质的高光形状。

▶ "旋转"微调框：用于控制材质的各向异性计算角度。

▶ "自动"/"贴图通道"单选按钮：用于设置自动或使用贴图通道来控制各向异性的方向。

5. "特殊贴图"卷展栏

通过 "特殊贴图"卷展栏，用户可以在创建物理材质时使用特殊贴图。"特殊贴图"卷展栏内的参数如图 6-21 所示。

图 6-21 "特殊贴图"卷展栏

▶ 凹凸贴图：用来为材质指定凹凸贴图。

▶ 涂层凹凸贴图：将凹凸贴图指定到涂层上。

▶ 置换：用来为材质指定置换贴图。

▶ 裁切 (不透明度)：用来为材质指定裁切贴图。

6. "常规贴图"卷展栏

"常规贴图"卷展栏内的参数如图 6-22 所示。与"特殊贴图"卷展栏中的功能非常相似，该卷展栏中的参数全部用来为对应的材质属性指定贴图，故不再重复讲解。

图 6-22　"常规贴图"卷展栏

6.3.2　实例：物理材质的表现方法

【例 6-2】本实例将讲解物理材质的表现方法。

01 启动 3ds Max 2022 软件，在"创建"面板中单击"圆柱体"按钮和"平面"按钮。在场景中创建一个圆柱体模型和一个平面模型，如图 6-23 所示。

02 在"创建"面板中单击"目标灯光"按钮，如图 6-24 所示。

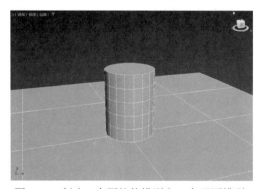

图 6-23　创建一个圆柱体模型和一个平面模型

图 6-24　单击"目标灯光"按钮

03 在前视图中创建一个目标灯光，如图 6-25 所示。

04 在"修改"面板中，设置"从 (图形) 发射光线"的类型为"圆形"，设置"半径"数值为 10，如图 6-26 所示。

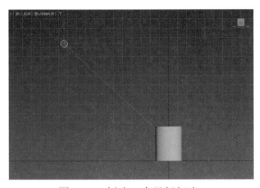

图 6-25　创建一个目标灯光

图 6-26　设置目标灯光的参数

05 在"强度 / 颜色 / 衰减"卷展栏中，设置灯光的"强度"为 2000，如图 6-27 所示。

06 按 M 键打开"材质编辑器"窗口，为圆柱体模型指定一个物理材质后，在主工具栏中单击"渲染帧窗口"按钮 渲染场景，渲染效果如图 6-28 所示。

图 6-27　设置灯光的"强度"为 2000

图 6-28　渲染场景

6.3.3　实例：制作透明材质

【例 6-3】本实例将讲解使用"物理材质"制作玻璃材质的方法，渲染效果如图 6-29 所示。

视频

图 6-29　玻璃材质

01 启动 3ds Max 2022 软件，打开本书的配套资源文件"玻璃材质 .max"，如图 6-30 所示，本场景已经设置好灯光、摄影机及渲染基本参数。

02 按 M 键打开"材质编辑器"窗口，选择花瓶模型，在材质编辑器示例窗中选择一个材质球，然后单击"将材质指定给选定对象"按钮 ，并重命名为"玻璃"，如图 6-31 所示。

图 6-30　打开"玻璃材质 .max"文件

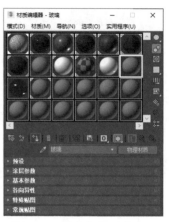

图 6-31　重命名为"玻璃"

03 在"基本参数"卷展栏中，设置"基础颜色和反射"组中"粗糙度"的值为 0.05、"透明度"组中的权重值为 1，如图 6-32 所示。

图 6-32　设置玻璃花瓶模型的基本参数

04 设置完成后，在主工具栏中单击"渲染帧窗口"按钮■渲染场景，本实例的渲染效果如图 6-29 所示。

6.3.4　实例：制作金属材质

【例 6-4】本实例将讲解金属材质的制作方法，渲染效果如图 6-33 所示。 ◉视频

图 6-33　金属材质

01 启动 3ds Max 2022 软件，打开本书的配套资源文件"金属材质 .max"，如图 6-34 所示，本场景已经设置好灯光、摄影机及渲染基本参数。

02 按 M 键打开"材质编辑器"窗口，选择鹰模型，在材质编辑器示例窗中选择一个材质球，然后单击"将材质指定给选定对象"按钮■，并重命名为"金属"，如图 6-35 所示。

图 6-34 打开"金属材质 .max"文件

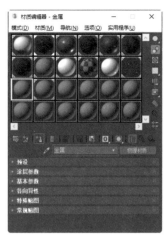

图 6-35 重命名为"金属"

03 在"基本参数"卷展栏中，设置基础颜色为黄色、"粗糙度"值为 0.1、"金属度"值为 1，如图 6-36 所示。

04 "基础颜色"的参数设置如图 6-37 所示。

图 6-36 设置鹰模型的基本参数

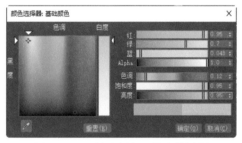

图 6-37 "基础颜色"的参数设置

05 设置完成后，在主工具栏中单击"渲染帧窗口"按钮渲染场景，渲染效果如图 6-33 所示。

6.3.5 实例：制作大理石材质

【例 6-5】本实例将讲解大理石材质的制作方法，渲染效果如图 6-38 所示。 视频

图 6-38 大理石材质

01 启动 3ds Max 2022 软件，打开本书的配套场景资源文件"大理石材质 .max"，如图 6-39 所示。本场景已经设置好灯光、摄影机及渲染基本参数。

02 按 M 键打开"材质编辑器"窗口，选择桌子模型，在材质编辑器示例窗中选择一个材质球，然后单击"将材质指定给选定对象"按钮，并重命名为"大理石"，如图 6-40 所示。

图 6-39　打开"大理石材质 .max"文件

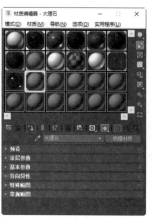

图 6-40　重命名为"大理石"

03 在"基本参数"卷展栏中，单击"颜色控件"右侧的按钮，如图 6-41 所示。

04 打开"材质 / 贴图浏览器"对话框，双击选择"位图"选项，如图 6-42 所示。

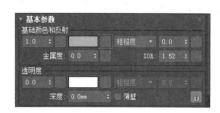

图 6-41　单击"颜色控件"右侧的按钮

图 6-42　选择"位图"选项

05 为石桌添加一个"大理石 .jpg"文件，如图 6-43 所示。

06 在"基本参数"卷展栏中设置"粗糙度"数值为 0.05，如图 6-44 所示。

图 6-43　添加一个"大理石 .jpg"文件

图 6-44　设置"粗糙度"数值

07 设置完成后，在主工具栏中单击"渲染帧窗口"按钮渲染场景，渲染效果如图 6-38 所示。

6.3.6　多维 / 子对象材质

材质面板包括菜单栏和列两部分，材质面板中各个命令 (或选项) 的功能可以参考场景面板。

"多维 / 子对象" 材质可以根据模型的 ID 号为模型设置不同的材质，该材质通常需要配合其他材质球一起使用才可以得到正确的效果，其参数如图 6-45 所示。

图 6-45　"多维 / 子对象基本参数" 卷展栏

▶ "设置数量" 按钮 设置数量 ：用来设置多维 / 子对象材质里子材质的数量。

▶ "添加" 按钮 添加 ：添加新的子材质。

▶ "删除" 按钮 删除 ：用来移除列表中选择的子材质。

▶ ID：子材质的 ID 号。

▶ 名称：设置子材质的名称，可以为空。

▶ 子材质：显示子材质的类型。

6.3.7　实例：制作陶瓷材质

【例 6-6】本实例将讲解使用 "多维 / 子对象" 材质和 "物理材质" 制作陶瓷材质的方法，渲染效果如图 6-46 所示。 🎬 视频

图 6-46　陶瓷材质

01 启动 3ds Max 2022 软件，打开本书的配套场景资源文件 "陶瓷材质 .max"，如图 6-47 所示。本场景已经设置好灯光、摄影机及渲染基本参数。

02 按 M 键打开 "材质编辑器" 窗口，为场景中的杯子模型指定一个物理材质，并重命名为 "藏青杯子"，如图 6-48 所示。

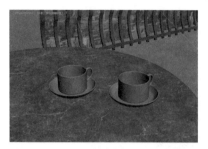

图 6-47　打开"陶瓷材质 .max"文件

图 6-48　重命名为"藏青杯子"

03▶ 在"基本参数"卷展栏中设置基础颜色为蓝色，设置"粗糙度"值为 0.1，如图 6-49 所示。

04▶ "基础颜色"的参数设置如图 6-50 所示。

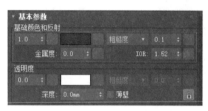

图 6-49　设置杯子模型的基本参数

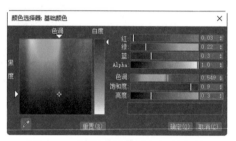

图 6-50　设置"基础颜色"的参数

05▶ 在"材质编辑器"窗口中，单击"物理材质"按钮，将蓝色杯子材质更改为"多维 / 子对象"材质，如图 6-51 左图所示，在弹出的"替换材质"对话框中，选中"将旧材质保存为子材质？"单选按钮，如图 6-51 右图所示，然后单击"确定"按钮。

图 6-51　将材质更改为"多维 / 子对象"材质

06▶ 在"多维 / 子对象基本参数"卷展栏中，单击"设置数量"按钮，如图 6-52 所示。

07▶ 在打开的"设置材质数量"对话框中设置子材质的"材质数量"为 2，如图 6-53 所示，单击"确定"按钮。

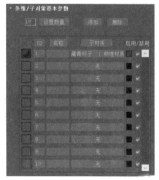

图 6-52　单击"设置数量"按钮

图 6-53　设置"材质数量"为 2

08 在"多维 / 子对象基本参数"卷展栏中，单击"无"按钮，如图 6-54 所示。

09 打开"材质 / 贴图浏览器"对话框，选择"物理材质"选项，如图 6-55 所示。

图 6-54　单击"无"按钮

图 6-55　选择"物理材质"选项

10 将 ID 号为 2 的材质也设置为物理材质，并命名为"白色杯子"，如图 6-56 所示。

11 在"基本参数"卷展栏中，设置其基础颜色为白色，设置"粗糙度"值为 0.1，如图 6-57 所示。

图 6-56　命名为"白色杯子"

图 6-57　设置白色杯子模型的基本参数

12 选择左边的杯子模型，进入"元素"子对象层级，选择如图 6-58 所示的面。

13 在"修改"面板中，设置面的 ID 号为 2，如图 6-59 所示。

图 6-58　选择面

图 6-59　设置面的 ID 号为 2

14 设置完成后，在主工具栏中单击"渲染帧窗口"按钮渲染场景，可以看到通过对模型的面进行 ID 号设置，为模型的不同面分别设置不同的物理材质，效果如图 6-46 所示。

6.3.8 Standard Surface 材质

Standard Surface 材质球可以模拟出大家周围常见的大部分材质效果。需要注意的是，即便是中文版 3ds Max 2022，该材质的参数设置也全部为英文显示。Standard Surface 材质主要由 Base 卷展栏、Specular 卷展栏、Transmission 卷展栏、Subsurface 卷展栏、Coat 卷展栏、Sheen 卷展栏、Thin Film 卷展栏、Emission 卷展栏、Special Features 卷展栏、AOVs 卷展栏和 Maps 卷展栏这 11 个卷展栏所组成，下面将主要讲解较为常用的卷展栏，如图 6-60 所示。

1. Base 卷展栏

Base 卷展栏中的参数如图 6-61 所示。

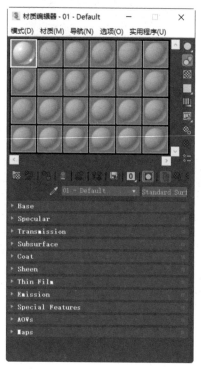

图 6-60 Standard Surface 材质

图 6-61 Base 卷展栏

(1) Base Color 组。

▶ "权重"微调框：用来设置基本颜色的权重值。

▶ 颜色控件：用于设置材质的基本颜色。

▶ Roughness 微调框：用于设置基本颜色的粗糙度。

(2) Advanced 组。

▶ Enable Caustics 复选框：启用焦散计算。

▶ Indirect Diffuse 微调框：用于控制间接漫反射计算效果。

2. Specular 卷展栏

Specular 卷展栏中的参数如图 6-62 所示。

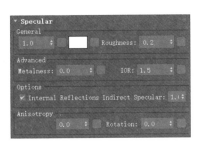

图 6-62　Specular 卷展栏

(1) General 组。

▶ "权重"微调框：用来设置镜面颜色的权重值，该值为 0 时，材质无高光效果。

▶ 颜色控件：用于设置镜面反射的颜色。

▶ Roughness 微调框：控制镜面反射的光泽度，主要影响材质高光的大小及强度。该值越大，高光范围越大，高光强度越低，同时，材质的镜面反射效果越不明显。图 6-63 所示为该值分别是 0.1 和 0.8 时的渲染效果对比。

图 6-63　Roughness 为不同数值时的渲染效果对比

(2) Advanced 组。

▶ Metalness 微调框：用于控制材质的金属度，该值越大，渲染的金属质感越强。图 6-64 所示分别为该值是 0 和 1 时的渲染效果对比。

图 6-64　Metalness 为不同数值时的渲染效果对比

▶ IOR 微调框：用来设置材质的折射率。图 6-65 所示为 IOR 值分别是 1.4 和 1.6 时的渲染效果对比。

图 6-65　IOR 为不同数值时的渲染效果对比

(3) Options 组。

▶ Internal Reflections 复选框：选中该复选框，开启材质的内部反射计算。

▶ Indirect Specular 微调框：用来设置材质间接镜面反射的数值。

(4) Anisotropy 组。

▶ "各向异性"微调框：通过设置材质的各向异性数值来调整模型的高光形态。图 6-66 所示分别为该值是 0 和 1 时的渲染效果对比。

图 6-66　"各向异性"为不同数值时的渲染效果对比

▶ Rotation 微调框：用来设置高光的旋转方向。图 6-67 所示分别为该值是 0 和 0.25 时的渲染效果对比。

图 6-67　Rotation 为不同数值时的渲染效果对比

3. Transmission 卷展栏

Transmission 卷展栏中的参数如图 6-68 所示。

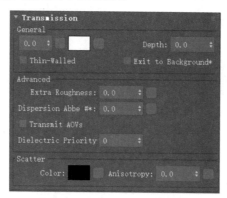

图 6-68　Transmission 卷展栏

(1) General 组。

▶ "权重"微调框：用来控制材质的透明程度。图 6-69 所示分别为该值是 0 和 0.9 时的渲染效果对比。

图 6-69　不同透明程度的渲染效果对比

▶ 颜色控件：用来控制透明材质的过滤颜色。图 6-70 所示分别为不同颜色的渲染效果对比。

图 6-70　不同颜色的渲染效果对比

▶ Depth 微调框：用于控制透明材质颜色的通透程度，该值越大，材质的色彩越淡。图 6-71 所示为该值分别是 0 和 10 时的渲染效果对比。

图 6-71　不同通透程度的渲染效果对比

▶ Thin-Walled 复选框：选中该复选框，将启用模拟薄壁效果计算。图 6-72 所示为选中该复选框前后的渲染效果对比。

图 6-72　选中 Thin-Walled 复选框前后的渲染效果对比

▶ Exit to Background 复选框：选中该复选框，可以使曲面根据环境光线渲染出背光的模拟效果。

　　(2) Advanced 组。

▶ Extra Roughness 微调框：用来设置材质的额外粗糙度。

▶ Dispersion Abbe # 微调框：指定材质的色散程度。

　　(3) Scatter 组。

▶ Color：用来设置透射、散射的色彩。

▶ Anisotropy 微调框：设置散射方向的各向异性属性。

175

4. Subsurface 卷展栏

Subsurface 卷展栏中的参数如图 6-73 所示。

图 6-73　Subsurface 卷展栏

- ▶ "权重"微调框：用来设置材质表面散射的权重值。
- ▶ 颜色控件：用来设置材质表面散射的颜色。
- ▶ Scale 微调框：用来控制光线在反射回来之前在材质表面下传播的距离。
- ▶ X/Y/Z 微调框：用来控制光散射到材质表面下的近似距离。
- ▶ Type 下拉列表：用来选择表面散射的计算类型。
- ▶ Anisotropy 微调框：用来控制表面散射计算时的光线方向。

5. Coat 卷展栏

Coat 卷展栏中的参数如图 6-74 所示。

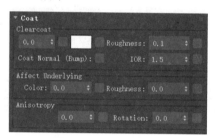

图 6-74　Coat 卷展栏

(1) Clearcoat 组。

- ▶ "权重"微调框：用来设置覆盖材质涂层的权重值。
- ▶ 颜色控件：用来设置覆盖材质涂层的颜色。图 6-75 所示为该控件使用基本色为淡蓝色 (红：0.56，绿：0.86，蓝：0.97) 与涂层色分别为藏青色 (红：0.04，绿：0.035，蓝：0.15) 和红色 (红：0.6，绿：0.13，蓝：0.13) 混合后的渲染效果对比。

图 6-75　覆盖材质涂层的不同颜色对比

- ▶ Roughness 微调框：用来设置覆盖材质涂层的粗糙度。
- ▶ Coat Normal(Eump) 复选框：设置涂层法线的纹理贴图。
- ▶ IOR 微调框：用于定义涂层的菲涅尔反射率。

(2) Affect Underlying 组。

▶ Color 微调框：用于增加涂层的颜色覆盖效果。

▶ Roughness 微调框：用于控制涂层粗糙度对底层粗糙度的影响。

6. Sheen 卷展栏

Sheen 卷展栏中的参数如图 6-76 所示。

图 6-76　Sheen 卷展栏

▶ "权重"微调框：用来设置材质附加光泽的权重值。

▶ 颜色控件：用来设置附加光泽的色彩。图 6-77 所示为该控件使用基本色为浅蓝色 (红：0.973，绿：0.125，蓝：0.012) 与附加光泽颜色分别为黄色 (红：0.95，绿：0.9，蓝：0.05) 和白色 (红：0.1，绿：0.1，蓝：0.1) 混合后的渲染效果对比。

图 6-77　覆盖材质涂层的不同颜色对比

▶ Roughness 微调框：调节光泽法线方向的偏移程度。

7. Emission 卷展栏

Emission 卷展栏中的参数如图 6-78 所示。

图 6-78　Emission 卷展栏

▶ "权重"微调框：用来设置材质自发光的强度。

▶ 颜色控件：用来设置材质自发光的颜色。

8. Special Features 卷展栏

Special Features 卷展栏中的参数如图 6-79 所示。

图 6-79　Special Features 卷展栏

▶ Opacity(Cutout)：用来设置材质的不透明度。

▶ Normal(Bump) 复选框：用来设置材质的凹凸属性。

▶ Tangents 复选框：用来设置材质的切线贴图。

6.4　纹理

纹理通过贴图反映这个模型的具体表现，如布料、皮肤、岩石等纹理，如图 6-80 所示，可通过叠加多张不同的纹理达到更为复杂的立体花纹效果 (如凹凸、辉光效果) 来增加视觉效果。

图 6-80　不同纹理的花纹效果

6.4.1　"位图"贴图

"位图"贴图是最基本、最常用的贴图类型，通过贴图通道指定一个图像文件作为贴图。当用户指定文件后，3ds Max 2022 自动打开"选择位图图像文件"对话框，在该对话框中可将一个文件或序列指定为位图图像，如图 6-81 所示。

3ds Max 2022 支持 BMP、GIF、JPEG、PNG 等多种主流图像格式，在"选择位图图像文件"对话框的"文件类型"下拉列表中可以选择不同的图像格式，如图 6-82 所示。

图 6-81　"选择位图图像文件"对话框

图 6-82　文件类型

"位图"贴图添加完成后，在"材质编辑器"窗口中，可以看到"位图"贴图包含"坐标""噪波""位图参数""时间"和"输出"5 个卷展栏，如图 6-83 所示。

图 6-83　"位图"贴图的 5 个卷展栏

1．"坐标"卷展栏

"坐标"卷展栏中的参数如图 6-84 所示。

图 6-84　"坐标"卷展栏

▶ "纹理"/"环境"单选按钮：用于设置使用贴图的方式。其中，"纹理"是指将该贴图作为纹理应用于表面，而"环境"是指使用该贴图作为环境贴图。

▶ "贴图"下拉列表：列表条目因选择纹理贴图或环境贴图而异，有"显式贴图通道""顶点颜色通道""对象 XYZ 平面"和"世界 XYZ 平面"4 种方式可选，如图 6-85 所示。

图 6-85　"贴图"下拉列表

▶ "在背面显示贴图"复选框：选中该复选框后，平面贴图将被投影到对象的背面。

▶ 偏移：在 UV 坐标中更改贴图的偏移位置。

▶ 瓷砖：设置沿每个轴重复贴图的数值。

▶ 角度：绕 U、V 或 W 轴旋转贴图的角度。

▶ "旋转"按钮 旋转 ：单击该按钮，会弹出"旋转贴图坐标"对话框，用于通过在弧形球图上拖动来旋转贴图，如图 6-86 所示。

图 6-86　"旋转贴图坐标"对话框

▶ "模糊"微调框：设置贴图的模糊程度。

2．"噪波"卷展栏

"噪波"卷展栏中的参数如图 6-87 所示。

图 6-87　"噪波"卷展栏

- ▶ "启用"复选框：决定"噪波"参数是否影响贴图。
- ▶ "数量"微调框：设置分形功能的强度值。
- ▶ "级别"微调框：该值越大，增加层级值的效果就越强。
- ▶ "大小"微调框：设置噪波的比例值。
- ▶ "动画"复选框：选中该复选框，可以为噪波设置动画效果。
- ▶ "相位"微调框：控制噪波函数的动画速度。

　　3. "位图参数"卷展栏

　　"位图参数"卷展栏中的参数如图 6-88 所示。

图 6-88　"位图参数"卷展栏

- ▶ 位图：使用标准文件浏览器选择位图。选中之后，此按钮上显示完整的路径名称。
- ▶ "重新加载"按钮 重新加载 ：对使用相同名称和路径的位图文件进行重新加载。
  　(1) "过滤"组。
- ▶ "四棱锥"单选按钮：需要较少的内存并能满足大多数要求。
- ▶ "总面积"单选按钮：需要较多内存，但通常能产生更好的效果。
- ▶ "无"单选按钮：禁用过滤。
  　(2) "单通道输出"组。
- ▶ "RGB 强度"单选按钮：将红、绿、蓝通道的强度用作贴图。
- ▶ Alpha 单选按钮：将 Alpha 通道的强度用作贴图。
  　(3) "RGB 通道输出"组。
- ▶ RGB 单选按钮：显示像素的全部颜色值。
- ▶ "Alpha 作为灰度"单选按钮：基于 Alpha 通道级别显示灰度色调。
  　(4) "裁剪 / 放置"组。
- ▶ "应用"复选框：选中该复选框，可使用裁剪或放置设置。

- "查看图像"按钮 查看图像 ：以窗口的方式打开图像。
- U/V 微调框：调整位图位置。
- W/H 微调框：调整位图或裁剪区域的宽度和高度。
- "抖动放置"微调框：指定随机偏移的量。0 表示没有随机偏移，该值范围为 0 至 1。

  (5)　"Alpha 来源"组。
- "图像 Alpha"单选按钮：使用图像的 Alpha 通道。
- "RGB 强度"单选按钮：将位图中的颜色转换为灰度色调值。
- "无 (不透明)"单选按钮：不使用透明度。

4. "时间"卷展栏

"时间"卷展栏中的参数如图 6-89 所示。

图 6-89　"时间"卷展栏

- "开始帧"微调框：指定动画贴图将开始播放的帧。
- "播放速率"微调框：允许对应用于贴图的动画速率加速或减速。
- "将帧与粒子年龄同步"复选框：选中该复选框后，3ds Max 2022 会将位图序列的帧与贴图应用到的粒子的年龄同步。
- 结束条件：如果位图动画比场景短，则确定其最后一帧后所发生的情况，有循环、往复和保持这 3 个选项可选。

5. "输出"卷展栏

"输出"卷展栏中的参数如图 6-90 所示。

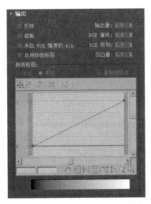

图 6-90　"输出"卷展栏

- "反转"复选框：反转贴图的色调。
- "输出量"微调框：控制要混合为合成材质的贴图数量。
- "钳制"复选框：选中该复选框，将限制比 1 小的颜色值。

- ▶ "RGB 偏移"微调框：根据微调框所设置的量增加贴图颜色的 RGB 值。
- ▶ "来自 RGB 强度的 Alpha"复选框：选中该复选框后，会根据在贴图中 RGB 通道的强度生成一个 Alpha 通道。
- ▶ "RGB 级别"微调框：根据微调框所设置的量使贴图颜色的 RGB 值加倍。
- ▶ "启用颜色贴图"复选框：选中该复选框，将使用颜色贴图。
- ▶ "凹凸量"微调框：调整凹凸的量，该值仅在贴图用于凹凸贴图时产生效果。
- ▶ RGB/ 单色单选按钮：将贴图曲线分别指定给每个 RGB 过滤通道 (RGB) 或合成通道 (单色)。
- ▶ "复制曲线点"复选框：选中该复选框后，当切换到 RGB 图像时，将复制添加到单色图的点。如果是对 RGB 图像进行此操作，这些点会被复制到单色图中。
- ▶ "移动"按钮🔀：将一个选中的点向任意方向移动，在每一边都会被非选中的点所限制。
- ▶ "缩放点"按钮📐：在保持控制点相对位置的同时改变它们的输出量。在 Bezier 角点上，这种控制与垂直移动一样有效。在 Bezier 平滑点上，可以缩放该点本身或任意的控制柄。
- ▶ "添加点"按钮📈：在图形上的任意位置添加一个点。
- ▶ "删除点"按钮❌：删除选定的点。
- ▶ "重置曲线"按钮📉：将图形返回默认的直线状态。
- ▶ "平移"按钮✋：在视图窗口中向任意方向拖曳图形。
- ▶ "最大化显示"按钮📋：显示整个图形。
- ▶ "水平方向最大化显示"按钮📊：显示图形的整个水平范围，曲线的比例将发生扭曲。
- ▶ "垂直方向最大化显示"按钮📊：显示图形的整个垂直范围，曲线的比例将发生扭曲。
- ▶ "水平缩放"按钮📊：在水平方向压缩或扩展图形。
- ▶ "垂直缩放"按钮📊：在垂直方向压缩或扩展图形。
- ▶ "缩放"按钮📊：围绕光标放大或缩小图形。
- ▶ "缩放区域"按钮📊：围绕图形上任何区域绘制长方形区域，然后缩放到该视图。

6.4.2 实例：制作图书材质

【例 6-7】本实例将讲解制作图书材质的方法，本实例的渲染效果如图 6-91 所示。　🎬视频

图 6-91　图书材质

01 启动 3ds Max 2022 软件，打开本书的配套场景资源文件"图书材质 .max"，如图 6-92 所示。本场景已经设置好灯光、摄影机及渲染基本参数。

02 按 M 键打开"材质编辑器"窗口，单击"物理材质"按钮，如图 6-93 所示。

图 6-92　打开配套文件

图 6-93　单击"物理材质"按钮

03 打开"材质 / 贴图浏览器"对话框，双击"多维 / 子对象"选项，如图 6-94 所示。

04 在弹出的"替换材质"对话框中，选中"将旧材质保存为子材质"单选按钮，如图 6-95 所示，然后单击"确定"按钮。

图 6-94　双击"多维 / 子对象"选项

图 6-95　"替换材质"对话框

05 为图书模型指定一个多维/子对象材质并重命名为"图书"，然后在"多维/子对象基本参数"卷展栏中设置"设置数量"为 2，并分别为两个子对象材质设置名称，如图 6-96 所示。

06 在"常规贴图"卷展栏中为"基础颜色"属性添加一个"封面 .jpg"文件，如图 6-97 所示，制作封面材质。

图 6-96　设置多维 / 子对象材质的基本参数

图 6-97　添加一个"封面 .jpg"文件

07 在"基本参数"卷展栏中设置"粗糙度"数值为 0.8，如图 6-98 所示。

08 在场景中选择图书模型的面，如图 6-99 所示。

图 6-98　设置"粗糙度"数值

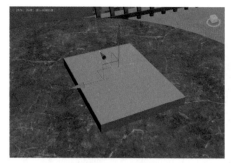

图 6-99　选择面

09 在"修改"面板中展开"多边形：材质 ID"卷展栏，设置"设置 ID"数值为 1，如图 6-100 所示。

10 在"修改"面板中，为所选择的面添加"UVW 贴图"修改器，如图 6-101 所示。

图 6-100　设置"设置 ID"数值

图 6-101　添加"UVW 贴图"修改器

11 在"UVW 贴图"修改器的 Gizmo 子对象层级中，调整 Gizmo 的方向和位置，具体参数如图 6-102 所示。

12 设置完成后，图书模型在视图中的显示效果如图 6-103 所示。

图 6-102　设置 Gizmo 子对象层级中的参数

图 6-103　图书模型显示效果

13 以同样的方式制作图书模型书脊的贴图坐标，如图 6-104 所示。

14 进入 "多边形" 子对象层级，选择图书的面，如图 6-105 所示。

15 按 M 键打开 "材质编辑器" 窗口，在材质编辑器示例窗中选择一个材质球，然后单击 "将材质指定给选定对象" 按钮 ，再在 "基本参数" 卷展栏中设置基础颜色为白色，如图 6-106 所示。

图 6-104　制作书脊贴图　　　　图 6-105　选择图书的面　　　　图 6-106　设置图书的基本参数

16 设置完成后，在主工具栏中单击 "渲染帧窗口" 按钮 渲染场景，渲染效果如图 6-91 所示。

6.4.3　"渐变" 贴图

仔细观察现实世界中的对象，我们可以发现，很多时候单一的颜色并不能完整地描述大自然中物体对象的表面色彩，比如天空的色彩是美丽而又多彩的。在 3ds Max 2022 软件里，用户可以使用 "渐变" 贴图来模拟制作这种渐变效果，"渐变参数" 卷展栏如图 6-107 所示。

图 6-107　"渐变参数" 卷展栏

▶ 颜色 #1/ 颜色 #2/ 颜色 #3：设置渐变在中间进行插值的 3 个颜色。

▶ 贴图：显示贴图而不是颜色，贴图采用与混合渐变颜色相同的方式混合到渐变中。

▶ 渐变类型：设置渐变的方式，有 "线性" 和 "径向" 两种方式。

(1) "噪波" 组。

▶ "数量" 微调框：当该值为非零时 (范围为 0 到 1)，应用噪波效果。

▶ "大小" 微调框：设置噪波的比例。

▶ "相位" 微调框：控制噪波函数的动画速度。

▶ "级别" 微调框：设置湍流的分形迭代次数。

(2)"噪波阈值"组。

▶ "低"微调框：设置低阈值。

▶ "高"微调框：设置高阈值。

▶ "平滑"微调框：设置噪波纹理边缘的平滑程度。

6.4.4　实例：制作渐变玻璃材质

【例 6-8】本实例为大家讲解使用"多维 / 子对象"材质和"物理材质"制作玻璃材质的方法，本实例的渲染效果如图 6-108 所示。🎬视频

图 6-108　渐变玻璃材质

01 启动 3ds Max 2022 软件，打开本书的配套场景资源文件"渐变玻璃材质 .max"，如图 6-109 所示。本场景已经设置好灯光、摄影机及渲染基本参数。

02 选择瓶身模型，按 M 键打开"材质编辑器"窗口，在材质编辑器示例窗中选择一个材质球，然后单击"将材质指定给选定对象"按钮，为场景中的瓶身模型指定一种物理材质，并重命名为"渐变玻璃"，如图 6-110 所示，按照同样的方式为瓶盖赋予物理材质球。

图 6-109　打开配套文件

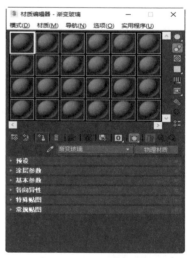

图 6-110　指定物理材质

03 选择瓶身模型的材质球，在"基本参数"卷展栏中，设置"基本参数"组中"粗糙度"的值为 0.05、"透明度"组中的权重值为 1，如图 6-111 所示。

04 在"常规贴图"卷展栏中，单击"透明度颜色"属性右侧的"无贴图"按钮，如图 6-112 所示。

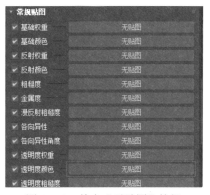

图 6-111　设置玻璃罐模型的基本参数　　　　　图 6-112　单击"无贴图"按钮

05 在打开的"材质 / 贴图浏览器"对话框中，双击"渐变"选项，如图 6-113 所示，为玻璃罐添加一张"渐变"贴图。

06 在"渐变参数"卷展栏中，设置"颜色 #1""颜色 #2"和"颜色 #3"的颜色，如图 6-114 所示。

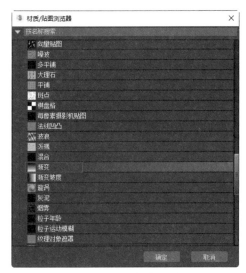

图 6-113　双击"渐变"选项　　　　　　　图 6-114　设置颜色

07 其中"颜色 #1""颜色 #2"和"颜色 #3"的参数设置分别如图 6-115～图 6-117 所示。

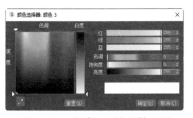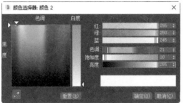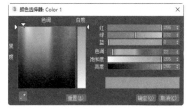

图 6-115　颜色 #1 的参数设置　　　图 6-116　颜色 #2 的参数设置　　　图 6-117　颜色 #3 的参数设置

08 设置完成后，玻璃罐模型在视图中的显示效果如图 6-118 所示。

09 选择玻璃罐模型，在"修改"面板中添加"UVW 贴图"修改器，如图 6-119 所示。

图 6-118　玻璃罐模型效果

图 6-119　添加"UVW 贴图"修改器

10 在"UVW 贴图"修改器的 Gizmo 子对象层级中，调整 Gizmo 的方向和位置至如图 6-120 所示，调整颜色渐变的方向。

图 6-120　调整颜色渐变的方向

11 设置完成后，在主工具栏中单击"渲染帧窗口"按钮 渲染场景，渲染效果如图 6-108 所示。

6.5　习题

1. 简述什么是材质，什么是贴图。

2. 简述 3ds Max 中常用材质的类型和作用。

3. 运用本章所学的知识，尝试制作玻璃质感材质的模型，如图 6-121 所示。

图 6-121　玻璃质感模型

第 7 章
摄影机与灯光

　　一幅被渲染的图像其实就是一幅画面，在模型定位后，光源和材质决定了画面的色调，摄影机则决定了画面的构图。利用 3ds Max 提供的灯光工具，设计师可以轻松地为场景添加照明效果。此外，设计师使用目标摄影机可以设置观察指定方向的场景内容，并应用于轨迹动画效果，如建筑物中的巡游、车辆移动中的跟踪拍摄效果等；而使用自由摄影机则能够使视野随着路径的变化而自由变化，实现无约束的移动和定向。

｜二维码教学视频｜

【例 7-1】 在场景中运用摄影机　　　　【例 7-3】 制作室内日光照明效果
【例 7-2】 制作室内天光照明效果

7.1 摄影机概述

3ds Max 中的摄影机具有远超现实摄影机的功能——镜头更换动作可以瞬间完成，其无级变焦更是现实摄影机无法比拟的。

对于景深设置，可以直观地用范围线表示，不通过光圈计算；对于摄影机动画，除位置变动外，还可以表现焦距、视角、景深等动画效果。自由摄影机可以很好地绑定到运动目标上，随目标在运动轨迹上一起运动，同时进行跟随和倾斜；而目标摄影机的目标点则可以连接到运动的对象上，从而实现目光跟随的动画效果。此外，对于室外建筑装潢的环境动画而言，摄影机也是必不可少的。用户可以直接为 3ds Max 摄影机绘制运动路径，进而实现沿路径摄影的效果。在学习 3ds Max 摄影机前，用户可以先了解一下真实摄影机的布局、主要运动形式和相关名词术语。

7.1.1 镜头

镜头是由多个透镜所组成的光学装置，也是摄影机组成部分的重要部件。镜头的品质会直接对拍摄结果的质量产生影响。同时，镜头也是划分摄影机档次的重要标准，如图 7-1 所示。

图 7-1　摄影机镜头

7.1.2 光圈

光圈是用来控制光线透过镜头进入机身内感光面光量的一个装置，如图 7-2 所示，其功能相当于眼球里的虹膜。如果光圈开得比较大，就会有大量的光线进入影像感应器；如果光圈开得很小，进光量则会减少很多。

图 7-2　光圈

7.1.3 快门

快门是照相机控制感光片有效曝光时间的一种装置，与光圈不同，快门用来控制进光的时间长短，分为高速快门和慢门。通常，高速快门非常适合用来拍摄运动中的景象，可以拍摄到高速移动的目标，抓拍运动物体的瞬间；而慢门增加了曝光时间，非常适合表现物体的动感，在光线较弱的环境下加大进光量。快门速度单位是"秒"，常见的快门速度有：1、1/2、

1/4、1/8、 1/15、1/30、1/60、
1/125、1/250、1/500、1/1000、
1/2000 等。如果要拍摄夜晚车
水马龙般的景色，则需要拉长
快门的时间，如图 7-3 所示。

图 7-3　快门

7.1.4　景深

"景深"是指照片中的锐焦距区域，也就是镜头能够取
得物体清晰影像的范围，调整焦点的位置，景深也会发生变
化，如图 7-4 所示。在 3ds Max 的渲染中使用"景深"特效，
能达到虚化背景的效果，从而突出场景中的主体以及画面的
层次感。

图 7-4　景深

7.2　摄影机类型

3ds Max 中的"标准"摄影机包括"物理摄影机""目标摄影机""自由摄影机"三种类型。
在 3ds Max 的"创建"面板中选择"摄影机"选项卡 ，然后在"对象类型"卷展栏中单
击"物理""目标""自由"按钮；或在菜单栏中选择"创建"|"摄影机"命令，在弹出的
子菜单中选择相应命令，即可在场景中建立摄影机，如图 7-5 所示，按 C 键可进入摄影机视角。

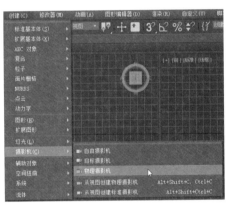

图 7-5　创建摄影机

7.2.1　物理摄影机

物理摄影机是 3ds Max 提供的基于真实世界里摄影机功能的摄影机，如图 7-6 所示，在场
景中按住鼠标左键并拖曳，即可创建一台物理摄影机。如果用户对真实世界中摄影机的使用非
常熟悉，那么在 3ds Max 中使用物理摄影机就可以方便地创建所需的效果。

在创建物理摄影机时，在"修改"面板中，物理摄影机包含"基本""物理摄影机""曝光""散景 (景深)""透视控制""镜头扭曲"和"其他"7 个卷展栏，如图 7-7 所示。

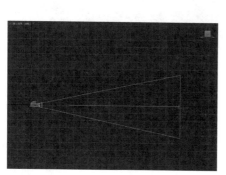

图 7-6　物理摄影机　　　　图 7-7　物理摄影机的卷展栏

1."**基本**"卷展栏

"基本"卷展栏内的参数如图 7-8 所示，各选项的功能说明如下。

▶ "目标"复选框：选中该复选框后，即可为摄影机启用目标点功能，并且行为与目标摄影机相似。

▶ "目标距离"微调框：设置目标与焦平面之间的距离。

▶ "显示圆锥体"下拉按钮：单击该下拉按钮，弹出的下拉列表中提供了"选定时""始终"和"从不"三个选项供用户选择。

图 7-8　"基本"卷展栏

▶ "显示地平线"复选框：选中该复选框后，地平线在摄影机视图中将显示为水平线。

2."**物理摄影机**"卷展栏

"物理摄影机"卷展栏内的参数如图 7-9 所示，各选项的功能说明如下。

▶ "预设值"下拉列表：在该下拉列表中提供了多个预设值供用户选择，如图 7-10 所示。

图 7-9　"物理摄影机"卷展栏　　图 7-10　"预设值"下拉列表

- "宽度"微调框：用于手动调整帧的宽度。
- "焦距"微调框：用于设置镜头的焦距。
- "指定视野"复选框：选中该复选框后，可以设置新的视野 (FOV) 值 (以度为单位)。
- "缩放"微调框：在不更改摄影机位置的情况下缩放镜头。
- "光圈"微调框：可将光圈设置为光圈数。光圈数将影响曝光和景深。光圈数越低，光圈越大且景深越窄。
- "启用景深"复选框：选中该复选框后，摄影机将在不等于焦距的距离生成"景深"效果，"景深"效果的强度基于光圈设置。
- "类型"下拉列表：在该下拉列表中可以选择测量快门速度时使用的单位。
- "持续时间"微调框：根据所选的单位类型设置快门速度，持续时间可能会影响曝光、景深和运动模糊效果。
- "启用运动模糊"复选框：选中该复选框后，摄影机可以生成运动模糊效果。

3. "曝光"卷展栏

"曝光"卷展栏内的参数如图 7-11 所示，其中主要选项的功能说明如下。

图 7-11　"曝光"卷展栏

- "手动"单选按钮：通过 ISO 值 (感光度) 设置曝光增益。当该单选按钮处于选中状态时，可通过 ISO 值、快门速度和光圈设置计算曝光。数值越大，曝光时间越长。
- "目标"单选按钮：选中该单选按钮后，可设置与三个摄影曝光值的组合相对应的单个曝光值。
- "光源"单选按钮：选中该单选按钮后，单击下方的下拉按钮，在弹出的下拉列表中可以按照标准光源设置色彩平衡，如图 7-12 所示。

图 7-12　"光源"下拉列表

▶ "温度"单选按钮：以色温的形式设置色彩平衡。

▶ "自定义"单选按钮：用于设置任意色彩平衡。单击该单选按钮下方的色块，可在打开的
"颜色选择器"对话框中设置需要使用的颜色。

▶ "数量"微调框：用于调节渐晕效果。

4. "散景（景深）"卷展栏

"散景（景深）"卷展栏内的参数如图 7-13 所示，其中主要选项的功能说明如下。

图 7-13 "散景（景深）"卷展栏

▶ "圆形"单选按钮：散景效果基于圆形光圈。

▶ "叶片式"单选按钮：散景效果基于带有边的光圈。

▶ "叶片"微调框：设置每个模糊圈的边数。

▶ "旋转"微调框：设置每个模糊圈的旋转角度。

▶ "自定义纹理"单选按钮：使用贴图替换每个模糊圈。

▶ "中心偏移（光环效果）"滑块：通过调节该滑块，可以使光圈透明度向中心（负值）或边
（正值）偏移。正值会增加焦外区域的模糊量，而负值会减小焦外区域的模糊量。

▶ "光学渐晕(CAT 眼睛)"滑块：通过模拟"猫眼"效果使帧呈现渐晕效果。

▶ "各向异性（失真镜头）"滑块：通过"垂直"或"水平"拉伸光圈来模拟失真镜头。

5. "透视控制"卷展栏

"透视控制"卷展栏内的参数如图 7-14 所示，其中主要选项的功能说明如下。

图 7-14 "透视控制"卷展栏

(1) "镜头移动"组。

▶ "水平"微调框：沿水平方向移动摄影机视图。

- ▶ "垂直"微调框：沿垂直方向移动摄影机视图。

    (2) "倾斜校正"组。

- ▶ "水平"微调框：沿水平方向倾斜摄影机视图。
- ▶ "垂直"微调框：沿垂直方向倾斜摄影机视图。

7.2.2　目标摄影机

目标摄影机包含目标点和摄影机两部分，目标摄影机可以通过调节目标点和摄影机来控制角度。在场景中按住鼠标左键并拖曳，即可创建一台目标摄影机，如图 7-15 所示。

1. "参数"卷展栏

"参数"卷展栏内的参数如图 7-16 所示，各选项的功能说明如下。

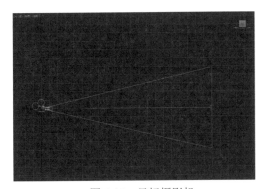

图 7-15　目标摄影机

图 7-16　"参数"卷展栏

- ▶ "镜头"微调框：以毫米为单位设置摄影机的焦距。
- ▶ "视野"微调框：设置摄影机查看区域的宽度。
- ▶ "正交投影"复选框：选中该复选框后，可以类似于任何正交视口 (如顶视口、左视口或前视口) 的方式显示摄影机视图。
- ▶ "备用镜头"选项组：用于选择 3ds Max 提供的 9 个备用镜头。
- ▶ "类型"下拉按钮：其作用是方便用户在目标摄影机和自由摄影机之间来回切换。
- ▶ "显示圆锥体"复选框：设置是否显示摄影机的圆锥体。
- ▶ "显示地平线"复选框：设置是否在摄影机视图中显示深灰色的地平线。
- ▶ "显示"复选框：选中该复选框后，系统将显示摄影机圆锥体内的矩形，从而显示"近距范围"和"远距范围"微调框中的设置。

- "近距范围"和"远距范围"微调框：其作用是为用户在"环境"面板中设置的大气效果设置近距范围和远距范围。
- "手动剪切"复选框：选中该复选框后，可以手动方式设置摄影机剪切平面的范围。
- "近距剪切"和"远距剪切"微调框：用于设置手动剪切平面时的最近距离和最远距离。
- "启用"复选框：选中该复选框后，可进行效果预览或渲染。
- "预览"按钮 预览 ：单击该按钮后，可以在活动的摄影机视图中预览效果。如果活动视图不是摄影机视图，该按钮将无效。
- "效果"下拉列表：在该下拉列表中可以选择特效类型（景深或运动模糊）。
- "渲染每过程效果"复选框：选中该复选框后，即可将渲染效果应用于多过程效果的每个过程。
- "目标距离"微调框：用于设置摄影机与目标对象之间的距离。

2. "景深参数"卷展栏

选择"景深"效果是摄影师常用的一种拍摄手法，在渲染过程中利用"景深"效果常常可以虚化背景，从而达到突出画面主体的目的。"景深参数"卷展栏内的参数如图 7-17 所示，其中主要选项的功能说明如下。

图 7-17 "景深参数"卷展栏

- "使用目标距离"复选框：用于设置是否使用摄影机的目标点作为焦点，选中该复选框后，3ds Max 将激活并使用摄影机的目标点。
- "焦点深度"微调框：当"使用目标距离"复选框处于未选中状态时，用于设置摄影机的焦点深度。
- "显示过程"复选框：选中该复选框后，渲染帧窗口中将显示多条渲染通道。
- "使用初始位置"复选框：选中该复选框后，第一个渲染过程将位于摄影机的初始位置。
- "过程总数"微调框：用于设置"景深"效果的渲染次数，这决定了景深的层次，渲染次数越多，"景深"效果越精确，但渲染时间也会越长。
- "采样半径"微调框：可通过移动场景生成模糊的半径。通过增大采样半径可以增强整体的模糊效果，通过减小采样半径可以减弱整体的模糊效果。

- ▶ "采样偏移"微调框：设置模糊靠近或远离采样半径的权重。
- ▶ "规格化权重"复选框：选中该复选框后，权重将被规格化，获得的渲染效果较为平滑；如果取消选中该复选框，渲染效果会变得模糊一些，但通常颗粒状效果更明显。
- ▶ "抖动强度"微调框：设置应用于渲染通道的抖动程度。
- ▶ "平铺大小"微调框：设置抖动时图案的大小。
- ▶ "禁用过滤"复选框：选中该复选框后，将禁用过滤效果。
- ▶ "禁用抗锯齿"复选框：选中该复选框后，将禁用抗锯齿效果。

3. "运动模糊参数"卷展栏

运动模糊效果一般用于表现画面中强烈的运动感，在动画的制作上应用较多。图 7-18 显示了两张带有运动模糊效果的图片。

在"参数"卷展栏的"多过程效果"组中，单击"效果"下拉按钮，从弹出的下拉列表中选择"运动模糊"选项，在下方即可出现 "运动模糊参数"卷展栏，如图 7-19 所示，其中主要选项的功能说明如下。

图 7-18　运动模糊效果　　　　　　　　图 7-19　"运动模糊参数"卷展栏

- ▶ "显示过程"复选框：选中该复选框后，渲染帧窗口中将显示多条渲染通道。
- ▶ "过程总数"微调框：用于设置运动模糊效果的渲染次数，渲染次数越多，运动模糊效果越精确，但渲染时间也会越长。
- ▶ "持续时间 (帧)"微调框：定义动画中应用运动模糊效果的帧数。
- ▶ "偏移"微调框：更改运动模糊效果，以便在当前帧的前后导出更多内容。
- ▶ "规格化权重"复选框：选中"规格化权重"复选框后，权重将被规格化，获得的渲染效果较为平滑；如果取消选中"规格化权重"复选框，渲染效果会变得更清晰，但通常颗粒状效果更明显。
- ▶ "抖动强度"微调框：设置应用于渲染通道的抖动程度。
- ▶ "平铺大小"微调框：设置抖动时图案的大小。
- ▶ "禁用过滤"复选框：选中该复选框后，将禁用过滤效果。
- ▶ "禁用抗锯齿"复选框：选中该复选框后，将禁用抗锯齿效果。

7.2.3 自由摄影机

自由摄影机能使用户在摄影机指向的方向查看区域，如图 7-20 所示。当需要基于摄影机的位置沿着轨迹设置动画时，可以使用自由摄影机，实现的效果类似于穿过建筑物或将摄影机连接到行驶中的汽车。

因为自由摄影机没有目标点，所以只能通过执行"选择并移动"命令或"选择并旋转"命令来对摄影机本身进行调整，不如目标摄影机方便。自由摄影机的参数与目标摄影机的基本一致，这里不再重复介绍。

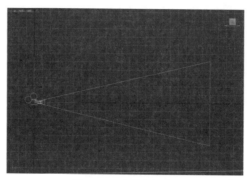

图 7-20　自由摄影机

7.3　安全框

3ds Max 提供的安全框用于帮助用户在渲染时查看输出图像的纵横比以及渲染场景的边界设置。另外，用户还可以利用安全框方便地在视图中调整摄影机的机位以控制场景中的模型是否超出渲染范围。

7.3.1 打开安全框

3ds Max 提供了两种方法来打开安全框，第一种方法是在工作视图左上角单击或右击"观察点"(POV) 视口标签，在弹出的下拉菜单中选择"显示安全框"命令左侧的复选框，如图 7-21 所示；第二种方法是按 Shift+F 快捷键，即可在当前视口中显示出"安全框"。

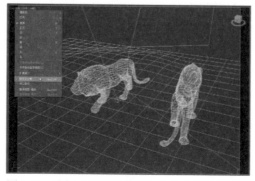

图 7-21　选择"显示安全框"命令左侧的复选框

7.3.2　配置安全框

默认状态下，3ds Max 的安全框显示为一块矩形区域。安全框主要在渲染静态的帧图像时应用，并且默认显示"活动区域"和"区域（当渲染区域时）"。

通过对安全框进行设置，还可以在视图中显示"动作安全区""标题安全区""用户安全区"和"12 区栅格"。

在 3ds Max 中，用户可以在菜单栏中选择"视图"|"视口配置"命令，然后在打开的"视口配置"对话框中选择"安全框"选项卡，选中"在活动视图中显示安全框"复选框，即可打开安全框，如图 7-22 所示。

图 7-22　选中"在活动视图中显示安全框"复选框

▶ "活动区域"复选框：选中该复选框后，活动区域将被渲染，而不考虑视图的纵横比或尺寸，轮廓颜色默认为黄色，如图 7-23 所示。

▶ "区域（当渲染区域时）"复选框：选中该复选框后，当渲染区域及编辑区域处于禁用状态时，区域轮廓将始终在视图中可见。

▶ "动作安全区"复选框：这一区域的渲染动作是安全的，轮廓颜色默认为青色，如图 7-24 所示。

▶ "标题安全区"复选框：这一区域的标题和其他信息是安全的，轮廓颜色默认为棕色，如图 7-25 所示。

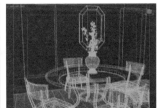

图 7-23　活动区域　　　　　图 7-24　动作安全区　　　　　图 7-25　标题安全区

▶ "用户安全区"复选框：可在这一区域显示想要用于任何自定义要求的附加安全框，轮廓颜色默认为紫色，如图 7-26 所示。

▶ "12 区栅格"复选框：在视图中显示单元（或区）的栅格，这里的"区"是指栅格中的单元而不是扫描线区。

▶ "4×3"按钮 4×3：使用 12 个单元格的"12 区栅格"，如图 7-27 所示。

▶ "12×9" 按钮 12 × 9 ：使用 108 个单元格的 "12 区栅格"，如图 7-28 所示。

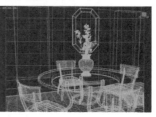

图 7-26　用户安全区　　　　图 7-27　"4×3" 按钮　　　　图 7-28　"12×9" 按钮

7.3.3　实例：在场景中运用摄影机

【例 7-1】本实例将讲解如何使用物理摄影机来渲染带有景深效果的画面，本实例的渲染效果如图 7-29 所示。视频

图 7-29　景深效果

01 启动 3ds Max 2022，打开本书的配套场景资源文件 "景深 .max"，如图 7-30 所示。本场景已经设置好灯光、摄影机及渲染基本参数。

02 选择场景中的物理摄影机，在 "修改" 面板中展开 "物理摄影机" 卷展栏，选中 "启用景深" 复选框，设置 "光圈" 数值为 2，如图 7-31 所示。

03 观察 "摄影机" 视图，可以看到非常明显的景深效果，如图 7-32 所示。需要注意的是，画面中图像较为清晰的位置是由摄影机的目标点所在位置决定的。

04 在 "基本" 卷展栏中设置 "目标距离" 数值为 7400，如图 7-33 所示。

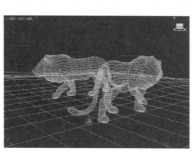

图 7-30　打开 "景深 .max" 文件　　图 7-31　设置景深参数　　　　图 7-32　景深效果

05 将物理摄影机的目标点移到前面一只狮子模型的位置，如图 7-34 所示。

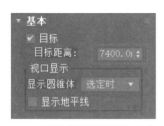

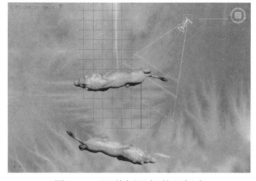

图 7-33　设置"目标距离"数值　　　　图 7-34　调整摄影机的目标点

06 设置完成后，在主工具栏中单击"渲染帧窗口"按钮 渲染场景，渲染效果如图 7-29 所示。

7.4　灯光

　　灯光是在 3ds Max 中创建真实世界视觉感受的最有效的手段之一。合适的灯光不仅可以增强场景气氛，而且可以表现对象的立体感以及材质的质感，如图 7-35 所示。如果场景中的灯光过于明亮，渲染效果将会处于过度曝光状态，反之则会有很多细节无法体现。

　　在产品设计中，灯光的运用往往贯穿其中，通过光与影的交集，可创造出各种不同的气氛和多重意境。灯光是一个既灵活又富有趣味的设计元素。灯光可以成为气氛的催化剂，同时也能增强现有画面的层次感。

图 7-35　灯光

　　3ds Max 提供了"光度学"灯光、"标准"灯光和 Arnold 灯光这 3 种类型的灯光，本章主要介绍"光度学"灯光和 Arnold 灯光这两种类型的灯光。在"创建"面板中选择"灯光"选项

卡 ，单击"光度学"下拉按钮，在弹出的下拉列表中可以选择灯光的类型，如图 7-36 所示。

本节将通过一些实例，详细介绍 3ds Max 中各种灯光的使用方法。

图 7-36　灯光的类型

7.5　"光度学"灯光

在 3ds Max 的"创建"面板中选择"灯光"选项卡后，默认显示的是"光度学"灯光选项，"对象类型"卷展栏中包括"目标灯光""自由灯光"和"太阳定位器"共 3 个选项按钮。

7.5.1　目标灯光

目标灯光带有目标点，用于指明灯光的照射方向。通常，我们可以使用目标灯光来模拟灯泡、射灯、壁灯及台灯等灯具的照明效果。

在"修改"面板中，"目标灯光"有"模板""常规参数""强度/颜色/衰减""图形/区域阴影""光线跟踪阴影参数""大气和效果""高级效果"7 个卷展栏，如图 7-37 所示。

1."模板"卷展栏

3ds Max 提供了多种"模板"供用户选择和使用。展开"模板"卷展栏后，可以看到"选择模板"的命令提示，如图 7-38 左图所示。单击"选择模板"下拉按钮，弹出的下拉列表中将显示"模板"库，如图 7-38 右图所示。

图 7-37　目标灯光　　　　图 7-38　"模板"卷展栏

当用户在图 7-38 所示的"模板"库中选择不同的模板时，场景中的灯光图标以及"修改"面板中显示的模板选项也会发生相应的变化，如图 7-39 所示。

图 7-39 模板选项发生变化

2．"常规参数"卷展栏

"常规参数"卷展栏内的参数如图 7-40 所示，各选项的功能说明如下。

图 7-40 "常规参数"卷展栏

(1)"灯光属性"组。

▶ "启用"复选框：用于设置是否为选择的灯光开启照明功能。

▶ "目标"复选框：用于设置选择的灯光是否具有可控的目标点。

▶ "目标距离"微调框：用于显示灯光与目标点之间的距离。

(2)"阴影"组。

▶ "启用"复选框：用于设置当前灯光是否投射阴影。

▶ "使用全局设置"复选框：选中该复选框，使用灯光投射阴影的全局设置。取消选中该复选框后，可以启用阴影的单个控件。但如果用户未选择使用全局设置，则必须设置渲染器使用何种方法来生成特定灯光的阴影。

▶ "光线跟踪阴影"下拉列表：用于设置渲染器使用何种阴影方法，默认使用"阴影贴图"的方法，如图 7-41 所示。

▶ "排除"按钮 排除 ：将选定对象排除于灯光效果之外。单击该按钮可以打开"排除／包含"对话框，如图 7-42 所示。

图 7-41 "光线跟踪阴影"下拉列表

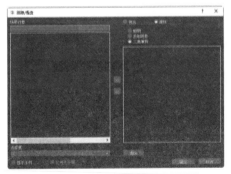

图 7-42 "排除／包含"对话框

▶ "灯光分布 (类型)" 下拉按钮：单击该下拉按钮，在弹出的下拉列表中可以设置灯光的分布类型，包含 "光度学 Web" "聚光灯" "统一漫反射" 和 "统一球形" 4 个选项，如图 7-43 所示。

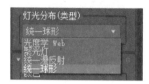

图 7-43　　"灯光分布 (类型)" 下拉列表

3. "强度 / 颜色 / 衰减" 卷展栏

"强度 / 颜色 / 衰减" 卷展栏内的参数如图 7-44 所示，各选项的功能说明如下。

▶ "灯光" 下拉按钮：单击该下拉按钮，在弹出的下拉列表中，3ds Max 提供了多种预设的灯光选项供用户选择，如图 7-45 所示。

图 7-44　　"强度 / 颜色 / 衰减" 卷展栏　　　图 7-45　　"灯光" 下拉列表

▶ "开尔文" 单选按钮：选中该单选按钮后，即可通过调整色温来设置灯光的颜色，色温以开尔文度数显示，相应的颜色在色温微调框旁边的色样中可见。

▶ "过滤颜色" 选项：单击该选项右侧的色块，可在打开的 "颜色过滤器：过滤颜色" 对话框中模拟置于光源之上的滤色片的效果。

▶ "强度" 选项组：其中包括 lm 单选按钮 (测量灯光的总体输出功率)、cd 单选按钮 (测量灯光的最大发光强度) 和 lx 单选按钮 (测量以一定距离并面向光源方向投射到物体表面的灯光所带来的照射强度) 共 3 个单选按钮。

▶ "结果强度" 区域：用于显示暗淡效果产生的强度，并使用与 "强度" 选项组相同的单位。

▶ "暗淡百分比" 微调框：指定用于降低灯光强度的倍增因子。

▶ "光线暗淡时白炽灯颜色会切换" 复选框：选中该复选框后，可在灯光暗淡时通过产生更多黄色来模拟白炽灯。

▶ "使用" 复选框：启用灯光的远距衰减功能。

▶ "显示" 复选框：在视图中显示远距衰减范围的设置，对于聚光灯，衰减范围看起来类似圆锥体。

- ▶ "开始"微调框：设置灯光开始淡出的距离。
- ▶ "结束"微调框：设置灯光减为零的距离。

4. "图形 / 区域阴影"卷展栏

"图形 / 区域阴影"卷展栏内的参数如图 7-46 所示，其中主要选项的功能说明如下。

图 7-46　"图形 / 区域阴影"卷展栏

- ▶ "从 (图形) 发射光线"下拉列表：用于选择阴影生成的图像类型，共有 6 个选项，如图 7-47 所示。

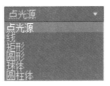

图 7-47　"从 (图形) 发射光线"下拉列表

- ▶ "灯光图形在渲染中可见"复选框：选中该复选框后，如果灯光对象位于视野内，那么灯光对象在渲染时会显示为自供照明 (发光) 的图形；取消选中该复选框后，用户将无法渲染灯光对象，而只能渲染灯光对象投影的灯光。

5. "光线跟踪阴影参数"卷展栏

"光线跟踪阴影参数"卷展栏内的参数如图 7-48 所示，其中主要选项的功能说明如下。

图 7-48　"光线跟踪阴影参数"卷展栏

- ▶ "光线偏移"微调框：设置阴影与产生阴影对象的距离。
- ▶ "双面阴影"复选框：选中该复选框后，计算阴影时，物体的背面也可以产生投影。

6. "大气和效果"卷展栏

"大气和效果"卷展栏内的参数如图 7-49 所示，各选项的功能说明如下。

图 7-49　"大气和效果"卷展栏

▶ "添加"按钮 添加 ：单击该按钮，可以打开"添加大气或效果"对话框，如图 7-50 所示，在该对话框中可以将大气或渲染效果添加到灯光上。

▶ "删除"按钮 删除 ：添加大气或效果之后，在大气和效果列表中选择大气或效果，然后单击该按钮可以执行删除操作。

▶ "设置"按钮 设置 ：在大气和效果列表中选中大气或效果后，单击该按钮，可以打开"环境和效果"窗口，如图 7-51 所示。

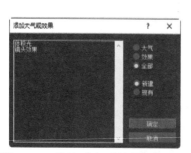

图 7-50　"添加大气或效果"对话框　　图 7-51　"环境和效果"窗口

7.5.2　自由灯光

自由灯光无目标点，在 3ds Max 的"创建"面板的"灯光"选项卡中单击"自由灯光"按钮，如图 7-52 所示，即可在场景中创建自由灯光。

自由灯光的参数与前面介绍的目标灯光的参数基本一致 (这里不再重复介绍)，它们的区别仅仅在于是否具有目标点。自由灯光在创建完成后，目标点可以通过选中或取消选中"修改"面板的"常规参数"卷展栏中的"目标"复选框来进行切换，如图 7-53 所示。

图 7-52　自由灯光　　图 7-53　切换目标点

7.5.3　太阳定位器

在"创建"面板的"灯光"选项卡中单击"太阳定位器"按钮，即可自定义太阳光系统的设置。太阳定位器使用的灯光遵循太阳在地球上任意给定位置的符合地理学的角度和运动规律，如图 7-54 所示。

该灯光系统创建完成后，在主工具栏中选择"渲染"|"环境"命令，如图 7-55 所示，或按 8 键，打开"环境和效果"窗口。

在该窗口的"环境"选项卡中，展开"公用参数"卷展栏，可以看到系统自动为"环境贴图"贴图通道上加载了"物理太阳和天空环境"贴图。渲染场景后，用户还可以看到逼真的天空环境效果。同时，在"曝光控制"卷展栏内，系统还为用户自动设置了"物理摄影机曝光控制"选项，如图 7-56 所示。

图 7-54　太阳定位器

图 7-55　选择"环境"命令

图 7-56　"环境"选项卡

在"修改"面板中，用户可以为太阳定位器选择位置、日期、时间和指南针方向。太阳定位器适用于计划中的以及现有结构的阴影设置。

太阳定位器是日光系统的简化替代方案。与传统的太阳光和日光系统相比，太阳定位器更加高效、直观。

在"修改"面板中，太阳定位器有以下几个卷展栏，下面分别进行介绍。

1. "显示"卷展栏

"显示"卷展栏内的参数如图 7-57 所示，各选项的功能说明如下。

图 7-57　"显示"卷展栏

(1) "指南针"组。

▶ "显示"复选框：控制"太阳定位器"中指南针的显示。

▶ "半径"微调框：控制指南针图标的大小。

▶ "北向偏移"微调框：调整"太阳定位器"的灯光照射方向。

(2) "太阳"组。

▶ "距离"微调框：控制太阳灯光与指南针之间的距离。

2."太阳位置"卷展栏

"太阳位置"卷展栏内的参数如图 7-58 所示，其中主要选项的功能说明如下。

图 7-58 "太阳位置"卷展栏

(1)"日期和时间模式"组。

▶ "日期、时间和位置"单选按钮：该选项是"太阳定位器"的默认选项。用户可以精准地设置太阳的具体照射位置、照射时间及年、月、日。

▶ "气候数据文件"单选按钮：选中该单选按钮后，用户可以单击其右侧的"设置"按钮，读取"气候数据"文件来控制场景照明。

▶ "手动"单选按钮：选中该单选按钮后，用户可以手动调整太阳的方位和高度。

(2)"日期和时间"组。

▶ "时间"微调框：用于设置"太阳定位器"所模拟的年、月、日以及当天的具体时间。

▶ "使用日期范围"复选框：用于设置"太阳定位器"所模拟的时间段。

(3)"在地球上的位置"组。

▶ "选择位置"按钮 San Francisco, CA ：单击该按钮，系统会自动弹出"地理位置"对话框。在该对话框中，用户可以选择所要模拟的地区以生成当地的光照环境。

▶ "纬度"微调框：用于设置太阳的纬度。

▶ "经度"微调框：用于设置太阳的经度。

▶ "时区"微调框：用 GMT 的偏移量来表示时间。

(4)"水平坐标"组。

▶ "方位"微调框：用于设置太阳的照射方向。

▶ "高度"微调框：用于设置太阳的高度。

7.5.4 "物理太阳和天空环境"贴图

"物理太阳和天空环境"贴图虽然属于材质贴图，其功能却是在场景中控制天空照明环境。

在场景中创建"太阳定位器"灯光时，这个贴图会自动添加到"环境和效果"窗口的"环境"选项卡中。

　　同时打开"环境和效果"窗口和"材质编辑器"窗口，以"实例"的方式将"环境和效果"窗口中的"物理太阳和天空环境"贴图拖曳至"材质编辑器"窗口的一个空白的材质球上，即可对其进行编辑操作，如图 7-59 所示。

　　"物理太阳和天空环境"卷展栏的参数如图 7-60 所示。

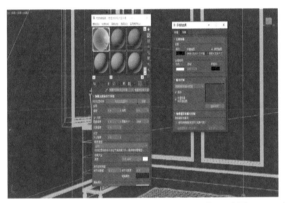

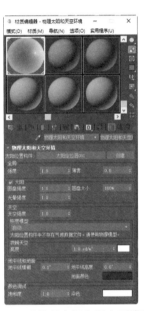

图 7-59　拖曳"物理太阳和天空环境"贴图　　　图 7-60　　"物理太阳和天空环境"卷展栏

▶ 太阳位置构件：默认显示为当前场景已经存在的太阳定位器，如果是在"环境和效果"窗口中先添加了该贴图，可以单击右侧的"创建"按钮，在场景中创建一个太阳定位器。

　　(1)"全局"选项组。

▶ "强度"微调框：控制太阳定位器产生的整体光照强度。

▶ "薄雾"微调框：用于模拟大气对阳光产生的散射影响。如图 7-61 所示为该值分别是 0.1 和 0.5 时的天空渲染效果对比。

图 7-61　　"薄雾"为不同数值时的渲染效果对比

　　(2)"太阳"选项组。

▶ "圆盘强度"微调框：控制场景中太阳的光线强弱。较高的值可以对建筑物产生明显的投影；较小的值可以模拟阴天的环境照明效果。如图 7-62 所示为该值分别是 1 和 0 时的渲染效果对比。

图 7-62 "圆盘强度"为不同数值时的渲染效果对比

- ▶ "圆盘大小"微调框：控制阳光对场景投影的虚化程度。
- ▶ "光晕强度"微调框：控制天空中太阳的大小。如图 7-63 所示为该值分别是 1 和 80 时的材质球显示效果对比。

图 7-63 "光晕强度"为不同数值时的渲染效果对比

(3)"天空"选项组。

- ▶ "天空强度"微调框：控制天空的光线强度。如图 7-64 所示为该值分别是 1 和 0.5 时的渲染效果对比。

图 7-64 "天空强度"为不同数值时的渲染效果对比

- ▶ "照度模型"下拉列表：有自动、物理和测量 3 种方式，如图 7-65 所示。如果"太阳位置构件"中不存在气候数据文件，则使用物理模型。

图 7-65 "照度模型"下拉列表

(4)"地平线和地面"选项组。

- ▶ "地平线模糊"微调框：设置地平线的模糊程度。
- ▶ "地平线高度"微调框：设置地平线的高度。
- ▶ "地面颜色"：设置地平线以下的颜色。

(5) "颜色调试"选项组。

▶ "饱和度"微调框：通过调整太阳和天空环境的色彩饱和度，进而影响渲染的画面色彩。如图 7-66 所示为该值分别是 0.3 和 1.3 时的渲染效果对比。

图 7-66　"饱和度"为不同数值时的渲染效果对比

7.6　Arnold 灯光

3ds Max 2022 在 3ds Max 2018 版本的基础上整合了 Arnold 渲染器，一个新的灯光系统也随之被添加进来，那就是 Arnold Light，如图 7-67 所示。如今，Arnold 渲染器已经取代了默认扫描线渲染器而成为 3ds Max 2022 新的默认渲染器，使用该灯光几乎可以模拟各种常见照明环境。另外需要注意的是，即使是在 3ds Max 2022 中，该灯光的命令参数仍然为英文显示。

在"修改"面板中，可以看到 Arnold Light 卷展栏的分布如图 7-68 所示。

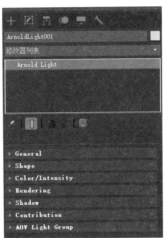

图 7-67　Arnold Light　　　　图 7-68　Arnold Light 卷展栏

7.6.1　General(常规) 卷展栏

General(常规) 卷展栏主要用于设置 Arnold Light 的开启及目标点等相关命令，展开 General(常规) 卷展栏，如图 7-69 所示，其中主要选项的功能说明如下。

图 7-69　General(常规) 卷展栏

▶ On 复选框：用于控制选择的灯光是否开启照明。

▶ Targeted 复选框：用于设置灯光是否需要目标点。

▶ Targ. Dist 下拉列表：设置目标点与灯光的间距。

7.6.2　Shape(形状) 卷展栏

Shape(形状) 卷展栏主要用于设置灯光的类型，展开 Shape(形状) 卷展栏，如图 7-70 所示，其中主要选项的功能说明如下。

图 7-70　Shape(形状) 卷展栏

▶ Type 下拉列表：用于设置灯光的类型。3ds Max 2022 为用户提供了图 7-71 所示的 9 种灯光类型，帮助用户分别解决不同的照明环境模拟需求。从这些类型上看，仅仅是一个 Arnold Light 命令，就可以模拟出点光源、聚光灯、面光源、天空环境、光度学、网格灯光等多种不同的灯光照明。

图 7-71　Type 下拉列表

▶ Spread 微调框：用于控制 Arnold Light 的扩散照明效果。当该值为默认值 1 时，灯光对物体的照明效果会产生散射状的投影；当该值设置为 0 时，灯光对物体的照明效果会产生清晰的投影。

▶ Quad X/Quad Y 微调框：用于设置灯光的长度或宽度。

▶ Soft Edge 微调框：用于设置灯光产生投影的边缘虚化程度。

7.6.3　Color/Intensity(颜色 / 强度) 卷展栏

Color/Intensity(颜色 / 强度) 卷展栏主要用于控制灯光的色彩及照明强度。展开该卷展栏，如图 7-72 所示，其中主要选项的功能说明如下。

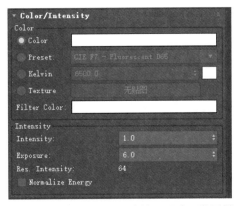

图 7-72　Color/Intensity(颜色 / 强度) 卷展栏

(1) Color(颜色) 组。

▶ Color 单选按钮：用于设置灯光的颜色。

▶ Preset 单选按钮：选中该单选按钮后，用户可以使用系统所提供的各种预设来照明场景。

▶ Kelvin 单选按钮：使用色温值来控制灯光的颜色。

▶ Texture 单选按钮：使用贴图来控制灯光的颜色。

▶ Filter Color：设置灯光的过滤颜色。

(2) Intensity(强度) 组。

▶ Intensity 微调框：设置灯光的照明强度。

▶ Exposure 微调框：设置灯光的曝光值。

7.6.4　Rendering(渲染) 卷展栏

展开 Rendering(渲染) 卷展栏，如图 7-73 所示，其中主要选项的功能说明如下。

图 7-73　Rendering(渲染) 卷展栏

▶ Samples 微调框：设置灯光的采样值。

▶ Volume Samples 微调框：设置灯光的体积采样值。

7.6.5　Shadow(阴影) 卷展栏

展开 Shadow(阴影) 卷展栏，如图 7-74 所示，其中主要选项的功能说明如下。

图 7-74 Shadow(阴影) 卷展栏

▶ Cast Shadows 复选框：设置灯光是否投射阴影。

▶ Atmospheric Shadows 复选框：设置灯光是否投射大气阴影。

▶ Color：设置阴影的颜色。

▶ Density 微调框：设置阴影的密度值。

7.6.6　实例：制作室内天光照明效果

【例 7-2】本实例将讲解如何制作室内天光照明效果。本实例的渲染效果如图 7-75 所示。

图 7-75　室内天光照明效果

01 启动 3ds Max 2022，打开本书的配套场景资源文件"室内天光照明 .max"，如图 7-76 所示。本场景已经设置好摄影机和辅助灯光。

02 在"创建"面板中单击 Arnold Light 按钮，如图 7-77 所示，在场景中的窗户位置创建一个 Arnold 灯光。

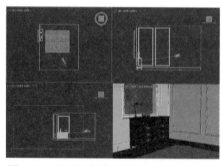

图 7-76　打开"室内天光照明 .max"文件

图 7-77　单击 Arnold Light 按钮

03 在顶视图中移动灯光的位置，如图 7-78 所示，使其从屋外照射进屋内。

04 在"修改"面板中，设置灯光的 Color 为黄色 (红：255，绿：250，蓝：225)，具体参数如图 7-79 所示。

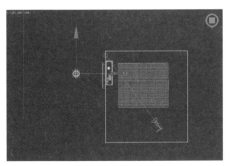

图 7-78　移动灯光的位置

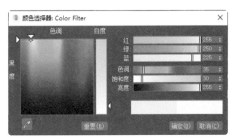

图 7-79　设置灯光的颜色

05 在 Shape 卷展栏中单击 Type 下拉按钮，在弹出的下拉列表中选择 Quad 选项，如图 7-80 所示。

06 设置 Quad X 和 Quad Y 均为 500mm，如图 7-81 所示。

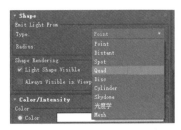

图 7-80　选择 Quad 选项

图 7-81　设置 Quad X 和 Quad Y 的数值

07 按照同样的方法，在场景中添加 Arnold 灯光，如图 7-82 所示。

08 在主工具栏中单击"渲染设置"按钮 ，打开"渲染设置：Arnold"窗口，在该窗口的 Arnold Renderer 选项卡中设置 Camera(AA) 的数值为 12，提高渲染的精度，如图 7-83 所示。

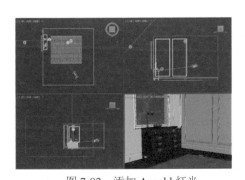

图 7-82　添加 Arnold 灯光

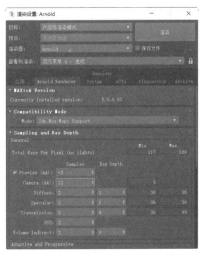

图 7-83　设置 Camera(AA) 的数值

09 设置完成后，在主工具栏中单击"渲染帧窗口"按钮 渲染场景，渲染效果如图 7-75 所示。

7.6.7　实例：制作室内日光照明效果

【例 7-3】本实例将讲解如何制作室内日光照明效果。本实例的渲染效果如图 7-84 所示。

图 7-84　室内日光照明效果

01 启动 3ds Max 2022，打开本书的配套场景资源文件"室内日光照明 .max"，如图 7-85 所示，本场景已经设置好摄影机和辅助灯光。

02 在"创建"面板中单击"太阳定位器"按钮，在场景中创建一个"太阳定位器"灯光，如图 7-86 所示。

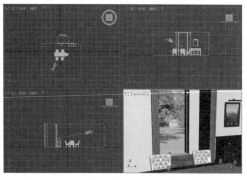

图 7-85　打开"室内日光照明 .max"文件

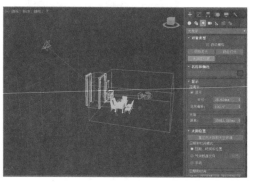

图 7-86　单击"太阳定位器"按钮

03 在"修改"面板中展开"太阳位置"卷展栏，单击"在地球上的位置"组下方的按钮 San Francisco, CA ，在打开的"地理位置"对话框中，从"贴图"下拉列表中选择"亚洲"选项，然后在"城市 (c):"列表框中选择 Nanjing, China，如图 7-87 所示，将地理位置设置为中国南京。

图 7-87　调整地理位置

04 在"日期和时间"组中，设置太阳模拟的日期和时间为 2022 年 8 月 22 日的 9 点 30 分，如图 7-88 所示。

05 设置完成后，展开"显示"卷展栏，设置"北向偏移"为 260°，如图 7-89 所示，改变太阳的光照角度。

图 7-88　设置太阳模拟的日期和时间　　图 7-89　设置"北向偏移"的数值

06 按数字键 8，打开"环境和效果"窗口，然后按 M 键，打开"材质编辑器"窗口，将"环境和效果"窗口中的"环境贴图"以"实例"的方式拖曳至"材质编辑器"窗口中的空白材质球上，如图 7-90 所示。

07 展开"物理太阳和天空环境"卷展栏，设置"全局"组的"强度"数值为 0.06，降低"太阳定位器"灯光的默认照明强度，再设置"饱和度"数值为 1.3，提高渲染图像的色彩鲜艳程度，如图 7-91 所示。

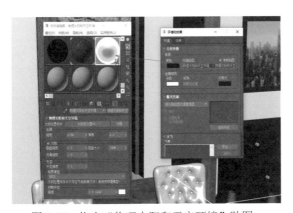

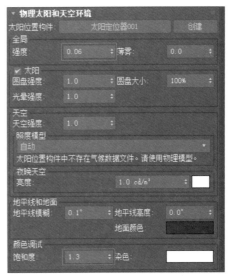

图 7-90　拖曳"物理太阳和天空环境"贴图　　图 7-91　调整太阳定位器的参数

08 在主工具栏中单击"渲染设置"按钮，打开"渲染设置：Arnold"窗口，在该窗口的 Arnold Renderer 选项卡中设置 Camera(AA) 的数值为 12，提高渲染的精度，如图 7-92 所示。

09 设置完成后，在主工具栏中单击"渲染帧窗口"按钮渲染场景，渲染效果如图 7-84 所示。

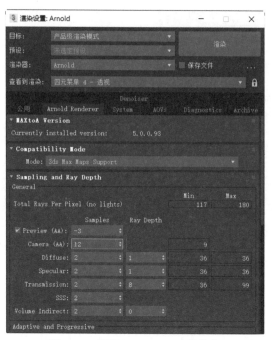

图 7-92　设置 Camera(AA) 的数值

7.7　习题

1. 简述摄影机有哪几种类型以及各自的区别。
2. 简述灯光有哪几种类型以及各自的功能。
3. 运用本章所学的知识，尝试在本章制作的室内模型场景中创建 Arnold 灯光与摄影机。

第 8 章
三维动画制作

3ds Max 是一款三维模型制作软件，利用 3ds Max，用户不仅可以制作三维模型，而且可以制作三维动画。本章将通过实例操作，介绍在 3ds Max 2022 中制作三维动画的基础知识，具体包括设置动画方式、控制动画、设置关键点过滤器、设置关键点切线，以及使用曲线编辑器设置循环动画等。

▎ 二维码教学视频 ▎

8.1 动画简介

　　广义上的动画是指把一些原先不具备生命的、不活动的对象，经过艺术加工和技术处理后，使其成为有生命的、会动的影像。

　　作为一种空间和时间的艺术，动画的表现形式多种多样，但"万变不离其宗"，以下两点是共通的：

▶ 逐格 (帧) 拍摄 (记录)；

▶ 创造运动幻觉 (这需要利用人的心理偏好作用和生理上的视觉残留现象)。

　　动画是通过连续播放静态图像而形成的动态幻觉，这种幻觉源于两个方面：一是人类生理上的"视觉残留"；二是心理上的"感官经验"。人类倾向于将连续、类似的图像在大脑中组织起来，然后能动地识别为动态图像，这样两个孤立的画面便顺畅地衔接了起来，从而产生视觉动感，如图 8-1 左图所示。

　　因此，狭义上的动画可定义为融合了电影、绘画、木偶等语言要素，利用人的视觉残留原理和心理偏好作用，以逐格 (帧) 拍摄的方式，创造出来的一系列运动的、富有生命感的幻觉画面 ("逐帧动画")，如图 8-1 右图所示。

图 8-1　三维动画

　　3ds Max 作为一款优秀的三维动画软件，提供了一套非常强大的动画系统，包括基本动画系统和骨骼动画系统。但无论采用何种方法制作动画，都需要用户对角色或物体的运动进行细致的观察和深刻的理解，因为只有抓住运动的"灵魂"才能制作出生动、逼真的动画作品。

　　在 3ds Max 中，设置动画的基本方式非常简单，用户可以为对象的位置、角度、尺寸以及几乎所有能够影响对象形状与外观的参数设置动画。

8.2 关键帧动画

　　关键帧动画是影像动画中最小单位的单幅影像画面，即每幅图片就是一帧，也是电影胶片上的每一格镜头。关键帧动画是 3ds Max 动画技术中最常用的也是最基础的动画设置技术，用于指定对象在特定时间内的属性值。关键帧是角色动作的关键转折点，类似于二维动画中的原画。在三维软件中，通过创建一些关键帧来表示对象的属性何时在动画中发生更改，计算机会自动演算出两个关键帧之间的变化状态，称为过渡帧。

　　3ds Max 提供了两种记录动画的模式，分别为"自动关键点"模式和"设置关键点"模式，这两种动画记录模式各有不同的特点。

8.2.1　实例："自动关键点"的设置方法

"自动关键点"模式是最常用的动画记录模式，单击"自动关键点"按钮之后，才可以启用这一功能，系统会根据用户对物体对象所做的更改自动创建出关键帧，从而产生动画效果。

【例 8-1】在 3ds Max 中使用"自动关键点"模式制作关键帧动画。🎬视频

01 启动 3ds Max 2022 软件后，在"创建"面板中单击"球体"按钮，在场景中创建一个球体模型，如图 8-2 所示。

02 单击"自动关键点"按钮，可以看到 3ds Max 2022 界面下方的"时间滑块"呈红色显示，说明软件的动画记录功能启动，如图 8-3 所示。

图 8-2　创建一个球体模型

图 8-3　单击"自动关键点"按钮

03 将"时间滑块"拖曳至第 30 帧处，然后移动场景中的球体模型至如图 8-4 所示的位置。

04 观察场景，可以看到在"时间滑块"下方的区域里生成红色的关键帧，如图 8-5 所示。

图 8-4　移动球体模型

图 8-5　生成关键帧

05 动画制作完成后，再次单击"自动关键点"按钮，结束自动记录动画功能。然后拖曳时间滑块或者单击"播放"按钮▶，可以看到一个平移动画制作完成。

8.2.2　实例："设置关键点"的设置方法

在"设置关键点"模式下，需要用户在轨迹栏中的每一个关键帧处通过手动设置的方式来完成动画的创建。

【例 8-2】在 3ds Max 中使用"设置关键点"模式制作关键帧动画。🎬视频

01 启动 3ds Max 2022 软件后，在"创建"面板中单击"球体"按钮，在场景中创建一个球体模型，如图 8-6 所示。

02 单击"设置关键点"按钮，可以看到 3ds Max 2022 界面下方的"时间滑块"呈红色显示，如图 8-7 所示。

图 8-6 创建一个球体模型

图 8-7 单击"设置关键点"按钮

03 将"时间滑块"拖曳至第 0 帧处，然后单击"设置关键点"按钮+，观察场景，可以看到在"时间滑块"下方的区域里生成了一个关键帧，如图 8-8 所示。

04 将"时间滑块"拖曳至第 30 帧处，然后移动场景中的球体模型至如图 8-9 所示的位置。

图 8-8 生成关键帧

图 8-9 移动球体模型

05 单击"设置关键点"按钮+，在第 30 帧处设置最后一个关键帧，如图 8-10 所示。

06 动画制作完成后，再次单击"自动关键点"按钮，结束自动记录动画功能。然后拖曳时间滑块或者单击"播放"按钮▶，可以看到一个平移动画制作完成。

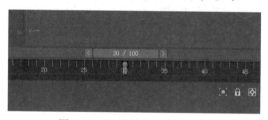

图 8-10 设置最后一个关键帧

8.2.3 时间配置

不同格式的动画具有不同的帧速率，单位时间中的帧数越多，动画越细腻、流畅；反之，动画就会出现抖动和卡顿的现象。动画每秒至少要播放 15 帧才可以形成流畅的动画效果，传统的电影通常每秒播放 24 帧。

在 3ds Max 2022 中，单击动画控制区的"时间配置"按钮，如图 8-11 左图所示，可在打开的"时间配置"对话框中进行参数设置，如图 8-11 右图所示，各选项的功能说明如下。

图 8-11　打开"时间配置"对话框并设置帧速率

(1)"帧速率"组。

▶ NTSC/电影/PAL/自定义单选按钮：这是 3ds Max 2022 提供给用户选择的 4 个不同的帧速率选项，用户可以选择其中一个作为当前场景的帧速率渲染标准。

▶ "调整关键点"复选框：选中该复选框，将关键点缩放到全部帧，迫使量化。

▶ FPS 微调框：当用户选择了不同的帧速率选项后，这里可以显示当前场景文件采用每秒多少帧数设置动画的帧速率。比如欧美国家的视频使用 30 fps 的帧速率，电影使用 24 fps 的帧速率，而 Web 和媒体动画则使用更低的帧速率。

(2)"时间显示"组。

▶ 帧 /SMPTE/ 帧 : TICK/ 分 : 秒 : TICK 单选按钮：设置场景文件以何种方式显示场景的动画时间，默认为"帧"显示，如图 8-12 所示。当该选项设置为 SMPTE 选项时，场景时间显示状态如图 8-13 所示。当该选项设置为"帧 :TICK"选项时，场景时间显示状态如图 8-14 所示。当该选项设置为"分 : 秒 : TICK"选项时，场景时间显示状态如图 8-15 所示。

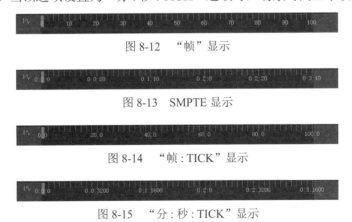

图 8-12　"帧"显示

图 8-13　SMPTE 显示

图 8-14　"帧 : TICK"显示

图 8-15　"分 : 秒 : TICK"显示

(3)"播放"组。

▶ "实时"复选框：选中该复选框，可使视口播放跳过帧，以与当前"帧速率"设置保持一致。

▶ "仅活动视口"复选框：可以使播放只在活动视口中进行。取消选中该复选框后，所有视口都显示动画。

▶ "循环"复选框：控制动画只播放一次，还是反复播放。选中该复选框后，播放将反复进行。

▶ 速度：可以选择五个播放速度，1x 是正常速度，1/2x 是半速，2x 是双倍速度等。速度设置只影响在视口中的播放。默认设置为 1x。

▶ 方向：将动画设置为向前播放、反转播放或往复播放。

(4) "动画"组。

▶ 开始时间 / 结束时间微调框：设置在时间滑块中显示的活动时间段。

▶ "长度"微调框：显示活动时间段的帧数。

▶ "帧数"微调框：设置渲染的帧数。

▶ "重缩放时间"按钮 <u>重缩放时间</u>：单击该按钮后，打开"重缩放时间"对话框，如图 8-16 所示。

图 8-16　"重缩放时间"对话框

▶ "当前时间"微调框：指定时间滑块的当前帧。

(5) "关键点步幅"组。

▶ "使用轨迹栏"复选框：使关键点模式能够遵循轨迹栏中的所有关键点模式。

▶ "仅选定对象"复选框：在使用"关键点步幅"模式时只考虑选定对象的变换。

▶ "使用当前变换"复选框：禁用"位置""旋转"和"缩放"变换类型，并在"关键点模式"中使用当前变换。

▶ 位置 / 旋转 / 缩放复选框：指定"关键点模式"所使用的变换类型。

8.3　轨迹视图 - 曲线编辑器

当不方便观察动画控制区中的关键点时，用户可以使用曲线编辑器。"轨迹视图"有两种显示模式，分别为"曲线编辑器"和"摄影表"。其主要功能是查看及修改场景中的动画数据。用户可以在此为场景中的对象重新指定动画控制器，插补或控制场景中对象的关键帧及参数。

轨迹视图 - 曲线编辑器模式可以将动画显示为动画运动的功能曲线，轨迹视图 - 摄影表模式则可以将动画显示为关键点和范围的表格。

打开"轨迹视图 - 曲线编辑器"窗口的方法有三种：第一种方法是在菜单栏中选择"图形编辑器"|"轨迹视图 - 曲线编辑器"命令，打开"轨迹视图 - 曲线编辑器"窗口，如图 8-17 所示。

图 8-17　"轨迹视图 - 曲线编辑器"窗口

第二种方法是单击主工具栏中的"曲线编辑器"按钮，如图 8-18 所示。

第三种方法是在视图中右击，从弹出的快捷菜单中选择"曲线编辑器"命令，如图 8-19 所示。

图 8-18　"曲线编辑器"按钮　　　图 8-19　从弹出的快捷菜单中选择"曲线编辑器"命令

8.3.1　"新关键点"工具栏

"新关键点"工具栏在"轨迹视图 - 曲线编辑器"窗口的上方，如图 8-20 所示，包含帮助用户编辑关键帧和切线的工具，各选项的功能说明如下。

图 8-20　"新关键点"工具栏

▶ "过滤器"按钮：使用"过滤器"可以确定在"轨迹视图"中显示哪些场景组件。单击该按钮，可以打开"过滤器"对话框，如图 8-21 所示。

▶ "锁定当前选择"按钮：锁定用户选定的关键点。

▶ "绘制曲线"按钮：可使用该选项绘制新曲线，或直接在函数曲线图上绘制草图来修改已有曲线。

▶ "添加 / 移除关键点"按钮：在现有曲线上创建关键点。按住 Shift 键可移除关键点。

▶ "移动关键点"按钮：在关键点窗口中水平和垂直、仅水平或仅垂直移动关键点。

- ▶ "滑动关键点"按钮：在"曲线编辑器"中使用"滑动关键点"可移动一个或多个关键点，并在移动时滑动相邻的关键点。
- ▶ "缩放关键点"按钮：可使用"缩放关键点"压缩或扩展两个关键帧之间的时间量。
- ▶ "缩放值"按钮：按比例增加或减小关键点的值，而不是在时间上移动关键点。
- ▶ "捕捉缩放"按钮：将缩放原点移到第一个选定关键点。
- ▶ "简化曲线"按钮：单击该按钮，可弹出"简化曲线"对话框，在此设置"阈值"来减少轨迹中的关键点数量，如图 8-22 所示。

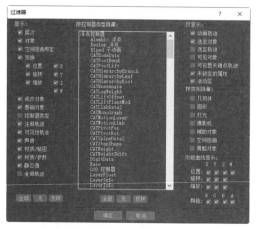

图 8-21　"过滤器"对话框

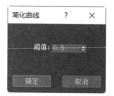

图 8-22　"简化曲线"对话框

- ▶ "参数曲线超出范围类型"按钮：单击该按钮，可打开"参数曲线超出范围类型"对话框，该对话框用于指定动画对象在用户定义的关键点范围之外的行为方式。该对话框中包括"恒定""周期""循环""往复""线性"和"相对重复"6 个选项，如图 8-23 所示。"恒定""周期""循环""往复""线性"和"相对重复"曲线类型效果分别如图 8-24 ～图 8-29 所示。

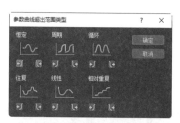

图 8-23　"参数曲线超出范围类型"对话框

图 8-24　"恒定"曲线

图 8-25 "周期"曲线

图 8-26 "循环"曲线

图 8-27 "往复"曲线

图 8-28 "线性"曲线

图 8-29 "相对重复"曲线

▶ "减缓曲线超出范围类型"按钮█：用于指定减缓曲线在用户定义的关键点范围之外的行为方式。调整减缓曲线会降低效果的强度。

▶ "增强曲线超出范围类型"按钮█：用于指定增强曲线在用户定义的关键点范围之外的行为方式。调整增强曲线会增加效果的强度。

▶ "减缓 / 增强曲线启用 / 禁用切换"按钮█：启用 / 禁用减缓曲线和增强曲线。

▶ "区域关键点工具"按钮█：在矩形区域内移动和缩放关键点。

8.3.2 "关键点选择工具"工具栏

"关键点选择工具"工具栏包含帮助用户选择关键帧的工具，如图 8-30 所示，各选项的功能说明如下。

图 8-30 "关键点选择工具"工具栏

▶ "选择下一组关键点"按钮 ：取消选择当前选定的关键点，然后选择下一个关键点。按住 Shift 键可选择上一个关键点。

▶ "增加关键点选择"按钮 ：选择与一个选定关键点相邻的关键点。按住 Shift 键可取消选择外部的两个关键点。

8.3.3 "切线工具"工具栏

"切线工具"工具栏包含放长、镜像和缩短切线的工具，如图 8-31 所示，各选项的功能说明如下。

图 8-31 "切线工具"工具栏

▶ "放长切线"按钮 ：加长选定关键点的切线。如果选中多个关键点，则按住 Shift 键以加长内切线。

▶ "镜像切线"按钮 ：将选定关键点的切线镜像到相邻关键点。

▶ "缩短切线"按钮 ：减短选定关键点的切线。如果选中多个关键点，则按住 Shift 键以减短内切线。

8.3.4 "仅关键点"工具栏

"仅关键点"工具栏包含编辑关键点的工具，如图 8-32 所示，其中各选项的功能说明如下。

图 8-32 "仅关键点"工具栏

▶ "轻移"按钮 ：将关键点稍微向右移动。按住 Shift 键可将关键点稍微向左移动。

▶ "展平到平均值"按钮 ：确定选定关键点的平均值，然后将平均值指定给每个关键点。按住 Shift 键可焊接所有选定关键点的平均值和时间。

▶ "展平"按钮 ：将选定关键点展平到与所选内容中的第一个关键点相同的值。

▶ "缓入到下一个关键点"按钮 ：减少选定关键点与下一个关键点之间的差值。按住 Shift 键可减少与上一个关键点之间的差值。

▶ "拆分"按钮 ：使用两个关键点替换选定关键点。

▶ "均匀隔开关键点"按钮 ：调整间距，使所有关键点按时间在第一个关键点和最后一个关键点之间均匀分布。

- "松弛关键点"按钮：减缓第一个和最后一个选定关键点之间的关键点的值和切线。按住 Shift 键可对齐第一个和最后一个选定关键点之间的关键点。
- "循环"按钮：将第一个关键点的值复制到当前动画范围的最后一帧。按住 Shift 键可将当前动画的第一个关键点的值复制到最后一个动画。

8.3.5 "关键点切线"工具栏

"关键点切线"工具栏中的工具用于为关键点指定切线，如图 8-33 所示，其中各选项的功能说明如下。

图 8-33 "关键点切线"工具栏

- "将切线设置为自动"按钮：按关键点附近的功能曲线的形状进行计算，将高亮显示的关键点设置为自动切线。
- "将切线设置为样条线"按钮：将高亮显示的关键点设置为样条线切线，它具有关键点控制柄，可以通过在"曲线"窗口中拖动进行编辑。在编辑控制柄时，按住 Shift 键以中断连续性。
- "将切线设置为快速"按钮：将关键点切线设置为快。
- "将切线设置为慢速"按钮：将关键点切线设置为慢。
- "将切线设置为阶梯式"按钮：将关键点切线设置为步长。使用阶跃来冻结从一个关键点到另一个关键点的移动。
- "将切线设置为线性"按钮：将关键点切线设置为线性。
- "将切线设置为平滑"按钮：将关键点切线设置为平滑。用它来处理不能继续进行的移动。

💡 **注意**

在制作动画之前，用户还可以通过单击"新建关键点的默认入 / 出切线"按钮来进行设定关键点的切线类型，如图 8-34 所示。

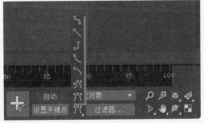

图 8-34 单击"新建关键点的默认入 / 出切线"按钮

8.3.6 "切线动作"工具栏

"切线动作"工具栏包含显示、断开、统一和锁定关键点切线工具，如图 8-35 所示，其中各选项的功能说明如下。

图 8-35　"切线动作"工具栏

▶ "显示切线"按钮 ：切换显示或隐藏切线，如图 8-36 所示为显示及隐藏切线后的曲线显示结果对比。

图 8-36　显示及隐藏切线后的曲线显示结果对比

▶ "断开切线"按钮 ：允许将两条切线（控制柄）连接到一个关键点，使其能够独立移动，实现不同的运动能够进出关键点。

▶ "统一切线"按钮 ：如果切线是统一的，按任意方向移动控制柄，从而控制柄之间保持最小角度。

▶ "锁定切线"按钮 ：单击该按钮可以锁定切线。

8.3.7　"缓冲区曲线"工具栏

使用"缓冲区曲线"工具，可以快速还原到曲线原始位置、更改缓冲区曲线的位置，以及在缓冲区曲线与实际曲线之间进行交换，"缓冲区曲线"工具栏如图 8-37 所示，其中各选项的功能说明如下。

图 8-37　"缓冲区曲线"工具栏

▶ "使用缓冲区曲线"按钮 ：切换是否在移动曲线 / 切线时创建原始曲线的重影图像。

▶ "显示 / 隐藏缓冲区曲线"按钮 ：切换显示或隐藏缓冲区（重影）曲线。

▶ "与缓冲区交换曲线"按钮 ：交换曲线与缓冲区（重影）曲线的位置。

▶ "快照"按钮 ：将缓冲区（重影）曲线重置到曲线的当前位置。

▶ "还原为缓冲区曲线"按钮 ：将曲线重置到缓冲区（重影）曲线的位置。

8.3.8　"轨迹选择"工具栏

"轨迹选择"工具栏包含选定对象或是轨迹选择的控件，如图 8-38 所示，其中各选项的功能说明如下。

图 8-38　"轨迹选择"工具栏

▶ "缩放选定对象"按钮 ：将当前选定对象放置在控制器窗口中"层次"列表的顶部。

▶ "编辑轨迹集"按钮 ：通过在可编辑字段中输入轨迹名称，可以高亮显示"控制器"窗口中的轨迹。

- ▶ "过滤器 - 选定轨迹切换"按钮▤：单击该按钮，"控制器"窗口仅显示选定轨迹。
- ▶ "过滤器 - 选定对象切换"按钮▣：单击该按钮，"控制器"窗口仅显示选定对象的轨迹。
- ▶ "过滤器 - 动画轨迹切换"按钮▦：单击该按钮，"控制器"窗口仅显示带有动画的轨迹。
- ▶ "过滤器 - 活动层切换"按钮▦：单击该按钮，"控制器"窗口仅显示活动层的轨迹。
- ▶ "过滤器 - 可设置关键点轨迹切换"按钮◉：单击该按钮，"控制器"窗口仅显示可设置关键点轨迹。
- ▶ "过滤器 - 可见对象切换"按钮▣：单击该按钮，"控制器"窗口仅显示包含可见对象的轨迹。
- ▶ "过滤器 - 解除锁定属性切换"按钮▣：单击该按钮，"控制器"窗口仅显示未锁定其属性的轨迹。

8.3.9 "控制器"窗口

"控制器"窗口能显示对象名称和控制器轨迹，还能确定哪些曲线和轨迹可以进行显示和编辑。用户可以根据需要使用层次列表右击菜单在控制器窗口中展开和重新排列层次列表项。在轨迹视图"显示"菜单中也可以找到一些导航工具。默认行为是仅显示选定的对象轨迹。使用"手动导航"模式，可以单独折叠或展开轨迹，或者按 Alt 键并右击，可以显示另一个菜单来折叠和展开轨迹。"控制器"窗口如图 8-39 所示。

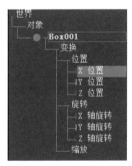

图 8-39 "控制器"窗口

8.3.10 实例：制作小球的运动动画

【例 8-3】本实例通过制作一个小球的运动动画为用户讲解如何制作关键帧动画，动画效果如图 8-40 所示。💿视频

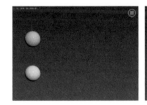

图 8-40 球体运动动画

01 启动 3ds Max 2022 软件后，在"创建"面板中单击"球体"按钮，在场景中创建一个球体模型，如图 8-41 所示。

02 在顶视图中将时间滑块放置在第 0 帧处，按 N 键激活"自动关键点"命令，然后将时间滑块拖曳至第 100 帧处，并将球体模型移至如图 8-42 所示的位置。

图 8-41　创建一个球体模型　　　　　图 8-42　设置动画

03 单击"播放"按钮▶，可以看到一个球体平移动画，如图 8-43 所示。

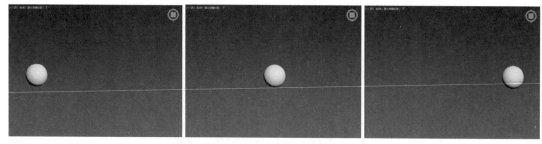

图 8-43　播放动画

04 再按 N 键关闭"自动关键点"命令，选择球体模型，按 Shift 键并移动坐标轴，复制一个球体模型副本，如图 8-44 所示。

05 在时间轴中框选粉色球体所有的关键点，按 Delete 进行删除，然后将时间滑块移至第 0 帧处，按 N 键激活"自动关键点"命令，再将时间滑块放置在第 100 帧处。在主工具栏中单击"对齐"按钮▦，然后单击蓝色球体，在弹出的"对齐当前选择"对话框中取消选中"Y 位置"复选框，如图 8-45 所示，最后单击"确定"按钮。

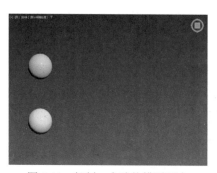

图 8-44　复制一个球体模型副本　　　　图 8-45　取消选中"Y 位置"复选框

06 设置完成后，场景中粉色球体模型的效果如图 8-46 所示。

07 选择蓝色球体模型，在菜单栏中选择"图形编辑器"|"轨迹视图 - 曲线编辑器"命令，打开"轨迹视图 - 曲线编辑器"窗口，在该窗口中选中曲线上最后一个关键点，然后在"切线动作"工具栏中单击"显示切线"按钮，选中切线，更改蓝色球体的动画曲线，如图 8-47 所示。

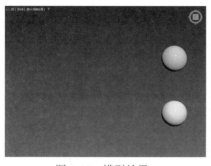
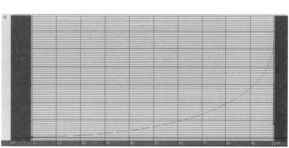

图 8-46　模型效果　　　　　　　　　　　图 8-47　更改蓝色球体的动画曲线

08 单击"播放"按钮，可以看到蓝色球体模型变成了一个由慢到快的加速动画，如图 8-48 所示。

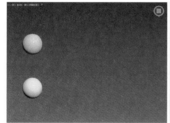

图 8-48　播放动画

09 选择粉色球体模型，在"轨迹视图 - 曲线编辑器"窗口中，选中最后一个关键点，然后单击"显示切线"按钮，更改粉色球体的动画曲线，如图 8-49 所示。

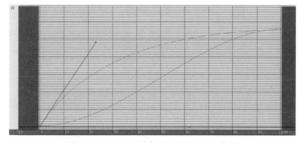

图 8-49　更改粉色球体的动画曲线

10 单击"播放"按钮，可以看到粉色球体模型变成了一个由快到慢的减速动画，如图 8-40 所示。

8.4　轨迹视图 - 摄影表

打开"轨迹视图 - 摄影表"窗口的方法与打开"轨迹视图 - 曲线编辑器"的方法相似，在菜单栏中选择"图形编辑器"|"轨迹视图 - 摄影表"命令，或者在视图中右击，从弹出的快捷

菜单中选择"摄影表"命令，可将"轨迹视图 - 曲线编辑器"窗口切换为"轨迹视图 - 摄影表"窗口，如图 8-50 所示。

图 8-50　"轨迹视图 - 摄影表"窗口

8.4.1　"关键点"工具栏

"关键点"工具栏包含用于变换关键点的工具以及其他编辑工具，如图 8-51 所示，其中各选项的功能说明如下。

图 8-51　"关键点"工具栏

- ▶ "编辑关键点"按钮 ：此模式在图形上将关键点显示为长方体。
- ▶ "编辑范围"按钮 ：此模式将设置关键点的轨迹显示为范围栏，用户可以在宏级别编辑动画轨迹。
- ▶ "过滤器"按钮 ：使用"过滤器"可以确定在"轨迹视图"中显示哪些场景组件。
- ▶ "移动关键点"按钮 ：在关键点窗口中水平和垂直、仅水平或仅垂直移动关键点。
- ▶ "滑动关键点"按钮 ：用来移动一组关键点，同时在移动时移开相邻的关键点。
- ▶ "添加 / 移除关键点"按钮 ：用来创建关键点。
- ▶ "缩放关键点"按钮 ：用来减少或增加两个关键帧之间的时间量。

8.4.2　"时间"工具栏

"时间"工具栏包含的工具如图 8-52 所示，其中各选项的功能说明如下。

图 8-52　"时间"工具栏

- ▶ "选择时间"按钮 ：可以选择时间范围，时间选择包含时间范围内的任意关键点。
- ▶ "删除时间"按钮 ：从选定轨迹上移除选定时间。
- ▶ "反转时间"按钮 ：在选定时间段内反转选定轨迹上的关键点。
- ▶ "缩放时间"按钮 ：在选中的时间段内，缩放选中轨迹上的关键点。
- ▶ "插入时间"按钮 ：可以在插入时间时插入一个范围的帧。
- ▶ "剪切时间"按钮 ：删除选定轨迹上的时间选择。

- "复制时间"按钮🖫：复制选定的时间选择，以供粘贴使用。
- "粘贴时间"按钮🖫：将剪切或复制的时间选择添加到选定轨迹中。

8.4.3 "显示"工具栏

"显示"工具栏包含选择和编辑关键帧的控件，如图 8-53 所示，其中各选项的功能说明如下。

图 8-53 "显示"工具栏

- "锁定当前选择"按钮🔒：锁定关键点选择。一旦创建了一个选择，单击该按钮就可以避免不小心选择其他对象。
- "捕捉帧"按钮🡑：限制关键点到帧的移动。
- "显示可设置关键点的图标"按钮◎：显示可将轨迹定义为可设置关键点或不可设置关键点的图标。
- "修改子树"按钮🖥：单击该按钮，允许对父轨迹的关键点操纵作用于该层次下的轨迹。
- "修改子对象关键点"按钮🖥：如果在没有启用"修改子树"的情况下修改父对象，单击"修改子对象关键点"按钮，可将更改应用于子关键点。

8.5 动画约束

动画约束是一种可以使整个动画过程实现自动化的控制器类型。通过与另一个对象的绑定关系，用户可以使用约束来控制对象的位置、旋转或缩放。通过对对象设置约束，可以将多个物体的变换约束到一个物体上，极大地减少动画师的工作量，也便于项目后期的动画修改。在菜单栏中选择"动画"|"约束"命令，即可看到 3ds Max 2022 为用户提供的所有约束命令，如图 8-54 所示。

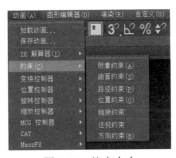

图 8-54 约束命令

8.5.1 附着约束

附着约束是一种位置约束，它将一个对象的位置附着到另一个对象的面上，其参数如图 8-55 所示。

(1) "附加到"组。

▶ "拾取对象"按钮 拾取对象 ：在视口中为附着选择并拾取目标对象。

▶ "对齐到曲面"复选框：将附加的对象的方向固定在其所指定到的面上。

(2) "更新"组。

▶ "更新"按钮 更新 ：单击该按钮，更新显示。

▶ "手动更新"复选框：选中该复选框，可以激活"更新"按钮。

(3) "关键点信息"组。

▶ "时间"微调框：显示当前帧，并可以将当前关键点移到不同的帧中。

▶ "面"微调框：设置对象所附加到的面的 ID 上。

▶ A/B 微调框：设置定义面上附加对象的位置的重心坐标。

▶ "设置位置"按钮 设置位置 ：单击该按钮，可以在视口中的目标对象上拖动指定面和面上的位置。

(4) TCB 组。

▶ "张力"微调框：设置 TCB 控制器的张力，该值范围从 0 到 50。

▶ "连续性"微调框：设置 TCB 控制器的连续性，该值范围从 0 到 50。

▶ "偏移"微调框：设置 TCB 控制器的偏移，该值范围从 0 到 50。

▶ "缓入"微调框：设置 TCB 控制器的缓入，该值范围从 0 到 50。

▶ "缓出"微调框：设置 TCB 控制器的缓出，该值范围从 0 到 50。

图 8-55　附着约束的参数

8.5.2　曲面约束

曲面约束能将对象限制在另外对象的表面上，需要注意的是，作为曲面对象的对象类型是有限制的，这个限制就是它们的表面必须能用参数来表示。例如，标准基本体中的球体、圆锥体、圆柱体、圆环可以作为曲面对象，而其中的长方体、四棱锥、茶壶、平面则不可以作为曲面对象。曲面约束的参数如图 8-56 所示。

图 8-56　曲面约束的参数

(1)"当前曲面对象"组。

▶ "拾取曲面"按钮 拾取曲面 ：单击该按钮，以拾取对象，拾取成功后在按钮的上方显示曲面对象的名称。

(2)"曲面选项"组。

▶ U 向位置 /V 向位置微调框：调整控制对象在曲面对象 U/V 坐标轴上的位置。

▶ "不对齐"单选按钮：选中该单选按钮，不管控制对象在曲面对象上处于什么位置，它都不会重定向。

▶ "对其到 U"单选按钮：将控制对象的本地 Z 轴与曲面对象的曲面法线对齐，将 X 轴与曲面对象的 U 轴对齐。

▶ "对其到 V"单选按钮：将控制对象的本地 Z 轴与曲面对象的曲面法线对齐，将 X 轴与曲面对象的 V 轴对齐。

▶ "翻转"复选框：翻转控制对象局部 Z 轴的对齐方式。

8.5.3   路径约束

使用路径约束可限制对象的移动，并将对象约束在一条样条线上移动，或在多条样条线之间以平均间距进行移动。其参数如图 8-57 所示。

图 8-57   路径约束的参数

▶ "添加路径"按钮 添加路径 ：添加一个新的样条线路径，使之对约束对象产生影响。

▶ "删除路径"按钮 删除路径 ：从目标列表中移除一个路径。一旦移除目标路径，它将不再对约束对象产生影响。

▶ 权重：为每个路径指定约束的强度。

(1)"路径选项"组。

▶ "% 沿路径"微调框：设置对象沿路径的位置百分比。

▶ "跟随"复选框：在对象跟随轮廓运动的同时将对象指定给轨迹。

- "倾斜"复选框：当对象通过样条线的曲线时允许对象倾斜。
- "倾斜量"微调框：倾斜从一边或另一边开始，取决于"倾斜量"的值是正数还是负数。
- "平滑度"微调框：控制对象在经过路径中的转弯时翻转角度改变的快慢程度。
- "允许翻转"复选框：选中该复选框，可避免在对象沿着垂直方向的路径行进时有翻转的情况。
- "恒定速度"复选框：沿着路径提供一个恒定的速度。
- "循环"复选框：默认情况下，当约束对象到达路径末端时，它不会越过末端点。选中该复选框后，当约束对象到达路径末端时循环至起始点。
- "相对"复选框：选中该复选框后，保持约束对象的原始位置。对象沿着路径的同时有一个偏移距离，这个距离基于它的原始世界的空间位置。
  (2)"轴"组。
- X/Y/Z 单选按钮：定义对象的 X/Y/Z 轴与路径轨迹对齐。
- "翻转"复选框：选中该复选框，可翻转轴的方向。

8.5.4 实例：制作乌鸦飞行路径动画

【例 8-4】本实例主要讲解使用多个约束命令制作乌鸦飞行的路径动画，动画效果如图 8-58 所示。

图 8-58 动画效果

01 启动 3ds Max 2022 软件，打开本书的配套资源文件"乌鸦 .max"，如图 8-59 所示，场景中已经创建好动画。

02 在"创建"面板中单击"圆"按钮，如图 8-60 所示。

图 8-59 打开"乌鸦 .max"文件

图 8-60 单击"圆"按钮

03 在顶视图中创建一个圆形，作为乌鸦模型的控制器，如图 8-61 所示。

04 将构成乌鸦动画的所有模型选中，然后在主工具栏中单击"选择并链接"图标，将其链接至圆形控制器上，如图 8-62 所示。

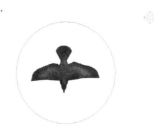

图 8-61 创建一个圆形 图 8-62 将乌鸦动画模型链接至圆形控制器上

05 在"创建"面板中单击"线"按钮，如图 8-63 所示。

06 在左视图中创建一条曲线，作为乌鸦飞行的路径，如图 8-64 所示。

图 8-63 单击"线"按钮 图 8-64 创建一条曲线

07 在场景中选择圆形控制器，在菜单栏中选择"动画"|"约束"|"路径约束"命令，再单击场景中的曲线，如图 8-65 所示。

08 在"路径参数"卷展栏中，选中"跟随"复选框，在"轴"组中选中 Y 单选按钮并选中"翻转"复选框，如图 8-66 所示。

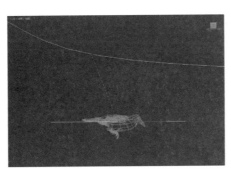

图 8-65 进行路径约束 图 8-66 设置路径参数

09 设置完成后，播放场景动画，可以看到乌鸦沿着路径进行移动，如图 8-58 所示。

8.5.5　位置约束

使用位置约束，可以根据目标对象的位置或若干对象的加权平均位置对某一对象进行定位，其参数如图 8-67 所示。

图 8-67　位置约束的参数

▶ "添加位置目标"按钮 添加位置目标 ：添加新的目标对象以影响受约束对象的位置。

▶ "删除位置目标"按钮 删除位置目标 ：移除高亮显示的目标。一旦移除目标，该目标将不再影响受约束的对象。

▶ "权重"微调框：为高亮显示的目标指定一个权重值并设置动画。

▶ "保持初始偏移"复选框：用来保存受约束对象与目标对象的原始距离。

8.5.6　链接约束

链接约束可以使对象继承目标对象的位置、旋转度和比例，常用来制作物体在多个对象之间的传递动画，其参数如图 8-68 所示。

图 8-68　链接约束的参数

▶ "添加链接"按钮 添加链接 ：添加一个新的链接目标。

▶ "链接到世界"按钮 链接到世界 ：将对象链接到世界 (整个场景)。

▶ "删除链接"按钮 删除链接 ：移除高亮显示的链接目标。

▶ "开始时间"微调框：指定或编辑目标的帧值。

▶ "无关键点"单选按钮：选中该单选按钮，约束对象或目标中不会写入关键点。

▶ "设置节点关键点"单选按钮：选中该单选按钮，将关键帧写入指定的选项。

▶ "设置整个层次关键点"单选按钮：用指定的选项在层次上设置关键帧。

8.5.7　注视约束

注视约束控制对象的方向，使它一直注视另外一个或多个对象，常常用来制作角色的眼球动画，其参数如图 8-69 所示。

图 8-69　注视约束的参数

▶ "添加注视目标"按钮 <u>添加注视目标</u> ：用于添加影响约束对象的新目标。

▶ "删除注视目标"按钮 <u>删除注视目标</u> ：用于移除影响约束对象的目标对象。

▶ "权重"微调框：用于为每个目标指定权重值并设置动画。

▶ "保持初始偏移"复选框：将约束对象的原始方向保持为相对于约束方向上的一个偏移。

▶ "视线长度"微调框：定义从约束对象轴到目标对象轴所绘制的视线长度。

▶ "绝对视线长度"复选框：选中该复选框，3ds Max 仅使用"视线长度"设置主视线的长度，受约束对象和目标之间的距离对此没有影响。

▶ "设置方向"按钮 <u>设置方向</u> ：允许对约束对象的偏移方向进行手动定义。单击该按钮，可以使用旋转工具来设置约束对象的方向。在约束对象注视目标时会保持此方向。

▶ "重置方向"按钮 <u>重置方向</u> ：将约束对象的方向设置回默认值。如果要在手动设置方向后重置约束对象的方向，该选项非常有用。

(1) "选择注视轴"组。

▶ X/Y/Z 单选按钮：用于定义注视目标的轴。

▶ "翻转"复选框：反转局部轴的方向。

(2) "选择上方向节点"组。

▶ "注视"单选按钮：选中该单选按钮，上方向节点与注视目标相匹配。

▶ "轴对齐"单选按钮：选中该单选按钮，上方向节点与对象轴对齐。

8.5.8 实例：制作眼球的注视约束

【例 8-5】本实例主要讲解使用注视约束命令制作眼球注视约束的动画，动画效果如图 8-70 所示。🎬 视频

图 8-70 眼球注视约束动画

01 启动 3ds Max 2022 软件，在"创建"面板中分别单击"球体"按钮和"圆"按钮，在场景中创建两个球体模型和一个圆形，如图 8-71 所示。

02 在场景中选择左边的球体模型，然后在菜单栏中选择"动画"|"约束"|"注视约束"命令，此时球体模型的方向发生变化，如图 8-72 所示。

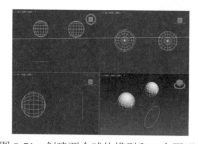

图 8-71 创建两个球体模型和一个圆形　　图 8-72 球体模型的方向发生变化

03 在"注视约束"卷展栏中，选中"保持初始偏移"复选框，然后在"选择注视轴"组中单击 Z 单选按钮，如图 8-73 所示。

04 移动圆形，如图 8-74 所示，球体模型会沿着圆形移动的方向进行旋转。

图 8-73 设置"注视约束"卷展栏参数　　图 8-74 移动圆形

05 在场景中再创建一个圆形，用同样的方法制作右边球体模型的注视约束，如图 8-75 所示。

06 在"创建"面板中单击"虚拟对象"按钮，如图 8-76 所示。

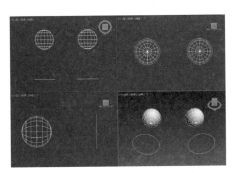

图 8-75 制作另一边的注视约束

图 8-76 单击"虚拟对象"按钮

07 在场景中创建一个虚拟对象，然后选择两个圆形，在主工具栏中单击"选择并链接"图标 ，将其链接至虚拟对象上，如图 8-77 所示。

图 8-77 将两个圆形链接至虚拟对象上

08 移动虚拟对象，如图 8-70 所示，球体模型会沿着虚拟对象移动的方向进行旋转。

8.5.9 方向约束

使用方向约束可以使某个对象的方向沿着目标对象的方向或若干目标对象的平均方向进行约束，其参数如图 8-78 所示。

图 8-78 方向约束的参数

► "添加方向目标"按钮 添加方向目标 ：添加影响受约束对象的新目标对象。

► "将世界作为目标添加"按钮 将世界作为目标添加 ：将受约束对象与世界坐标轴对齐。单击该按钮，可以设置世界对象相对于任何其他目标对象对受约束对象的影响程度。

▶ "删除方向目标"按钮 删除方向目标 ：移除目标。移除目标后，将不再影响受约束对象。
▶ "权重"微调框：为每个目标指定不同的影响值。
▶ "保持初始偏移"复选框：保留受约束对象的初始方向。
▶ "局部→局部"单选按钮：选中该单选按钮，局部节点变换将用于方向约束。
▶ "世界→世界"单选按钮：选中该单选按钮，将应用父变换或世界变换，而不应用局部节点变换。

8.6 动画控制器

3ds Max 2022为动画师提供了多种动画控制器处理场景中的动画任务。使用动画控制器可以存储动画关键点值和程序动画设置，还可以在动画的关键帧之间进行动画插值操作。动画控制器的使用方法与修改器有些类似，当用户在对象的不同属性上指定新的动画控制器时，3ds Max 2022自动过滤该属性所无法使用的控制器，仅提供适用于当前属性的动画控制器。下面介绍动画制作过程中较为常用的动画控制器。

8.6.1 噪波控制器

噪波控制器的参数可以作用在一系列的动画帧上产生随机的、基于分形的动画，其参数如图8-79所示。

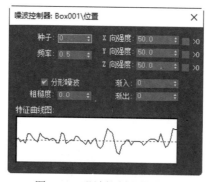

图8-79 噪波控制器的参数

▶ "种子"微调框：开始噪波计算。改变种子创建一个新的曲线。
▶ "频率"微调框：控制噪波曲线的波峰和波谷。
▶ X/Y/Z向强度微调框：在X/Y/Z的方向上设置噪波的输出值。
▶ "渐入"微调框：设置噪波逐渐达到最大强度所用的时间量。
▶ "渐出"微调框：设置噪波用于下落至0强度的时间量。该值为0时，噪波在范围末端立即停止。
▶ "分形噪波"复选框：使用分形算法生成噪波。
▶ "粗糙度"微调框：改变噪波曲线的粗糙度。
▶ 特征曲线图：以图表的方式来表示改变噪波属性所影响的噪波曲线。

8.6.2　表达式控制器

使用表达式控制器，动画师可以通过数学表达式来控制对象的属性动画，其参数如图 8-80 所示。

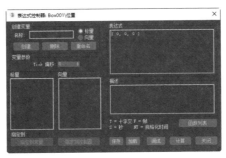

图 8-80　表达式控制器

(1) "创建变量"组。

▶ "名称"文本框：变量的名称。

▶ "标量"/"向量"单选按钮：选择要创建的变量的类型。

▶ "创建"按钮 创建 ：创建该变量并将其添加到相应的列表中。

▶ "删除"按钮 删除 ：删除"标量"或"向量"列表中高亮显示的变量。

▶ "重命名"按钮 重命名 ：重命名"标量"或"向量"列表中高亮显示的变量。

(2) "变量参数"组。

▶ "Tick 偏移"微调框：其包含了偏移值。1Tick 等于 1/4800 秒。如果变量的 Tick 偏移为非零，该值就会加到当前的时间上。

▶ "指定到常量"按钮 指定到常量 ：单击该按钮，打开 TPS 对话框，可从中将常量指定给高亮显示的变量，如图 8-81 所示。

▶ "指定到控制器"按钮 指定到控制器 ：单击该按钮，打开"轨迹视图拾取"对话框，用户可以从中将控制器指定给高亮显示的变量，如图 8-82 所示。

图 8-81　TPS 对话框

图 8-82　"轨迹视图拾取"对话框

(3) "表达式"组。

▶ "表达式"文本框：用于输入要计算的表达式。表达式必须是有效的数学表达式。

(4)"描述"组。

▶ "描述"文本框：用于输入描述表达式的可选文本，如说明用户定义的变量。

▶ "保存"按钮 保存 ：保存表达式。表达式将保存为扩展名为 .xpr 的文件。

▶ "加载"按钮 加载 ：加载表达式。

▶ "函数列表"按钮 函数列表 ：单击该按钮，打开"表达式"控制器的"函数列表"对话框，如图 8-83 所示。

▶ "调试"按钮 调试 ：单击该按钮，打开"表达式调试窗口"对话框，如图 8-84 所示。

 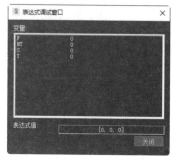

图 8-83 "函数列表"对话框　　图 8-84 "表达式调试窗口"对话框

▶ "计算"按钮 计算 ：计算动画中每一帧的表达式。

▶ "关闭"按钮 关闭 ：关闭"表达式控制器"对话框。

8.6.3 实例：制作荷叶摆动动画

【例 8-6】本实例主要讲解使用多个约束命令制作荷叶摆动的动画，动画效果如图 8-85 所示。
🎬 视频

图 8-85 荷叶摆动动画

01 启动 3ds Max 2022 软件，打开本书的配套资源文件"荷花 .max"，如图 8-86 所示。

02 在"创建"面板中单击"点"按钮，如图 8-87 所示。

图 8-86 打开"荷花 .max"文件　　图 8-87 单击"点"按钮

03 在场景中的任意位置创建一个点对象，如图 8-88 所示。

04 选择点，在菜单栏中选择"动画"|"约束"|"附着约束"命令，将点附着约束到根茎模型上，如图 8-89 所示。

图 8-88 创建一个点对象　　　　　　　图 8-89 将点附着约束到根茎模型上

05 选择场景中的荷叶模型，单击主工具栏上的"选择并链接"图标，将其链接到点对象上，如图 8-90 所示。

06 选择花枝模型，在"修改"面板中为其添加"弯曲"修改器，如图 8-91 所示。

图 8-90 将荷叶模型链接到点对象上　　图 8-91 添加"弯曲"修改器

07 在"修改"面板中，将光标移至"弯曲"修改器的"角度"参数上，右击并在弹出的快捷菜单中选择"在轨迹视图中显示"命令，系统会自动打开"选定对象"窗口，并且在该窗口中"角度"参数处于选择状态，如图 8-92 所示。

08 右击"角度"参数，在弹出的快捷菜单中选择"指定控制器"命令，如图 8-93 所示，为"角度"属性指定新的控制器。

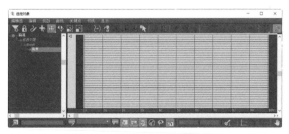 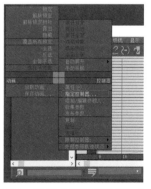

图 8-92 打开"选定对象"窗口　　　　图 8-93 选择"指定控制器"命令

09 在弹出的"指定浮点控制器"对话框中，选择"噪波浮点"选项，如图 8-94 所示。

10 设置完成后，单击"确定"按钮，系统会自动弹出"噪波控制器"对话框，在该对话框中设置"强度"数值为 20，并选中">0"复选框，设置"频率"数值为 0.03，如图 8-95 所示。

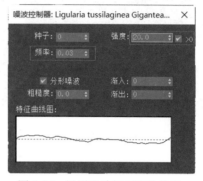

图 8-94　选择"噪波浮点"选项　　　　图 8-95　设置噪波控制器的参数

11 在"修改"面板的"参数"卷展栏中设置"方向"数值为 60，如图 8-96 所示，观察"角度"属性，可以看到设置了"噪波控制器"的"角度"属性目前是灰色不可更改的状态。

图 8-96　设置"方向"数值

12 播放场景动画，可以看到荷叶模型随着时间的变化产生较为随机的晃动，本实例的最终动画效果如图 8-85 所示。

8.7　习题

1. 简述动画中的帧和时间的概念。
2. 简述如何使用"自动关键点"模式创建动画。
3. 简述 3ds Max 2022 为用户提供了哪几种约束命令。

第 9 章
动力学技术

    3ds Max 2022 中的动力学是指通过模拟对象的物理属性以及其交互方式来创建动画,广泛应用于建筑设计、游戏动画等领域。对动力学物体进行反复的测试并进行有效的控制,可以模拟出真实、自然的动画效果。本章将通过实例操作,介绍 3ds Max 2022 中的动力学基础知识,具体包括使用动力学制作物体之间的掉落动画、碰撞动画、布料动画等,以及液体模拟系统,帮助用户掌握动力学技术。

┃二维码教学视频┃

【例 9-1】 制作球体掉落动画
【例 9-2】 制作物体碰撞动画
【例 9-3】 制作布料模拟动画

【例 9-4】 制作水龙头流水动画
【例 9-5】 制作倾倒巧克力酱动画

9.1　动力学概述

3ds Max 2022 为动画师提供了多个功能强大且易于掌握的动力学动画模拟系统，主要有 MassFX 动力学、Cloth 修改器、流体等，用来制作运动规律较为复杂的自由落体动画、刚体碰撞动画、布料运动动画以及液体流动动画，这些内置的动力学动画模拟系统不但为动画师提供了效果逼真、合理的动力学动画模拟解决方案，还极大地节省了手动设置关键帧所消耗的时间。不过需要注意的是，某些动力学计算需要较高性能的计算机硬件支持和足够大的硬盘空间存放计算缓存文件才能够得到真实、细节丰富的动画模拟效果。

9.2　MassFX 动力学

MassFX 动力学通过对物体质量、摩擦力、反弹力等多个属性进行合理设置，可以在物体和物体之间产生非常真实的物理作用效果，并在对象上生成大量的动画关键帧。启动 3ds Max 2022 后，在主"工具栏"上右击并在弹出的快捷菜单中选择"MassFX 工具栏"命令，如图 9-1 所示，打开动力学设置相关的命令图标，如图 9-2 所示。

图 9-1　选择"MassFX 工具栏"命令　　　　图 9-2　动力学命令图标

9.3　MassFX 工具

MassFX 模拟的刚体是在动力学计算期间，其形态不发生改变的模型对象。例如，将场景中的任意几何体模型设置为刚体，它可能会反弹、滚动和四处滑动，但无论施加了多大的力，它都不会弯曲或折断。另外，还需要注意的是，当进行动力学模拟时，一定要先设置好场景的单位，并保证所要模拟的对象与真实世界中的对象比例相似，这样才能得到较为正确的动画结果。"MassFX 工具栏"提供了"动力学""运动学"和"静态"3 种不同类型的工具供用户选择和设置，如图 9-3 所示。

"MassFX 工具"面板中包含"世界参数""模拟工具""多对象编辑器"和"显示选项"这 4 个选项卡,如图 9-4 所示。

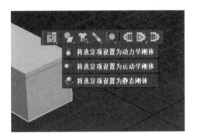

图 9-3 "动力学""运动学"和"静态"工具　　图 9-4 "MassFX 工具"面板

9.3.1 "世界参数"选项卡

"世界参数"选项卡包含"场景设置""高级设置"和"引擎"3 个卷展栏,如图 9-5 所示。

1. "场景设置"卷展栏

展开"场景设置"卷展栏,如图 9-6 所示,其中主要选项的功能说明如下。

图 9-5 "世界参数"选项卡　　图 9-6 "场景设置"卷展栏

(1) "环境"组。

▶ "使用地面碰撞"复选框:该复选框默认为选中状态。MassFX 使用地面高度级别的无限、平面、静态刚体。

▶ "地面高度"微调框:选中"使用地面碰撞"复选框时地面刚体的高度。

▶ "重力方向"单选按钮:应用 MassFX 中的内置重力,并且允许用户通过该单选按钮下方的"轴"更改重力的方向。

▶ "强制对象的重力"单选按钮：可以使用重力空间扭曲将重力应用于刚体。

▶ "没有重力"单选按钮：选中该单选按钮，重力不会影响模拟。

(2) "刚体"组。

▶ "子步数"微调框：每个图形更新之间执行的模拟步数，该值由以下公式确定：(子步数+1)× 帧速率。

▶ "解算器迭代数"微调框：全局设置，约束解算器强制执行碰撞和约束的次数。

▶ "使用高速碰撞"复选框：全局设置，用于切换连续的碰撞检测。

▶ "使用自适应力"复选框：选中该复选框时，MassFX 根据需要收缩组合防穿透力来减少堆叠和紧密聚合刚体中的抖动。

▶ "按照元素生成图形"复选框：选中该复选框并将"MassFX 刚体"修改器应用于对象后，MassFX 会为对象中的每个元素创建一个单独的物理图形。图 9-7 所示分别为选中该复选框前后的凸面外壳生成显示。

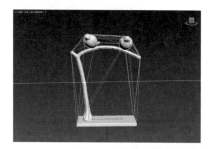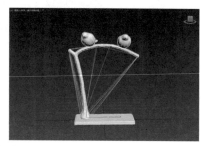

图 9-7 选中"按照元素生成图形"复选框前后的显示

2. "高级设置"卷展栏

展开"高级设置"卷展栏，如图 9-8 所示，各选项的功能说明如下。

图 9-8 "高级设置"卷展栏

(1) "睡眠设置"组。

▶ "自动"单选按钮：MassFX 自动计算合理的线速度和角速度睡眠阈值，高于该阈值即应用睡眠。

▶ "手动"单选按钮：可以根据"睡眠能量"的值来进行睡眠设置计算。

▶ "睡眠能量"微调框：设置"睡眠"机制测量对象的移动量。

(2)"高速碰撞"组。

▶ "自动"单选按钮：MassFX 使用试探式算法计算合理的速度阈值，高于该值即应用高速碰撞方法。

▶ "手动"单选按钮：可以根据"最低速度"的值来计算高速碰撞效果。

▶ "最低速度"微调框：通过设置该值，可以在模拟中使移动速度高于此速度(以单位/秒为单位)的刚体自动进入高速碰撞模式。

(3)"反弹设置"组。

▶ "自动"单选按钮：MassFX 使用试探式算法计算合理的最低速度阈值，高于该值即应用反弹。

▶ "手动"单选按钮：可以根据"最低速度"的值来进行反弹模拟计算。

▶ "最低速度"微调框：通过设置该值，可以在模拟中使移动速度高于此速度（以单位/秒为单位)的刚体相互反弹。

(4)"接触壳"组。

▶ "接触距离"微调框：允许移动刚体重叠的距离。

▶ "支撑台深度"微调框：允许支撑体重叠的距离。

3."引擎"卷展栏

展开"引擎"卷展栏，如图 9-9 所示，其中主要选项的功能说明如下。

(1)"选项"组。

▶ "使用多线程"复选框：选中该复选框时，如果 CPU 具有多个内核，CPU 可以执行多线程，以加快模拟的计算速度。在某些条件下可以提高性能，但是连续进行模拟的结果可能会不同。

▶ "硬件加速"复选框：选中该复选框时，如果用户的系统配备有 NVIDIA GPU，可以使用硬件加速执行某些计算。在某些条件下可以提高性能，但是连续进行模拟的结果可能会不同。

(2)"版本"组。

"关于 MassFX"按钮 关于 MassFX... ：单击该按钮，将弹出"关于 MassFX"对话框以显示当前 MassFX 的版本信息，如图 9-10 所示。

图 9-9　"引擎"卷展栏

图 9-10　"关于 MassFX"对话框

9.3.2　"模拟工具"选项卡

"模拟工具"选项卡包含"模拟""模拟设置"和"实用程序"3 个卷展栏，如图 9-11 所示。

1. "模拟"卷展栏

展开"模拟"卷展栏，如图 9-12 所示，各选项的功能说明如下。

图 9-11   "模拟工具"选项卡   图 9-12   "模拟"卷展栏

(1)"播放"组。

▶ "重置模拟"按钮 ：停止模拟，将时间滑块移到第一帧，并将任意动力学刚体设置为其初始变换。

▶ "开始模拟"按钮 ：从当前模拟帧运行模拟。

▶ "开始没有动画的模拟"按钮 ：与"开始模拟"类似（前面所述），只是模拟运行时时间滑块不会前进。其可用于使动力学刚体移到固定点，以准备使用捕捉初始变换。

▶ "逐帧模拟"按钮 ：运行一个帧的模拟并使时间滑块前进相同量。

(2)"模拟烘焙"组。

▶ "烘焙所有"按钮 烘焙所有 ：将所有动力学对象（包括 mCloth）的变换存储为动画关键帧时，重置模拟并运行。

▶ "烘焙选定项"按钮 烘焙选定项 ：与"烘焙所有"类似，只是烘焙仅应用于选定的动力学对象。

▶ "取消烘焙所有"按钮 取消烘焙所有 ：删除通过烘焙设置为运动学状态的所有对象的关键帧，从而将这些对象恢复为动力学状态。

▶ "取消烘焙选定项"按钮 取消烘焙选定项 ："取消烘焙选定项"与"取消烘焙所有"类似，只是取消烘焙仅应用于选定的适用对象。

(3)"捕获变换"组。

▶ "捕获变换"按钮 捕获变换 ：将每个选定动力学对象（包括 mCloth）的初始变换设置为其当前变换。

2. "模拟设置"卷展栏

展开"模拟设置"卷展栏，如图 9-13 所示，其中主要选项的功能说明如下。

▶ 在最后一帧：选择当动画进行到最后一帧时，是否继续进行模拟，3ds Max 2022 为用户提供了"继续模拟""停止模拟"和"循环动画并且 ..."3 个选项。

3. "实用程序"卷展栏

展开"实用程序"卷展栏，如图 9-14 所示，各选项的功能说明如下。

图 9-13　"模拟设置"卷展栏

图 9-14　"实用程序"卷展栏

▶ "浏览场景"按钮 浏览场景 ：单击该按钮，可以打开"场景资源管理器 -MassFX 资源管理器"对话框，如图 9-15 所示。

▶ "验证场景"按钮 验证场景 ：单击该按钮，可以打开"验证 PhysX 场景"对话框，验证各种场景元素不违反模拟要求，如图 9-16 所示。

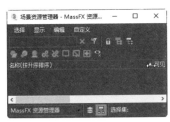

图 9-15　"场景资源管理器 -MassFX 资源管理器"对话框

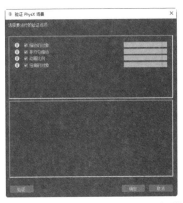

图 9-16　"验证 PhysX 场景"对话框

▶ "导出场景"按钮 导出场景 ：将场景导出为 PXPROJ 文件以使该模拟可用于其他程序。

9.3.3　"多对象编辑器"选项卡

"多对象编辑器"选项卡在默认状态下如图 9-17 所示。当用户在场景中选择设置刚体的模型后，则选项卡显示"刚体属性""物理材质""物理材质属性""物理网格""物理网格参数""力"和"高级"7 个卷展栏，如图 9-18 所示。

图 9-17　默认状态

图 9-18　7 个卷展栏

9.3.4　"显示选项"选项卡

"显示选项"选项卡包含"刚体"和"MassFX 可视化工具"2 个卷展栏，如图 9-19 所示。

图 9-19　"显示选项"选项卡

1. "刚体"卷展栏

展开"刚体"卷展栏，如图 9-20 所示，其中各选项的功能说明如下。

▶ "显示物理网格"复选框：选中该复选框时，物理网格显示在视口中，且可以使用"仅选定对象"开关。

▶ "仅选定对象"复选框：选中该复选框时，仅选定对象的物理网格显示在视口中。

2. "MassFX 可视化工具"卷展栏

展开"MassFX 可视化工具"卷展栏，如图 9-21 所示，其中主要选项的功能说明如下。

图 9-20　"刚体"卷展栏　　图 9-21　"MassFX 可视化工具"卷展栏

▶ "启用可视化工具"复选框：选中该复选框时，此卷展栏中的其余设置生效。

▶ "缩放"微调框：设置基于视口的指示器 (如轴) 的相对大小。

9.3.5　实例：制作球体掉落动画

【例 9-1】本实例将讲解如何制作球体掉落的动画，动画效果如图 9-22 所示。🎬视频

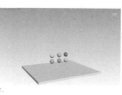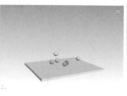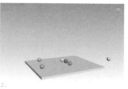

图 9-22　球体掉落动画

01 ▶ 启动 3ds Max 2022 软件，在菜单栏中选择"自定义"|"单位设置"命令，打开"单位设置"对话框，在该对话框中选中"公制"单选按钮，在"显示单位比例"下拉列表中选择"厘米"，然后单击"系统单位设置"按钮，如图 9-23 所示。单位的大小会影响动力学模拟的结果。

02 ▶ 在弹出的"系统单位设置"对话框中设置 1 单位 =1.0 厘米，如图 9-24 所示。

图 9-23　"单位设置"对话框

图 9-24　设置系统单位比例

03 在"创建"面板中单击"长方体"按钮，在场景中创建一个长方体模型，如图 9-25 所示。

04 在"修改"面板中设置"长度"为 250cm、"宽度"为 300cm、"高度"为 10cm，如图 9-26 所示。

图 9-25　创建长方体模型

图 9-26　设置长方体模型的参数

05 在"创建"面板中单击"球体"按钮，在场景中创建 6 个球体模型，如图 9-27 所示。

06 在主工具栏上右击并在弹出的快捷菜单中选择"MassFX 工具栏"命令，如图 9-28 所示。

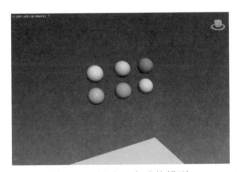

图 9-27　创建 6 个球体模型

图 9-28　选择"MassFX 工具栏"命令

07 框选场景中的所有球体模型，单击"将选定项设置为动力学刚体"按钮，如图 9-29 所示。

08 选择球体模型，此时系统自动为球体模型添加 MassFX Rigid Body 修改器，如图 9-30 所示。

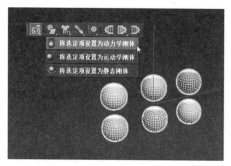

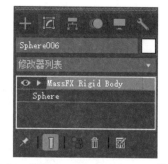

图 9-29　设置为动力学刚体　　　　图 9-30　添加 MassFX Rigid Body 修改器

09 选择场景中的长方体模型，单击"将选定项设置为静态刚体"按钮，如图 9-31 所示。

10 在 MassFX 工具栏中单击按钮，在"MassFX 工具"面板中打开"模拟工具"选项卡，选择场景中的球体模型，然后在"模拟"卷展栏中单击"烘焙所有"按钮，如图 9-32 所示，开始计算球体的自由落体动画。

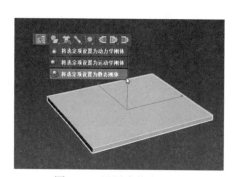

图 9-31　设置为静态刚体　　　　图 9-32　单击"烘焙所有"按钮

11 设置完成后，单击"播放"按钮，本实例的最终动画效果如图 9-22 所示。

9.3.6　实例：制作物体碰撞动画

【例 9-2】本实例将讲解如何制作物体碰撞动画，动画效果如图 9-33 所示。🎬视频

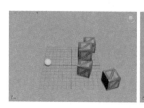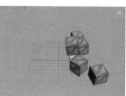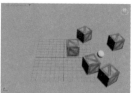

图 9-33　物体碰撞动画

01 启动 3ds Max 2022 软件，打开本书的配套资源文件"碰撞 .max"，如图 9-34 所示。

02 按 N 键，开启自动记录关键帧功能。选择球体模型，将"时间滑块"拖曳至第 10 帧处，调整其至如图 9-35 所示的位置，再次按 N 键，关闭自动记录关键帧功能。

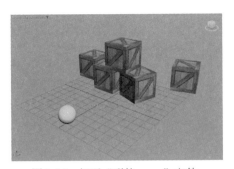

图 9-34　打开"碰撞 .max"文件

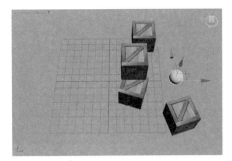

图 9-35　设置关键帧动画

03 选择球体模型，然后在菜单栏中选择"图形编辑器"|"轨迹视图 - 曲线编辑器"命令，打开"轨迹视图 - 曲线编辑器"窗口，可以看到球体的动画线，如图 9-36 所示。

04 选中曲线上最后一个关键点，然后在"切线动作"工具栏中单击"显示切线"按钮 ，选中切线并更改动画曲线形态，如图 9-37 所示。

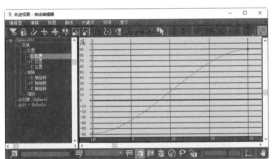

图 9-36　打开"轨迹视图 - 曲线编辑器"窗口

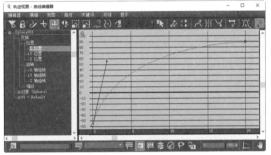

图 9-37　更改动画曲线形态

05 选择球体模型，然后单击"将选定项设置为运动学刚体"按钮，如图 9-38 所示。

06 此时系统自动为球体模型添加 MassFX Rigid Body 修改器，如图 9-39 所示。

图 9-38　设置为运动学刚体

图 9-39　添加 MassFX Rigid Body 修改器

07 在"刚体属性"卷展栏中选中"直到帧"复选框，然后设置"直到帧"数值为 20，如图 9-40 所示。

08 框选场景中所有的木箱模型，单击"将选定项设置为动力学刚体"按钮，如图 9-41 所示。

09 在 MassFX 工具栏中单击 按钮，在"MassFX 工具"面板中选择"多对象编辑器"选项卡，选中"在睡眠模式中启动"复选框，如图 9-42 所示。

10 在"世界参数"选项卡中，设置"子步数"数值为 10，如图 9-43 所示。

图 9-40 设置"直到帧"数值

图 9-41 设置为动力学刚体

图 9-42 选中"在睡眠模式中启动"复选框

图 9-43 设置"子步数"数值

11 在 MassFX 工具栏中单击"开始模拟"按钮▶，进行动力学模拟计算，模拟效果如图 9-44 所示。

12 在"MassFX 工具"面板中打开"模拟工具"选项卡，选择场景中的球体，在"模拟"卷展栏中单击"烘焙所有"按钮，如图 9-45 所示。

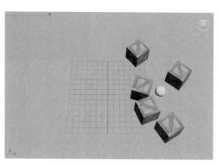

图 9-44 模拟动画

图 9-45 单击"烘焙所有"按钮

13 设置完成后，单击"播放"按钮▶，本实例的最终动画效果如图 9-33 所示。

9.3.7 实例：制作布料模拟动画

【例 9-3】本实例将讲解如何使用"MassFX 动力学"系统制作布料模拟动画，动画效果如图 9-46 所示。 📹视频

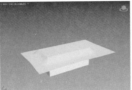

图 9-46 布料模拟动画

01 ▶ 在"创建"面板中单击"长方体"按钮，在场景中创建一个长方体模型，如图 9-47 所示。

02 ▶ 在"修改"面板中，设置"长度"为 80cm、"宽度"为 165cm、"高度"为 65cm，如图 9-48 所示。

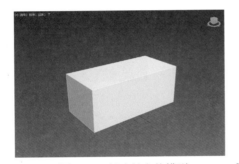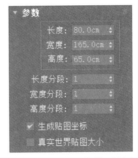

图 9-47 创建长方体模型　　　图 9-48 设置长方体模型的参数

03 ▶ 在"创建"面板中单击"平面"按钮，在"修改"面板中，设置"长度"为 180cm、"宽度"为 300cm，设置"长度分段"数值为 55、"宽度分段"数值为 90，如图 9-49 所示。

04 ▶ 在场景中创建一个平面模型，并将其移至如图 9-50 所示的位置。

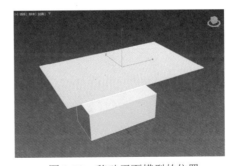

图 9-49 设置平面模型的参数　　　图 9-50 移动平面模型的位置

05 ▶ 选择长方体模型，然后单击"将选定项设置为静态刚体"按钮，如图 9-51 所示。

06 ▶ 设置完成后，系统自动为长方体模型添加 MassFX Rigid Body 修改器，如图 9-52 所示。

图 9-51　创建为静态刚体　　　　图 9-52　添加 MassFX Rigid Body 修改器

07 选择平面模型，然后单击"将选定对象设置为 mCloth 对象"按钮，如图 9-53 所示。

08 设置完成后，系统自动为平面模型添加 mCloth 修改器，如图 9-54 所示。

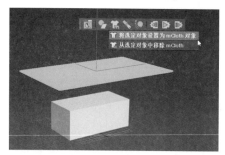

图 9-53　创建为 mCloth 对象　　　　图 9-54　添加 mCloth 修改器

09 在"修改"面板中展开"纺织品物理特性"卷展栏，设置"弯曲度"数值为 0.4、"摩擦力"数值为 0.7，如图 9-55 所示。

10 在 MassFX 工具栏中单击 🔲 按钮，在"MassFX 工具"面板中打开"模拟工具"选项卡，选择场景中的平面模型，在"模拟"卷展栏中单击"烘焙所有"按钮，如图 9-56 所示，开始计算布料的自由落体动画。

图 9-55　设置 mCloth 修改器属性　　　图 9-56　单击"烘焙所有"按钮

11 设置完成后，单击"播放"按钮 ▶，本实例的最终动画效果如图 9-46 所示。

9.4　流体

　　3ds Max 2022 为用户提供了功能强大的液体模拟系统——流体，使用该液体模拟系统，特效师可以制作效果逼真的水、油等液体的流动动画。在"创建"面板中，单击"标准基本体"

下拉按钮，在打开的下拉列表中选择"流体"选项，即可看到其
"对象类型"中为用户提供了"液体"按钮和"流体加载器"按钮，
如图 9-57 所示。其中，"液体"选项用来创建液体并计算液体的
流动动画，而"流体加载器"选项则用来添加现有的计算完成的
"缓存文件"。

图 9-57　流体

9.4.1　液体

在"创建"面板中，单击"液体"按钮，可以在场景中绘制一个液体图标，如图 9-58 所示。

在"修改"面板中，"液体"包括"设置"卷展栏和"发射器"卷展栏 2 个卷展栏，如图 9-59
所示。其中，"设置"卷展栏中只有"模拟视图"一个选项，单击该按钮可以打开"模拟视图"
面板，该面板中包含了流体动力学系统的全部参数命令设置。"发射器"卷展栏中的选项与"模
拟视图"面板的"发射器"卷展栏中的选项完全一样，用户可以参考下面的内容进行学习。

图 9-58　绘制液体图标

图 9-59　液体卷展栏

9.4.2　流体加载器

在"创建"面板中，单击"流体加载器"按钮，可以在场景中绘制一个流体加载器图标，
如图 9-60 所示。

在"修改"面板中，流体加载器只有一个"参数"卷展栏，主要设置流体加载器的图标大
小及开启"模拟视图"面板，如图 9-61 所示。

图 9-60　绘制流体加载器图标

图 9-61　　"参数"卷展栏

9.4.3　模拟视图

"模拟视图"面板包括液体属性、解算器参数、缓存、显示设置和渲染设置 5 个选项卡，
如图 9-62 所示。在液体动画的模拟设置中，主要对液体属性和解算器参数两个选项卡中的参
数进行设置，故本节主要介绍这两个选项卡中卷展栏内的常用参数。

1. "发射器"卷展栏

在"模拟视图"面板的"液体属性"选项卡中，展开"发射器"卷展栏，如图 9-63 所示，各选项的功能说明如下。

▶ "图标类型"下拉按钮：选择发射器的图标类型，包括"球体""长方体""平面"和"自定义"4 个选项，如图 9-64 所示。

图 9-62 "模拟视图"面板　　　图 9-63 "发射器"卷展栏　　　图 9-64 图标类型

▶ "半径"微调框：设置球体发射器的半径。

▶ "图标大小"微调框：设置"液体"图标的大小。

▶ "显示图标"复选框：选中该复选框后，在视口中显示"液体"图标。

▶ "显示体素栅格"复选框：选中该复选框后，显示体素栅格以可视化当前主体素的大小。

2. "碰撞对象 / 禁用平面"卷展栏

展开"碰撞对象 / 禁用平面"卷展栏，如图 9-65 所示，各选项的功能说明如下。

图 9-65 "碰撞对象 / 禁用平面"卷展栏

▶ "添加碰撞对象"列表：单击该列表下方的"拾取"按钮，可以拾取场景中的对象作为碰撞对象；单击"添加"按钮，可以从弹出的对话框中选择碰撞对象；单击"垃圾桶"按钮，可以删除选定的现有碰撞对象。

▶ "添加禁用平面"列表：单击该列表下方的"拾取"按钮，可以拾取场景中的对象作为禁用平面；单击"添加"按钮，可以从弹出的对话框中选择禁用平面；单击"垃圾桶"按钮，可以删除选定的现有禁用平面。

3. "泡沫遮罩"卷展栏

展开"泡沫遮罩"卷展栏，如图 9-66 所示，各选项的功能说明如下。

图 9-66 "泡沫遮罩"卷展栏

▶ "添加泡沫遮罩"列表：单击"拾取"按钮，可以拾取场景中的对象作为泡沫遮罩；单击"添加"按钮，可以从弹出的对话框中选择泡沫遮罩；单击"垃圾桶"按钮，可以删除选定的现有泡沫遮罩。

4. "导向系统"卷展栏

展开"导向系统"卷展栏，如图 9-67 所示，其中主要选项的功能说明如下。

▶ "添加导向发射器"列表：单击该列表下方的"拾取"按钮，可以拾取场景中的对象作为导向发射器；单击"添加"按钮，可以从弹出的对话框中选择导向发射器；单击"垃圾桶"按钮，可以删除选定的现有导向发射器。

▶ "添加导向网格"列表：单击该列表下方的"拾取"按钮，可以拾取场景中的对象作为导向网格；单击"添加"按钮，可以从弹出的对话框中选择导向网格；单击"垃圾桶"按钮，可以删除选定的现有导向网格。

5. "通道场"卷展栏

展开"通道场"卷展栏，如图 9-68 所示，各选项的功能说明如下。

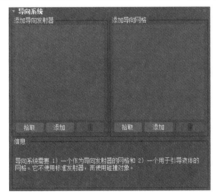 

图 9-67　"导向系统"卷展栏　　　　图 9-68　"通道场"卷展栏

▶ "添加通道场"列表：单击"拾取"按钮，可以拾取场景中的对象作为通道场；单击"添加"按钮，可以从弹出的对话框中选择通道场；单击"垃圾桶"按钮，可以删除选定的现有通道场。

6. "运动场"卷展栏

展开"运动场"卷展栏，如图 9-69 所示，各选项的功能说明如下。

图 9-69　"运动场"卷展栏

▶ "添加运动场"列表：单击"拾取"按钮，可以拾取场景中的对象作为运动场；单击"添加"按钮，可以从弹出的对话框中选择运动场；单击"垃圾桶"按钮，可以删除选定的现有运动场。

7. "常规参数"卷展栏

展开"常规参数"卷展栏，如图 9-70 所示，各选项的功能说明如下。

图 9-70 "常规参数"卷展栏

(1) "帧范围"组。

▶ "使用时间轴"复选框：使用当前时间轴来设置模拟的帧范围。

▶ "开始帧"微调框：设置模拟的开始帧。

▶ "结束帧"微调框：设置模拟的结束帧。

(2) "比例"组。

▶ "使用系统比例"复选框：将模拟设置为使用系统比例，可以在"自定义"菜单的"单位设置"下修改系统比例。

▶ "流体比例"微调框：覆盖系统比例并使用具有指定单位的自定义比例。模型比例不等于所需的真实世界比例时，这有助于使模拟看起来更真实。

▶ "自动重缩放参数"复选框：自动重缩放主体素大小以使用自定义流体比例。

(3) "解算器属性"组。

▶ "基础体素大小"微调框：设置模拟的基本分辨率 (以栅格单位表示)。该值越小，细节越详细，精度越高，但需要的内存和计算越多。较大的值有助于快速预览模拟行为，或者适用于内存小和处理能力有限的系统。

▶ "重力幅值"微调框：重力加速度的单位默认以 m/s^2 表示。该值为 9.8，对应于地球重力；该值为 0，则模拟零重力环境。

▶ "创建重力"按钮 创建重力 ：在场景中创建重力辅助对象。箭头方向将调整重力的方向。

▶ "使用重力节点强度"复选框：选中该复选框后，将在场景中使用重力辅助对象的强度而不是"重力幅值"。

▶ "空间自适应性"复选框：对于液体模拟，此选项允许较低分辨率的体素位于通常不需要细节的流体中心。这样可以避免不必要的计算并有助于提高系统性能。

▶ "删除超出粒子"复选框：低分辨率区域中的每体素粒子数超过某一阈值时，移除一些粒子。如果在空间自适应模拟和非自适应模拟之间遇到体积丢失或其他大的差异，则禁用此选项。

8. "模拟参数"卷展栏

展开"模拟参数"卷展栏，如图 9-71 所示，各选项的功能说明如下。

(1)"传输步数"组。

▶ "自适应性"微调框:控制在执行压力计算后用于沿体素速度场平流传递粒子的迭代次数。该值越低,触发后续子步骤的可能性越低。

▶ "最小传输步数"微调框:设置传输迭代的最小数目。

▶ "最大传输步数"微调框:设置传输迭代的最大数目。

▶ "时间比例"微调框:更改粒子流的速度。

(2)"时间步阶"组。

▶ "自适应性"微调框:控制每帧的整个模拟(其中包括体素化、压力和传输相位)的迭代次数。该值越低,触发后续子步骤的可能性越小。

图 9-71 "模拟参数"卷展栏

▶ "最小时间步阶"微调框:设置时间步长迭代的最小次数。

▶ "最大时间步阶"微调框:设置时间步长迭代的最大次数。

(3)"体素缩放"组。

▶ "碰撞体素比例"微调框:用于对所有碰撞对象体素化的"主体素大小"倍增。

▶ "加速体素比例"微调框:用于对所有加速器对象体素化的"主体素大小"倍增。

▶ "泡沫遮罩体素比例"微调框:用于对所有泡沫遮罩体素化的"主体素大小"倍增。

9. "液体参数"卷展栏

展开"液体参数"卷展栏,如图 9-72 所示,各选项的功能说明如下。

图 9-72 "液体参数"卷展栏

(1)"预设"组。

▶ "预设"下拉列表:加载、保存和删除预设液体参数。该下拉列表中包括多种常见液体的预设。

(2)"水滴"组。

► "阈值"微调框：设置粒子转化为水滴时的阈值。

► "并回深度"微调框：设置在重新加入液体并参与流体动力学计算之前水滴必须达到的液体曲面深度。

(3)"粒子分布"组。

► "曲面带宽"微调框：设置液体曲面的宽度，以体素为单位。

► "内部粒子密度"微调框：设置液体整个内部体积中的粒子密度。

► "曲面粒子密度"微调框：设置液体曲面上的粒子密度。

(4)"漩涡"组。

► "启用"复选框：启用漩涡通道的计算。这是体素中旋转幅值的累积。漩涡可用于模拟涡流。

► "衰退"微调框：设置从每一帧累积漩涡中减去的值。

► "倍增"微调框：设置当前帧卷曲幅值在与累积漩涡相加之前的倍增。

► "最大值"微调框：设置总漩涡的钳制值。

(5)"曲面张力"组。

► "启用"复选框：启用曲面张力。

► "曲面张力"微调框：增加液体粒子之间的吸引力，这会增强成束效果。

(6)"粘度"组。

► "粘度"微调框：控制流体的厚度。

► "比例"微调框：将模拟的速度与邻近区域的平均值混合，从而平滑和抑制液体流。

(7)"腐蚀"组。

► "因子"微调框：控制流体曲面的腐蚀量。

► "接近实体的因子"微调框：确定流体曲面是否基于碰撞对象曲面的法线，在接近碰撞对象的区域中腐蚀。

10. "发射器参数"卷展栏

展开"发射器参数"卷展栏，如图 9-73 所示，各选项的功能说明如下。

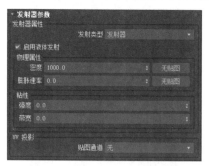

图 9-73   "发射器参数"卷展栏

(1)"发射器属性"组。

► "发射类型"下拉按钮：设置发射类型，即发射器或容器。

► "启用液体发射"复选框：选中该复选框时，允许发射器生成液体。此参数可设置动画。

► "密度"微调框：设置流体的物理密度。

▶ "膨胀速率"微调框：展开或收拢发射器内的液体。该值为正值时，将粒子从所有方向推出发射器；而该值为负值时，则将粒子拉入发射器。

▶ "强度"微调框：设置此发射器中的流体黏着附近碰撞对象的量。

▶ "带宽"微调框：设置此发射器中流体与碰撞对象产生黏滞效果的间距。

(2)"UV 投影"组。

▶ "贴图通道"下拉按钮：设置贴图通道以便将 UV 投影到液体体积中。

9.4.4　实例：制作水龙头流水动画

【例 9-4】本实例将讲解使用流体制作水龙头流水动画，动画效果如图 9-74 所示。

图 9-74　水龙头流水动画

01 启动 3ds Max 2022 软件，打开本书的配套资源文件"水龙头 .max"，场景中已经设置好摄影机和灯光，如图 9-75 所示。

02 在"创建"面板中将"标准基本体"切换为"流体"，然后单击"液体"按钮，如图 9-76 所示。

图 9-75　打开"水龙头 .max"文件　　图 9-76　单击"液体"按钮

03 在视图中创建一个液体对象，并调整其至如图 9-77 所示位置。

04 在"修改"面板中展开"设置"卷展栏，单击"模拟视图"按钮，如图 9-78 所示。

05 在打开的"模拟视图"面板的"液体属性"选项卡中，展开"发射器"卷展栏，设置"半径"微调框数值为 0.5cm，然后展开"碰撞对象 / 禁用平面"卷展栏，单击"拾取"按钮，如图 9-79 所示，再分别选择场景中名称为"浴缸"和"下水器"模型作为液体的碰撞对象。

06 在"解算器参数"选项卡的左侧列表框中单击"液体参数"选项，然后在右侧的参数面板中，在"预设"下拉列表中选择"水"选项，如图 9-80 所示。

07 在"发射器转化参数"卷展栏中，选中"启用其他速度"复选框，设置"倍增"数值为 0.5，再单击"创建辅助对象"按钮，如图 9-81 所示。

08 设置完成后，场景中流体对象的位置就自动生成一个箭头对象，旋转箭头对象的角度如图 9-82 所示。

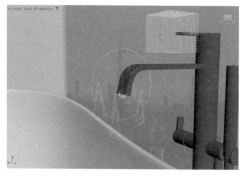

图 9-77 创建液体对象

图 9-78 单击"模拟视图"按钮

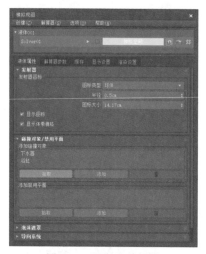

图 9-79 设置液体属性

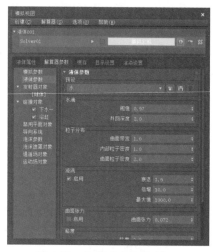

图 9-80 选择"水"选项

图 9-81 设置发射器转化参数

图 9-82 旋转箭头对象的角度

09 在"模板视图"中单击"播放"按钮，开始进行液体动画模拟计算，如图 9-83 所示。

10 液体动画模拟计算完成后，拖动"时间滑块"，液体动画的模拟效果如图 9-84 所示。

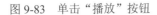

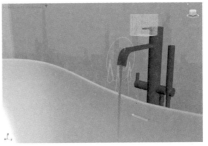

<table>
<tr><td>图 9-83　单击"播放"按钮</td><td>图 9-84　液体动画模拟效果</td></tr>
</table>

11 打开"显示设置"选项卡，在"液体设置"卷展栏内的"显示类型"下拉列表中选择"Bifrost 动态网格"选项，如图 9-85 所示。

12 此时液体将以实体模型的方式显示，图 9-86 所示。

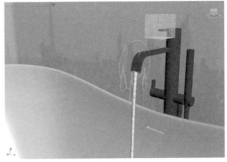

<table>
<tr><td>图 9-85　选择"Bifrost 动态网格"选项</td><td>图 9-86　显示实体模型</td></tr>
</table>

13 按 M 键打开"材质编辑器"窗口，在材质编辑器示例窗中选择一个材质球，然后单击"将材质指定给选定对象"按钮，如图 9-87 所示，为液体赋予物理材质。

14 在"基本参数"卷展栏中，设置"基础颜色和反射"组中"粗糙度"的值为 0.05、IOR 的值为 1.333，设置"透明度"组中的"权重"数值为 1，如图 9-88 所示。

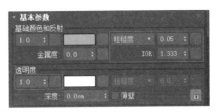

<table>
<tr><td>图 9-87　赋予物理材质</td><td>图 9-88　设置物理材质的参数</td></tr>
</table>

15 设置完成后，在主工具栏中单击"渲染帧窗口"按钮![icon]渲染场景，本实例的渲染效果如图 9-74 所示。

9.4.5 实例：制作倾倒巧克力酱动画

【例 9-5】本实例将讲解使用流体制作倾倒巧克力酱动画，动画效果如图 9-89 所示。 视频

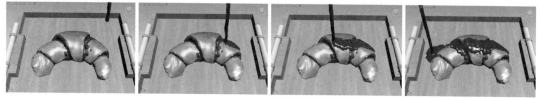

图 9-89 倾倒巧克力酱动画

01 启动 3ds Max 2022 软件，打开本书的配套资源文件"巧克力酱 .max"，场景中已经设置好摄影机和灯光，如图 9-90 所示。

02 在"创建"面板中，将"标准基本体"切换为"流体"，单击"液体"按钮，在前视图中创建一个液体对象，如图 9-91 所示。

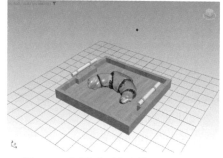

图 9-90 打开"巧克力酱 .max"文件

图 9-91 创建液体对象

03 在"修改"面板的"设置"卷展栏中单击"模拟视图"按钮，如图 9-92 所示。

04 打开"模拟视图"面板，在"发射器"卷展栏中单击"图标类型"下拉按钮，在弹出的下拉列表中选择"自定义"选项，可以将场景中的对象作为液体的发射器。然后单击"添加自定义发射器对象"下方的"拾取"按钮，单击场景中的液体对象，将其作为液体的发射器，如图 9-93 所示。

图 9-92 单击"模拟视图"按钮

图 9-93 设置液体属性

05 在"碰撞对象 / 禁用平面"卷展栏中，单击"拾取"按钮，如图 9-94 所示，然后选中场景中的面包模型和托盘模型，将其添加进来作为液体的碰撞对象。

06 在"解算器参数"选项卡的左侧列表中单击"液体参数"选项，然后在右侧的参数面板中，设置"粘度"数值为 1，如图 9-95 所示，增加液体模拟的黏稠程度。

图 9-94　单击"拾取"按钮　　　　　图 9-95　设置"粘度"数值

07 在"模拟视图"中单击"播放"按钮 ▶，如图 9-96 所示，开始进行液体动画的模拟计算。

08 液体动画模拟计算完成后，拖动"时间滑块"，此时的液体模拟动画效果如图 9-97 所示。

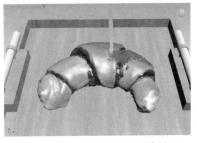

图 9-96　单击"播放"按钮　　　　　图 9-97　液体的模拟动画效果

09 在"显示设置"选项卡中，展开"液体设置"卷展栏，在"显示类型"下拉列表中选择"Bifrost 动态网格"选项，如图 9-98 所示。这样，液体模拟的巧克力酱效果在场景中看起来更加直观。

10 此时液体将以实体模型的方式显示，如图 9-99 所示。

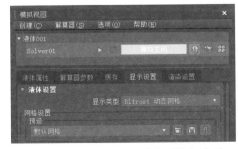

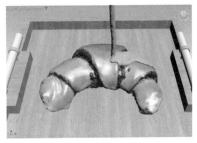

图 9-98　选择"Bifrost 动态网格"选项　　　图 9-99　显示实体模型

11 按 M 键打开"材质编辑器"窗口，在材质编辑器示例窗中选择一个材质球，然后单击"将材质指定给选定对象"按钮，如图 9-100 所示，为液体赋予物理材质。

12 在"基本参数"卷展栏中，设置"基础颜色""次表面散射"和"散射颜色"为深棕色，设置"粗糙度"数值为 0.3，IOR 数值为 1.52，如图 9-101 所示。

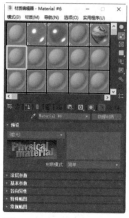

图 9-100　赋予物理材质

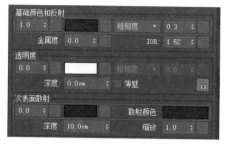

图 9-101　设置物理材质的参数

13 设置完成后，再次单击"播放"按钮进行动画模拟。这时，系统自动弹出"运行选项"对话框，单击"重新开始"按钮开始液体动画模拟，如图 9-102 所示。

14 液体动画模拟计算完成后，拖动"时间滑块"，液体动画的模拟效果如图 9-103 所示。

图 9-102　单击"重新开始"按钮

图 9-103　巧克力酱动画模拟效果

15 设置完成后，在主工具栏中单击"渲染帧窗口"按钮渲染场景，本实例的渲染效果如图 9-89 所示。

9.5　习题

1. 简述 3ds Max 2022 中提供了几种动力学动画模拟系统。

2. 简述如何为物体设置刚体。

3. 运用本章所学的知识，尝试使用 3ds Max 制作 mCloth 布料动画。

第 10 章
毛发系统

　　3ds Max 是一款三维模型制作软件，理解了它的功能之后，想做出真实的毛发并不难。本章将通过实例操作，介绍 3ds Max 2022 的 "Hair 和 Fur(WSM)" 修改器的基础知识，帮助用户了解修改器中的参数，通过实例讲解如何制作毛发效果和毛发动画效果。

｜二维码教学视频｜

【例 10-1】 制作地毯毛发效果
【例 10-2】 制作毛发动画效果

10.1　毛发概述

毛发特效一直是众多三维软件共同关注的核心技术之一，其制作过程较为烦琐且渲染也非常耗时。通过 3ds Max 2022 自带的"Hair 和 Fur (WSM)"修改器，可以在任意物体上或物体的局部制作出非常理想的毛发效果以及毛发的动力学碰撞动画。使用这个修改器，不但可以制作人物的头发，还可以制作漂亮的动物毛发、自然的草地效果及逼真的地毯效果，如图 10-1 所示。

图 10-1　毛发作品

10.2　"Hair 和 Fur(WSM)"修改器

"Hair 和 Fur(WSM)"修改器是 3ds Max 毛发技术的核心所在，使用常规的材质设置方法很难实现逼真的毛皮质感。该修改器可应用于任意对象以生成毛发，该对象既可为网格对象，也可为样条线对象。如果对象是网格对象，则可在网格对象的整体表面或局部生成大量的毛发。如果对象是样条线对象，头发将在样条线之间生长，这样通过调整样条线的弯曲程度及位置可轻易控制毛发的生长形态。通常毛皮效果的设置包括两部分，即毛皮形态的设置和质感的设置。

"Hair 和 Fur(WSM)"修改器在"修改器列表"中属于"世界空间修改器"类型，这意味着此修改器只能使用世界空间坐标，而不能使用局部坐标。同时，在应用了"Hair 和 Fur (WSM)"修改器之后，"环境和效果"窗口中会自动添加"Hair 和 Fur"效果，如图 10-2 所示。

"Hair 和 Fur(WSM)"修改器在"修改"面板中具有 14 个卷展栏，如图 10-3 所示。

图 10-2　"环境和效果"窗口

图 10-3　"Hair 和 Fur(WSM)"修改器

10.2.1 "选择"卷展栏

展开"选择"卷展栏，如图 10-4 所示，各选项的功能说明如下。

图 10-4 "选择"卷展栏

- ▶ "导向"按钮：访问"导向"子对象层级。
- ▶ "面"按钮：访问"面"子对象层级。
- ▶ "多边形"按钮：访问"多边形"子对象层级。
- ▶ "元素"按钮：访问"元素"子对象层级。
- ▶ "按顶点"复选框：选中该复选框后，只需选择子对象使用的顶点，即可选择子对象。
- ▶ "忽略背面"复选框：选中该复选框后，使用鼠标选择子对象，只影响面对用户的面。
- ▶ "复制"按钮 复制 ：将命名选择放到复制缓冲区。
- ▶ "粘贴"按钮 粘贴 ：从复制缓冲区粘贴命名选择。
- ▶ "更新选择"按钮 更新选择 ：根据当前子对象选择重新计算毛发生长的区域，然后刷新显示。

10.2.2 "工具"卷展栏

展开"工具"卷展栏，如图 10-5 所示，各选项的功能说明如下。

图 10-5 "工具"卷展栏

▶ "从样条线重梳"按钮 从样条线重梳 ：用于使用样条线对象设置毛发的样式。单击此按钮，然后选择构成样条线曲线的对象，头发将该曲线转换为导向，并将最近的曲线的副本植入选定生长网格的每个导向中。

(1) "样条线变形"组。

▶ "无"按钮 无 ：单击此按钮，可以选择将用来使头发变形的样条线。

▶ X按钮：停止使用样条线变形。

▶ "重置其余"按钮 重置其余 ：单击此按钮，可以使生长在网格上的毛发导向平均化。

▶ "重生毛发"按钮 重生毛发 ：忽略全部样式信息，将头发复位其默认状态。

(2) "预设值"组。

▶ "加载"按钮 加载 ：单击此按钮，可以打开"Hair 和 Fur 预设值"窗口，如图 10-6 所示。"Hair 和 Fur 预设值"窗口中提供了 13 种预设毛发供用户选择和使用。

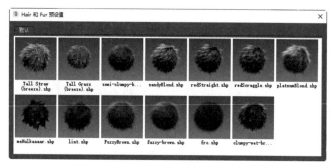

图 10-6 "Hair 和 Fur 预设值"窗口

▶ "保存"按钮 保存 ：保存新的预设值。

(3) "发型"组。

▶ "复制"按钮 复制 ：将所有毛发设置和样式信息复制到粘贴缓冲区。

▶ "粘贴"按钮 粘贴 ：将所有毛发设置和样式信息粘贴到当前选择的对象上。

(4) "实例节点"组。

▶ "无"按钮 无 ：要指定毛发对象，可单击此按钮，然后选择要使用的对象。此后，该按钮显示拾取对象的名称。

▶ X按钮 ：清除所使用的实例节点。

▶ "混合材质"复选框：选中该复选框后，将应用于生长对象的材质以及应用于毛发对象的材质合并为"多维 / 子对象"材质，生长对象的材质将应用于实例化的毛发。

(5) "转换"组。

▶ "导向→样条线"按钮 导向 → 样条线 ：将所有导向复制为新的单一样条线对象。初始导向并未更改。

▶ "毛发→样条线"按钮 毛发 → 样条线 ：将所有毛发复制为新的单一样条线对象。初始毛发并未更改。

▶ "毛发→网格"按钮 毛发 → 网格 ：将所有毛发复制为新的单一网格对象。初始毛发并未更改。

▶ "渲染设置"按钮 渲染设置 ：打开"效果"面板并添加"Hair 和 Fur"效果。

10.2.3　"设计"卷展栏

展开"设计"卷展栏,如图 10-7 所示,各选项的功能说明如下。

图 10-7　"设计"卷展栏

▶ "设计发型"按钮 设计发型 :只有单击此按钮,才可以激活"设计"卷展栏内的所有功能,
　同时"设计发型"按钮 设计发型 更改为"完成设计"按钮 完成设计 。
　(1)"选择"组。

▶ "由头梢选择毛发"按钮 :允许用户只选择每根导向头发末端的顶点,如图 10-8 所示。

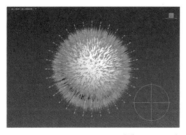

图 10-8　由头梢选择毛发

▶ "选择全部顶点"按钮 :选择导向头发中的任意顶点时,会选择该导向头发中的所有顶
　点,如图 10-9 所示。

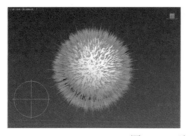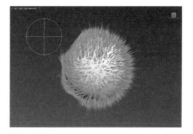

图 10-9　选择全部顶点

▶ "选择导向顶点" 按钮 ：可以选择导向头发上的任意顶点进行编辑，如图 10-10 所示。

图 10-10　选择导向顶点

▶ "由根选择导向" 按钮 ：可以只选择每根导向头发根处的顶点，此操作将选择相应导向头发上的所有顶点，如图 10-11 所示。

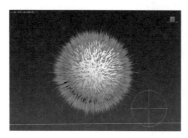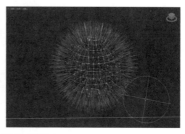

图 10-11　由根选择导向

▶ "反选" 按钮 ：反转顶点的选择。

▶ "轮流选" 按钮 ：旋转空间中的选择。

▶ "扩展选定对象" 按钮 ：通过递增的方式增大选择区域，从而扩展选择。

▶ "隐藏选定对象" 按钮 ：隐藏选定的导向头发。

▶ "显示隐藏对象" 按钮 ：取消隐藏任何隐藏的导向头发。

(2) "设计" 组。

▶ "发梳" 按钮 ：在这种模式下，拖动鼠标可以整理笔刷区域中的毛发。

▶ "剪毛发" 按钮 ：可以修剪头发。

▶ "选择" 按钮 ：在该模式下可以配合使用 3ds Max 所提供的各种选择工具。

▶ "距离褪光" 复选框：选中该复选框后，刷动效果将朝着笔刷的边缘产生褪光现象，从而产生柔和的边缘效果。

▶ "忽略背面头发" 复选框：选中该复选框时，背面的头发不受笔刷的影响。

▶ "笔刷大小" 滑块：通过拖动此滑块更改笔刷的大小。

▶ "平移" 按钮 ：按照鼠标的拖动方向移动选定的顶点。

▶ "站立" 按钮 ：向曲面的垂直方向推选定的导向。

▶ "蓬松发根" 按钮 ：向曲面的垂直方向推选定的导向头发。

▶ "丛" 按钮 ：强制选定的导向之间相互更加靠近。

▶ "旋转" 按钮 ：以光标位置为中心旋转导向头发的顶点。

▶ "比例" 按钮 ：放大或缩小选定的毛发。

(3) "实用程序" 组。

▶ "衰减" 按钮 ：根据底层多边形的曲面面积缩放选定的导向。

▶ "选定弹出"按钮 ：沿曲面的法线方向弹出选定头发。

▶ "弹出大小为零"按钮 ：只能对长度为零的头发进行操作。

▶ "重梳"按钮 ：使导向与曲面平行，使用导向的当前方向作为线索。

▶ "重置剩余"按钮 ：使用生长网格的连接性执行头发导向平均化。

▶ "切换碰撞"按钮 ：单击该按钮，设计发型时将考虑头发碰撞。

▶ "切换 Hair"按钮 ：切换生成头发的视口显示。

▶ "锁定"按钮 ：将选定的顶点相对于最近曲面的方向和距离锁定。锁定的顶点可以选择
但不能移动。

▶ "解除锁定"按钮 ：解除对锁定的所有导向头发的锁定。

▶ "撤销"按钮 ：后退至最近的操作。

  (4) "毛发组"组。

▶ "拆分选定毛发组"按钮 ：将选定的导向拆分至一个组。

▶ "合并选定毛发组"按钮 ：重新合并选定的导向。

10.2.4 "常规参数"卷展栏

展开"常规参数"卷展栏，如图 10-12 所示，其中主要选项的功能说明如下。

图 10-12 "常规参数"卷展栏

▶ "毛发数量"微调框：头发总数。在某些情况下，这是一个近似值，但是实际的数量通常
和指定数量非常接近。

▶ "毛发段"微调框：每根毛发的段数。

▶ "毛发过程数"微调框：用来设置毛发的透明度。

▶ "密度"微调框：可以通过数值或者贴图来控制毛发的密度。

▶ "比例"微调框：设置毛发的整体缩放比例。

▶ "剪切长度"微调框：控制毛发整体长度的百分比。

▶ "随机比例"微调框：将随机比例引入渲染的毛发中。

▶ "根厚度"微调框：控制发根的厚度。

▶ "梢厚度"微调框：控制发梢的厚度。

10.2.5 "材质参数"卷展栏

展开"材质参数"卷展栏，如图 10-13 所示，其中主要选项的功能说明如下。

图 10-13　"材质参数"卷展栏

▶ "阻挡环境光"微调框：控制照明模型的环境或漫反射影响的偏差。

▶ "发梢褪光"复选框：选中该复选框时，毛发朝向梢部淡出到透明。

▶ "松鼠"复选框：选中该复选框后，根颜色与梢颜色之间的渐变更加锐化，并且更多的梢颜色可见。

▶ "梢颜色"：距离生长对象曲面最远的毛发梢部的颜色。

▶ "根颜色"：距离生长对象曲面最近的毛发根部的颜色。

▶ "色调变化"微调框：令毛发颜色变化的量。该值为默认值时，可以产生看起来比较自然的毛发。

▶ "亮度变化"微调框：令毛发亮度变化的量。如图 10-14 所示分别为"亮度变化"的值是 10 和 100 时的效果。

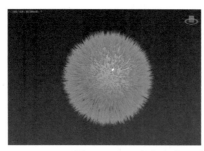

图 10-14　"亮度变化"为不同数值时的渲染效果对比

▶ "变异颜色"：变异毛发的颜色。

▶ "变异 %"微调框：接收变异颜色的毛发的百分比。如图 10-15 所示分别为"变异 %"的值是 0 和 30 时的渲染效果。

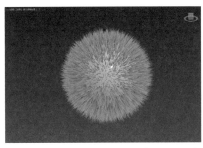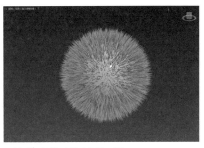

图 10-15   "变异 %"为不同数值时的渲染效果对比

▶ "高光"微调框：在毛发上高亮显示的亮度。

▶ "光泽度"微调框：毛发上高亮显示的相对大小。较小的高亮显示能产生看起来比较光滑的毛发。

▶ "自身阴影"微调框：控制自身阴影的多少，即毛发在相同的"Hair 和 Fur"修改器中对其他毛发投影的阴影。该值为 0 时，将禁用自身阴影；该值为 100 时，产生的自身阴影最大。该值范围为 0 ～ 100，其默认值为 100。

▶ "几何体阴影"微调框：头发从场景中的几何体接收到的阴影效果的量。该值范围为 0 ～ 100，其默认值为 100。

▶ "几何体材质 ID"微调框：指定给几何体渲染头发的材质 ID。其默认值为 1。

10.2.6 "自定义明暗器"卷展栏

展开"自定义明暗器"卷展栏，如图 10-16 所示，其中主要选项的功能说明如下。

图 10-16   "自定义明暗器"卷展栏

▶ "应用明暗器"复选框：选中该复选框时，可以应用明暗器生成头发。

10.2.7 "海市蜃楼参数"卷展栏

展开"海市蜃楼参数"卷展栏，如图 10-17 所示，各选项的功能说明如下。

图 10-17   "海市蜃楼参数"卷展栏

▶ "百分比"微调框：设置要对其应用"强度"和"Mess 强度"值的毛发百分比。

▶ "强度"微调框：指定海市蜃楼毛发伸出的长度。

▶ "Mess 强度"微调框：将卷毛应用于海市蜃楼毛发。

10.2.8 "成束参数"卷展栏

展开"成束参数"卷展栏，如图 10-18 所示，各选项的功能说明如下。

图 10-18　"成束参数"卷展栏

▶ "束"微调框：相对于总体毛发数量，设置毛发束数量，如图 10-19 所示分别为该值是 20
和 50 时的毛发显示效果对比。

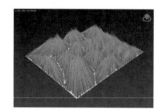

图 10-19　"束"为不同数值时的渲染效果对比

▶ "强度"微调框："强度"越大，束中各个梢彼此之间的吸引越强。该值范围为 0 ～ 1。
▶ "不整洁"微调框：该值越大，就越不整洁地向内弯曲束，每个束的方向是随机的。该值
范围为 0 ～ 400。
▶ "旋转"微调框：扭曲每个束。该值范围为 0 ～ 1。
▶ "旋转偏移"微调框：从根部偏移束的梢。该值范围为 0 ～ 1。较高的"旋转"和"旋转偏移"
值使束更卷曲。
▶ "颜色"微调框：该值为非零时，可改变束中的颜色。
▶ 随机：控制随机的比率。
▶ "平坦度"微调框：在垂直于梳理方向的方向上挤压每个束。

10.2.9 "卷发参数"卷展栏

展开"卷发参数"卷展栏，如图 10-20 所示，其中主要选项的功能说明如下。

图 10-20　"卷发参数"卷展栏

- "卷发根"微调框：控制毛发在其根部的置换。默认值为 15.5。该值范围为 0 ～ 360。
- "卷发梢"微调框：控制毛发在其梢部的置换。默认值为 130。该值范围为 0 ～ 360。
- 卷发 X/Y/Z 频率微调框：控制三个轴中每个轴上的卷发频率效果。
- "卷发动画"微调框：设置波浪运动的幅度。
- "动画速度"微调框：此倍增控制动画噪波场通过空间的速度。

10.2.10　"纽结参数"卷展栏

展开"纽结参数"卷展栏，如图 10-21 所示，各选项的功能说明如下。

图 10-21　"纽结参数"卷展栏

- "纽结根"微调框：控制毛发在其根部的纽结置换量。图 10-22 所示为该值是 0 和 2 时的毛发显示效果对比。

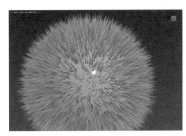 

图 10-22　"纽结根"为不同数值时的渲染效果对比

- "纽结梢"微调框：控制毛发在其梢部的纽结置换量。
- 纽结 X/Y/Z 频率微调框：控制三个轴中每个轴上的纽结频率效果。

10.2.11　"多股参数"卷展栏

展开"多股参数"卷展栏，如图 10-23 所示，各选项的功能说明如下。

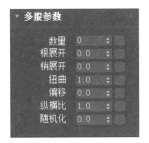

图 10-23　"多股参数"卷展栏

▶ "数量"微调框：每个聚集块的头发数量。图 10-24 所示为该值是 0 和 10 时的毛发显示效果对比。

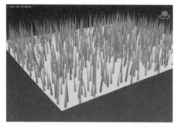

图 10-24 "数量"为不同数值时的渲染效果对比

▶ "根展开"微调框：为根部聚集块中的每根毛发提供随机补偿。图 10-25 所示为该值是 0 和 0.12 时的毛发显示效果对比。

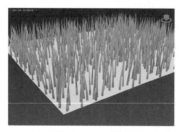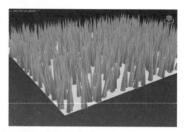

图 10-25 "根展开"为不同数值时的渲染效果对比

▶ "梢展开"微调框：为梢部聚集块中的每根毛发提供随机补偿。图 10-26 所示为该值是 0 和 0.5 时的毛发显示效果对比。

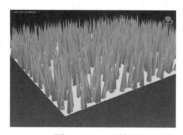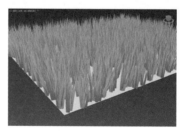

图 10-26 "梢展开"为不同数值时的渲染效果对比

▶ "扭曲"微调框：使用每束的中心作为轴扭曲束。
▶ "偏移"微调框：使束偏移其中心。离尖端越近，偏移越大。"扭曲"和"偏移"结合使用，可以创建螺旋发束。
▶ "纵横比"微调框：在垂直于梳理方向的方向上挤压每个束。其效果是缠结毛发，使毛发类似于猫或熊等的毛。
▶ "随机化"微调框：随机处理聚集块中的每根毛发的长度。

10.2.12 "动力学"卷展栏

展开"动力学"卷展栏，如图 10-27 所示，各选项的功能说明如下。

(1) "模式"组。

▶ "无"单选按钮：毛发不进行动力学计算。

▶ "现场"单选按钮：毛发在视口中以交互方式模拟动力学
效果。

▶ "预计算"单选按钮：将设置动力学动画的毛发生成 Stat
文件存储在硬盘中，以备渲染使用。

(2) "Stat 文件"组。

▶ "另存为"按钮▉：单击此按钮，打开"另存为"对话框，
在该对话框中可设置 Stat 文件的存储路径。

▶ "删除所有文件"按钮 删除所有文件：单击此按钮，则删除存
储在硬盘中的 Stat 文件。

(3) "模拟"组。

▶ "起始"微调框：设置模拟毛发动力学的第一帧。

▶ "结束"微调框：设置模拟毛发动力学的最后一帧。

▶ "运行"按钮 运行：单击此按钮，开始进行毛发的动力学
模拟计算。

(4) "动力学参数"组。

▶ "重力"微调框：用于指定在全局空间中垂直移动毛发的
力。该值为负值时，上拉毛发；该值为正值时，下拉毛发。
要令毛发不受重力影响，可将该值设置为 0。

▶ "刚度"微调框：控制动力学效果的强弱。如果将该值设
置为 1，动力学不会产生任何效果。其默认值为 0.4。该
值范围为 0 ～ 1。

▶ "根控制"微调框：与"刚度"类似，但只在头发根部产
生影响。其默认值为 1.0。该值范围为 0 ～ 1。

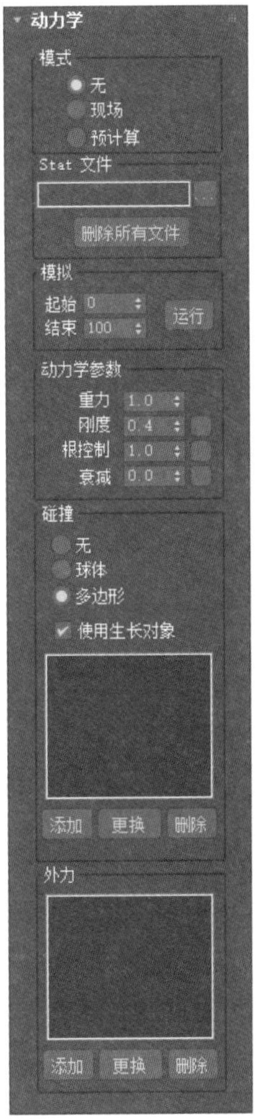

图 10-27　"动力学"卷展栏

▶ "衰减"微调框：动态头发承载前进到下一帧的速度。增加衰减将增加这些速度减慢的量。
因此，较高的衰减值意味着头发动态效果较为不活跃。

(5) "碰撞"组。

▶ "无"单选按钮：动态模拟期间不考虑碰撞。这将导致毛发穿透其生长对象以及其所开始
接触的其他对象。

▶ "球体"单选按钮：毛发使用球体边界框来计算碰撞。此方法速度更快，其原因在于所需
计算更少，但是结果不够精确。当从远距离查看时，该方法最为有效。

▶ "多边形"单选按钮：毛发考虑碰撞对象中的每个多边形。这是速度最慢的方法，但也是
最为精确的方法。

▶ "添加"按钮 添加：要在动力学碰撞列表中添加对象，可单击此按钮，然后在视口中单击
对象。

▶ "更换"按钮 更换：要在动力学碰撞列表中更换对象，应先在列表中高亮显示对象，再单击此按钮，然后在视口中单击对象进行更换操作。

▶ "删除"按钮 删除：要在动力学碰撞列表中删除对象，应先在列表中高亮显示对象，再单击此按钮，完成删除操作。

(6) "外力"组。

▶ "添加"按钮 添加：要在动力学外力列表中添加"空间扭曲"对象，可单击此按钮，然后在视口中单击对应的"空间扭曲"对象。

▶ "更换"按钮 更换：要在动力学外力列表中更换"空间扭曲"对象，应先在列表中高亮显示"空间扭曲"对象，再单击此按钮，然后在视口中单击"空间扭曲"对象进行更换操作。

▶ "删除"按钮 删除：要在动力学外力列表中删除"空间扭曲"对象，应先在列表中高亮显示"空间扭曲"对象，再单击此按钮，完成删除操作。

10.2.13 "显示"卷展栏

展开"显示"卷展栏，如图 10-28 所示，其中主要选项的功能说明如下。

图 10-28 "显示"卷展栏

▶ "显示导向"复选框：选中该复选框，则在视口中显示毛发的导向线，导向线的颜色由"导向颜色"所控制。图 10-29 所示为选中该复选框前后的显示效果对比。

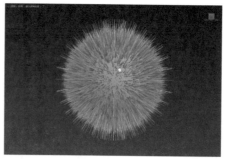

图 10-29 选中和取消选中"显示导向"复选框的渲染效果对比

▶ "显示毛发"复选框：该复选框默认为选中状态，在几何体上显示毛发的形态。

▶ "百分比"微调框：在视口中显示全部毛发的百分比。降低此值将改善视口中的实时性能。

▶ "最大毛发数"微调框：无论百分比值为多少，在视口中显示的最大毛发数。

▶ "作为几何体"复选框：选中该复选框后，将头发在视口中显示为要渲染的实际几何体，而不是默认的线条。

10.2.14　"随机化参数"卷展栏

展开"随机化参数"卷展栏，如图 10-30 所示，选项的功能说明如下。

图 10-30　"随机化参数"卷展栏

▶ "种子"微调框：通过设置此值来随机改变毛发的形态。

10.3　实例：制作地毯毛发效果

【例 10-1】本实例将讲解如何使用"Hair 和 Fur(WSM)"修改器制作地毯毛发效果，渲染效果如图 10-31 所示。🎬视频

图 10-31　地毯毛发效果

01 ▶ 启动 3ds Max 2022 软件，单击"创建"面板中的"平面"按钮，如图 10-32 所示。

02 ▶ 在"修改"面板中，设置"长度"为 95cm、"宽度"为 125cm，如图 10-33 所示。

图 10-32　单击"平面"按钮

图 10-33　设置平面模型的参数

03 在场景中可以得到一个平面模型来作为地毯模型，如图 10-34 所示。

04 选择场景中的地毯模型，在"修改"面板中为其添加"Hair 和 Fur (WSM)"修改器，如图 10-35 所示。

图 10-34　平面模型显示效果　　　　图 10-35　添加"Hair 和 Fur (WSM)"修改器

05 此时平面模型在视图中的显示效果如图 10-36 所示。

06 在"修改"面板中展开"常规参数"卷展栏，设置"毛发数量"数值为 20000，增加地毯的毛发数量，设置"比例"数值为 20，缩短地毯上毛发的长度，设置"根厚度"数值为 2，降低地毯上毛发的粗细，如图 10-37 所示。

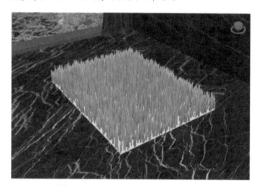

图 10-36　平面模型显示效果　　　　图 10-37　设置"常规参数"卷展栏的参数

07 展开"动力学"卷展栏，设置"重力"数值为 2、"刚度"数值为 0.2，然后在"模式"组中选中"现场"单选按钮，如图 10-38 所示。

08 模拟结束后，平面模型在视图中的显示效果如图 10-39 所示。

图 10-38　设置"动力学"卷展栏的参数　　　　图 10-39　平面模型显示效果

09 按 Esc 键，在弹出的"现场动力学"对话框中单击"冻结"按钮，冻结毛发，如图 10-40 所示。

10 展开"设计"卷展栏，单击"设计发型"按钮，如图 10-41 所示。

图 10-40　单击"冻结"按钮　　　　　　　图 10-41　单击"设计发型"按钮

11 梳理毛发，使毛发的走向具有随机性，如图 10-42 所示。

12 梳理完成后，单击"完成设计"按钮，如图 10-43 所示。

图 10-42　梳理毛发　　　　　　　　　　图 10-43　单击"完成设计"按钮

13 设置完成后，在主工具栏中单击"渲染帧窗口"按钮📷渲染场景，渲染效果如图 10-31 所示。

10.4　实例：制作毛发动画效果

【例 10-2】本实例将讲解如何使用"Hair 和 Fur(WSM)"修改器制作毛发动画效果，渲染效果如图 10-44 所示。🎬视频

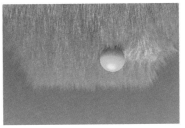
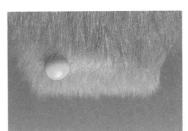

图 10-44　毛发动画效果

01 启动 3ds Max 2022 软件，单击"创建"面板中的"平面"按钮，如图 10-45 所示。

02 在"修改"面板中，设置"长度"为 120cm、"宽度"为 120cm，如图 10-46 所示。

图 10-45　单击"平面"按钮　　　　　　　　图 10-46　设置平面模型的参数

03 在场景中可以得到一个平面模型来作为草坪模型，如图 10-47 所示。

04 选择场景中的平面模型，在"修改"面板中为其添加"Hair 和 Fur (WSM)"修改器，如图 10-48 所示。

图 10-47　平面模型显示效果　　　　　　图 10-48　添加"Hair 和 Fur (WSM)"修改器

05 此时平面模型在视图中的显示效果如图 10-49 所示。

06 在"修改"面板中展开"常规参数"卷展栏，设置"毛发数量"数值为 20000，增加毛发数量，设置"比例"数值为 100，缩短毛发的长度，设置"根厚度"数值为 2，降低毛发的粗细，如图 10-50 所示。

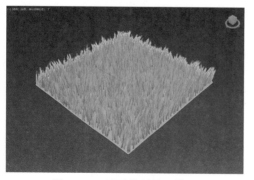

图 10-49　平面模型显示效果　　　　　　　图 10-50　设置常规参数

07 展开"动力学"卷展栏，设置"重力"数值为 2，设置"刚度"和"根控制"数值均为 0，然后在"模式"组中选中"现场"单选按钮，如图 10-51 所示。

08 模拟结束后，毛发在视图中的显示效果如图 10-52 所示，毛发全部向下垂。

图 10-51　设置"动力学"卷展栏的参数

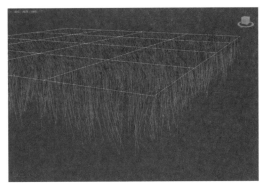

图 10-52　毛发显示效果

09 按 Esc 键，在弹出的"现场动力学"对话框中单击"冻结"按钮，冻结毛发，如图 10-53 所示。

10 在"创建"面板中单击"球体"按钮，在场景中创建一个球体模型，如图 10-54 所示。

图 10-53　单击"冻结"按钮

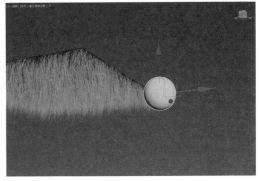

图 10-54　创建球体模型

11 按 N 键，打开自动记录关键帧功能，然后在第 50 帧的位置将球体模型拖曳至图 10-55 所示的位置，完成球体平移动画的设置。

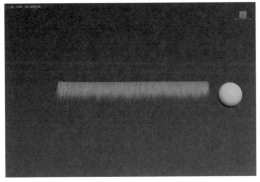
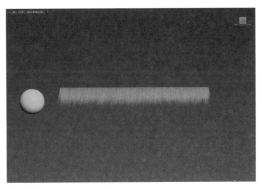

图 10-55　设置球体平移动画

12 再按一次 N 键结束命令，选择场景中的草坪模型，在"修改"面板中展开"动力学"卷展栏。单击"Stat 文件"组中的"另存为"按钮■，在本地硬盘中选择任意位置存储生成的毛发动力学缓存文件，在"碰撞"组中选中"多边形"单选按钮，并单击"添加"按钮，如图 10-56 所示，在场景中单击球体，即可将球体添加至毛发的动力学模拟计算中。

13 设置完成后，在"模拟"组中单击"运行"按钮，如图 10-57 所示，开始毛发的动力学计算。

图 10-56　设置动力学参数　　　　　　　图 10-57　单击"运行"按钮

14 动力学计算完成后，拖动"时间滑块"按钮，在视图中观察球体动画对草坪所产生的动力学影响效果，如图 10-58 所示。

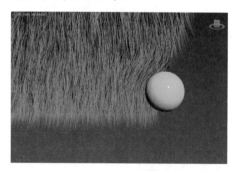 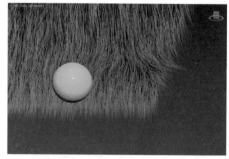

图 10-58　拖动时间滑块并观察动画

15 设置完成后，在主工具栏中单击"渲染帧窗口"按钮■渲染场景，渲染效果如图 10-44 所示。

10.5　习题

1. 简述在 3ds Max 中毛发的概念。
2. 简述如何使用"Hair 和 Fur(WSM)"修改器编辑毛发效果。
3. 简述如何为物体添加"Hair 和 Fur(WSM)"修改器。

第11章
渲染技术

　　3ds Max 2022 软件为用户提供了多种渲染器，这些渲染器分别支持不同的材质和灯光，通过本章的实例，为用户讲解如何通过调整参数来控制最终图像渲染的尺寸、序列及质量等因素，渲染出质量较高的图像产品。

| 二维码教学视频 |

11.1 渲染概述

渲染是三维项目制作中最后非常重要的阶段，这并不是简单的着色过程，其涉及相当复杂的计算过程，且耗时较长。3ds Max 2022 软件提供了多种渲染器供用户选择和使用，并且还允许用户自行购买及安装由第三方软件生产商提供的渲染器插件来进行渲染。

计算机通过计算三维场景中的模型、材质、灯光和摄影机属性等，最终输出图像或视频。这个过程可以理解为"出图"，如图 11-1 所示为三维渲染作品。

图 11-1　三维渲染作品

单击主工具栏中的"渲染设置"按钮 ，可打开 3ds Max 2022 软件的"渲染设置"窗口，在"渲染设置"窗口的标题栏上，可查看当前场景文件所使用的渲染器名称，在默认状态下，3ds Max 2022 软件使用的渲染器为 Arnold 渲染器，如图 11-2 所示。

如果想要更换渲染器，可以通过选择"渲染器"下拉列表中的选项来完成，如图 11-3 所示。

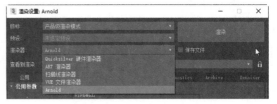

图 11-2　"渲染设置"窗口　　　　图 11-3　"渲染器"下拉列表

11.2 Arnold 渲染器

Arnold 渲染器是大家公认的具有代表性的渲染器之一，在许多优秀电影的视觉特效渲染工作中得到广泛应用。如果用户已经具备足够的渲染器知识或已经能熟练应用其他的渲染

器 (如 VRay 渲染器)，那么学习 Arnold 渲染器将会变得非常容易。该渲染器也将与 3ds Max 软件保持同步更新，用户无须另外付费给第三方渲染器公司。

11.2.1　MAXtoA Version(MAXtoA 版本) 卷展栏

MAXtoA Version (MAXtoA 版本) 卷展栏里主要显示 Arnold 渲染器的版本信息，如图 11-4 所示。

图 11-4　MAXtoA Version (MAXtoA 版本) 卷展栏

▶ Currently installed version：显示当前所安装的 Arnold 版本号。

11.2.2　Sampling and Ray Depth (采样和追踪深度) 卷展栏

展开 Sampling and Ray Depth(采样和追踪深度) 卷展栏，如图 11-5 所示，其中主要选项的功能说明如下。

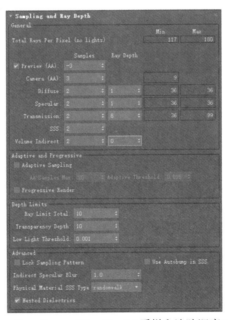

图 11-5　Sampling and Ray Depth(采样和追踪深度) 卷展栏

(1) General 组。

▶　Preview (AA) 微调框：设置预览采样值，默认值为 -3，较小的值可以让用户很快地看到场景的预览效果。

▶　Camera(AA) 微调框：设置摄影机渲染的采样值，该值越大，渲染质量越好，渲染耗时也越长。图 11-6 所示分别为该值是 1 和 6 时的渲染效果对比，通过对比可以看出，较高的采样值渲染得到的图像噪点明显减少。

图 11-6   Camera(AA) 为不同数值时的渲染效果对比

▶ Diffuse 微调框：设置场景中物体漫反射的采样值。

▶ Specular 微调框：设置场景中物体高光计算的采样值。图 11-7 所示为该值分别是 0 和 2 时的计算结果对比。

图 11-7   Specular 为不同数值时的计算结果对比

▶ Transmission 微调框：设置场景中物体自发光计算的采样值。

▶ SSS 微调框：设置 SSS 材质的计算采样值。

▶ Volume Indirect 微调框：设置间接照明计算的采样值。

(2) Adaptive and Progressive 组。

▶ Adaptive Sampling 复选框：选中该复选框，可开启自适应采样计算。

▶ AA Samples Max 微调框：设置采样的最大值。

▶ Adaptive Threshold 微调框：设置自适应阈值。

▶ Progressive Render 复选框：选中该复选框，开启渐进渲染计算。

(3) Depth Limits 组。

▶ Ray Limit Total 微调框：设置限制光线反射和折射追踪深度的总数值。

▶ Transparency Depth 微调框：设置透明计算深度的数值。

▶ Low Light Threshold 微调框：设置光线的计算阈值。

(4) Advanced 组。

▶ Lock Sampling Pattern 复选框：锁定采样方式。

▶ Use Autobump in SSS 复选框：在 SSS 材质使用自动凹凸计算。

11.2.3　Filtering(过滤器) 卷展栏

展开 Filtering(过滤器) 卷展栏，如图 11-8 所示，其中主要选项的功能说明如下。

- Type 下拉列表：用于设置渲染的抗锯齿过滤类型，3ds Max 2022 软件提供了多种不同类型的计算方法，以帮助用户提高图像的抗锯齿渲染质量，如图 11-9 所示。

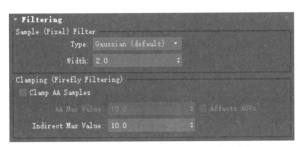

图 11-8　"Filtering(过滤器)"卷展栏　　　图 11-9　抗锯齿过滤类型

- Width 微调框：用于设置不同抗锯齿过滤类型的宽度计算。该值越小，渲染出来的图像越清晰。Type 默认设置为 Gaussian，使用这种渲染方式渲染图像时，Width 值越小，渲染出来的图像越清晰；Width 值越大，渲染出来的图像越模糊。如图 11-10 所示分别为 Width 值是 2 和 10 时的渲染效果对比。

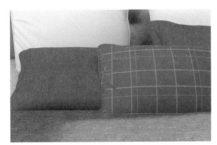

图 11-10　Width 为不同数值时的渲染效果对比

11.2.4　Environment，Background & Atmosphere (环境，背景和大气) 卷展栏

展开 Environment，Background & Atmosphere (环境，背景和大气) 卷展栏，如图 11-11 所示，各选项的功能说明如下。

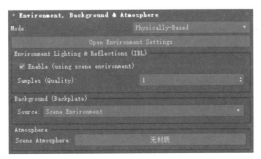

图 11-11　Environment，Background & Atmosphere (环境，背景和大气) 卷展栏

- Open Environment Settings 按钮：单击该按钮，可以打开"环境和效果"窗口，如图 11-12 所示，用户在该窗口中可以对场景的环境进行设置。

(1) Environment Lighting & Reflections 组。

▶ Enable 复选框：选中该复选框，则使用场景的环境设置。

▶ Samples 微调框：设置环境的计算采样质量。

(2) Background 组。

▶ Source 下拉列表：用于设置场景的背景，有 Scene Environment、Custom Color、Custom Map 和 None 4 个选项可选，如图 11-13 所示。

图 11-12　"环境和效果"窗口

图 11-13　Source 下拉列表

▶ Scene Environment 选项：选择该选项后，渲染图像的背景使用该场景的环境设置。

▶ Custom Color 选项：选择该选项后，命令下方则会出现色样按钮，允许用户自定义一个颜色当作渲染的背景，如图 11-14 所示。

图 11-14　Custom Color 选项

▶ Custom Map 选项：选择该选项后，命令下方会出现贴图按钮，允许用户使用一个贴图当作渲染的背景，如图 11-15 所示。

图 11-15　Custom Map 选项

(3) Atmosphere 组。

▶ Scene Atmosphere 按钮：通过材质贴图制作场景中的大气效果。

11.3　实例：制作液体材质

【例 11-1】本实例将讲解如何制作液体材质，渲染效果如图 11-16 所示。

图 11-16　液体

01 启动 3ds Max 2022 软件，打开本书的配套资源文件"客厅 .max"，场景中已经设置好摄影机和灯光，如图 11-17 所示。

02 选择液体模型，然后打开"材质编辑器"窗口，选择一个空白的物理材质球，并重命名为"液体"，再单击"将材质指定给选定对象"按钮，如图 11-18 所示。

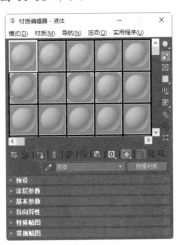

图 11-17　打开"客厅 .max"文件　　　　图 11-18　赋予液体模型物理材质

03 展开"基本参数"卷展栏，在"基础颜色和反射"组中设置"粗糙度"数值为 0.05、IOR 的值为 1.333。设置"透明度"组的"权重"值为 1，如图 11-19 所示。

04 在"透明度"组中设置"透明度颜色"为浅粉色，如图 11-20 所示。

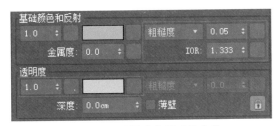

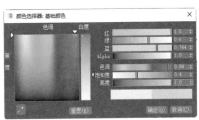

图 11-19　设置液体材质的参数　　　　图 11-20　设置"透明度"颜色

05 设置完成后，在主工具栏中单击"渲染帧窗口"按钮渲染场景，渲染效果如图 11-16 所示。

11.4 实例：制作沙发材质

【例 11-2】本实例将讲解如何制作沙发材质，渲染效果如图 11-21 所示。 🎬视频

图 11-21 沙发

01 启动 3ds Max 2022 软件，打开本书的配套资源文件"客厅 .max"，场景中已经设置好摄影机和灯光，如图 11-22 所示。

02 选择三人沙发模型，打开"材质编辑器"窗口，选择一个空白的物理材质球，并重命名为"三人沙发"，再单击"将材质指定给选定对象"按钮❖，如图 11-23 所示。

图 11-22 打开"客厅 .max"文件

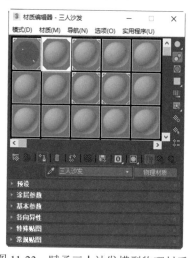

图 11-23 赋予三人沙发模型物理材质

03 在"常规贴图"卷展栏中，单击"基础颜色"属性右侧的"无贴图"按钮，添加"三人沙发 .jpg"贴图文件，如图 11-24 所示。

04 展开"基本参数"卷展栏，在"基础颜色和反射"组中设置"基础颜色"为蓝色，设置"粗糙度"微调框数值为 0.8，如图 11-25 所示。

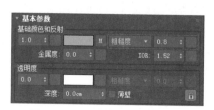

图 11-24 添加"三人沙发 .jpg"贴图文件　　　图 11-25 设置三人沙发的参数

05 选择单人沙发模型，打开"材质编辑器"窗口，选择一个空白的物理材质球，并重命名为"单人沙发"，如图 11-26 所示。

06 在"常规贴图"卷展栏中，单击"基础颜色"属性右侧的"无贴图"按钮，添加"单人沙发 .jpg"贴图文件，如图 11-27 所示。

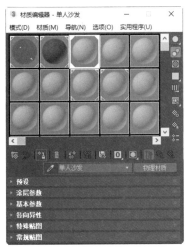

图 11-26　赋予单人沙发模型物理材质　　图 11-27　添加"单人沙发 .jpg"贴图文件

07 展开"基本参数"卷展栏，在"基础颜色和反射"组中设置"基础颜色"为蓝色，设置"粗糙度"微调框数值为 0.8，如图 11-28 所示。

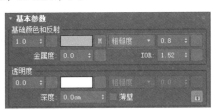

图 11-28　设置单人沙发的参数

08 设置完成后，在主工具栏中单击"渲染帧窗口"按钮 📷 渲染场景，渲染效果如图 11-21 所示。

11.5　实例：制作陶瓷灯座材质

【例 11-3】本实例将讲解如何制作陶瓷灯座材质，渲染效果如图 11-29 所示。　🎬视频

图 11-29　陶瓷灯座

01 启动 3ds Max 2022 软件，打开本书的配套资源文件"客厅 .max"，场景中已经设置好摄影机和灯光，如图 11-30 所示。

02 选择陶瓷灯座模型，打开"材质编辑器"窗口，选择一个空白的物理材质球，并重命名为"陶瓷灯座"，再单击"将材质指定给选定对象"按钮■，如图 11-31 所示。

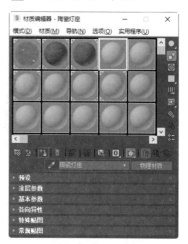

图 11-30　打开"客厅 .max"文件　　　　图 11-31　赋予陶瓷灯座模型物理材质

03 在"常规贴图"卷展栏中，单击"基础颜色"属性右侧的"无贴图"按钮，添加"陶瓷灯座 .jpg"贴图文件，如图 11-32 所示。

04 展开"基本参数"卷展栏，在"基础颜色和反射"组中设置"粗糙度"微调框数值为 0.1，如图 11-33 所示。

图 11-32　添加"陶瓷灯座 .jpg"贴图文件　　　图 11-33　设置灯座材质的参数

05 设置完成后，在主工具栏中单击"渲染帧窗口"按钮■渲染场景，渲染效果如图 11-29 所示。

11.6　实例：制作植物叶片材质

【例 11-4】本实例将讲解如何制作植物叶片材质，渲染效果如图 11-34 所示。 ◎视频

图 11-34　植物叶片

01 启动 3ds Max 2022 软件，打开本书的配套资源文件"客厅 .max"，场景中已经设置好摄影机和灯光，如图 11-35 所示。

02 选择叶片模型，打开"材质编辑器"窗口，选择一个空白的物理材质球，并重命名为"叶片"，再单击"将材质指定给选定对象"按钮，如图 11-36 所示。

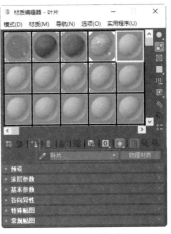

图 11-35　打开"客厅 .max"文件　　　　图 11-36　赋予叶片模型物理材质

03 在"常规贴图"卷展栏中，单击"基础颜色"属性右侧的"无贴图"按钮，添加"叶片 .jpg"贴图文件，如图 11-37 所示。

04 展开"基本参数"卷展栏，在"基础颜色和反射"组中设置"粗糙度"微调框数值为 0.35，如图 11-38 所示。

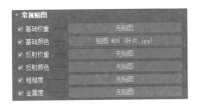
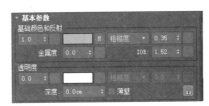

图 11-37　添加"叶片 .jpg"贴图文件　　　　图 11-38　设置叶片材质的参数

05 设置完成后，在主工具栏中单击"渲染帧窗口"按钮渲染场景，渲染效果如图 11-34 所示。

11.7　实例：制作镜子材质

【例 11-5】本实例将讲解如何制作镜子材质，渲染效果如图 11-39 所示。

图 11-39　镜子

01 启动 3ds Max 2022 软件，打开本书的配套资源文件"客厅 .max"，场景中已经设置好摄影机和灯光，如图 11-40 所示。

02 选择镜子模型，然后打开"材质编辑器"窗口，选择一个空白的物理材质球，并重命名为"镜子"，再单击"将材质指定给选定对象"按钮，如图 11-41 所示。

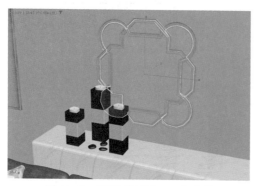

图 11-40　打开"客厅 .max"文件

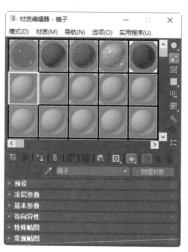

图 11-41　赋予镜子模型物理材质

03 展开"基本参数"卷展栏，在"基础颜色和反射"组中设置"基础颜色"为白色，设置"粗糙度"数值为 0.02，设置"金属度"数值为 1，如图 11-42 所示。

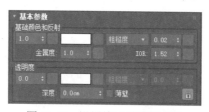

图 11-42　设置镜子材质的参数

04 设置完成后，在主工具栏中单击"渲染帧窗口"按钮渲染场景，渲染效果如图 11-39 所示。

11.8　实例：制作地板材质

【例 11-6】本实例将讲解如何制作地板材质，渲染效果如图 11-43 所示。📹视频

图 11-43　地板

01 启动 3ds Max 2022 软件，打开本书的配套资源文件"客厅 .max"，场景中已经设置好摄影机和灯光，如图 11-44 所示。

02 选择地板模型，然后打开"材质编辑器"窗口，选择一个空白的物理材质球，并重命名为"地板"，再单击"将材质指定给选定对象"按钮 ，如图 11-45 所示。

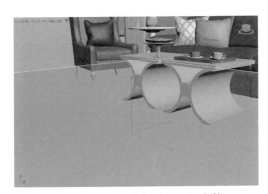

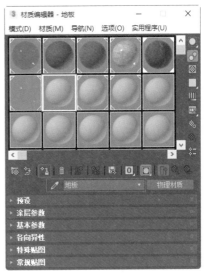

图 11-44　打开"客厅 .max"文件　　　　图 11-45　赋予地板模型物理材质

03 在"常规贴图"卷展栏中，单击"基础颜色"属性右侧的"无贴图"按钮，添加"地板 .jpg"贴图文件，如图 11-46 所示。

04 展开"基本参数"卷展栏，在"基础颜色和反射"组中设置"粗糙度"微调框数值为 0.3，降低地板材质的镜面反射强度，如图 11-47 所示。

图 11-46　添加"地板 .jpg"贴图文件　　　　图 11-47　设置地板材质的参数

05 设置完成后，在主工具栏中单击"渲染帧窗口"按钮 渲染场景，渲染效果如图 11-43 所示。

11.9　实例：制作台灯照明效果

【例 11-7】本实例将讲解如何在场景中制作台灯照明效果，并学习合理地调节灯光参数，渲染效果如图 11-48 所示。 视频

图 11-48　台灯照明效果

01 在"创建"面板中单击"目标灯光"按钮，如图 11-49 所示。

02 在台灯模型中创建一个目标灯光，如图 11-50 所示。

图 11-49　单击"目标灯光"按钮

图 11-50　创建目标灯光

03 在"修改"面板中展开"常规参数"卷展栏，选择"阴影"下拉列表中的"光线跟踪阴影"选项，如图 11-51 所示。

04 在"强度 / 颜色 / 衰减"卷展栏中选中"颜色"组中的"开尔文"单选按钮，设置"开尔文"数值为 2600，设置"强度"数值为 200，如图 11-52 所示。

05 展开"图形 / 区域阴影"卷展栏，设置"从 (图形) 发射光线"的类型为"矩形"，设置"长度"为 10cm，设置"宽度"为 20cm，如图 11-53 所示，使灯光的大小与场景中台灯的灯罩模型的尺寸接近。

06 设置完成后，在主工具栏中单击"渲染帧窗口"按钮▣渲染场景，渲染效果如图 11-48 所示。

图 11-51　选择"光线跟踪阴影"选项

图 11-52　设置灯光参数

图 11-53　设置图形参数

11.10 实例: 制作灯带照明效果

【例 11-8】本实例将主要讲解如何在场景中制作灯带照明效果,并学习合理地调节灯光参数,渲染效果如图 11-54 所示。 视频

图 11-54 灯带照明效果

01 在"创建"面板中单击"目标灯光"按钮,如图 11-55 所示。

02 在吊顶内侧创建一个目标灯光,如图 11-56 所示。

图 11-55 单击"目标灯光"按钮

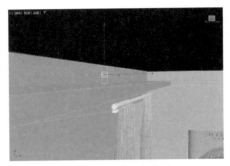

图 11-56 创建目标灯光

03 在"修改"面板中展开"常规参数"卷展栏,选择"阴影"下拉列表中的"光线跟踪阴影"选项,如图 11-57 所示。

04 在"强度 / 颜色 / 衰减"卷展栏中选中"颜色"组中的"开尔文"单选按钮,设置"开尔文"数值为 3000,设置"强度"数值为 1200,如图 11-58 所示。

图 11-57 选择"光线跟踪阴影"选项

图 11-58 设置灯光参数

05 展开"图形/区域阴影"卷展栏，设置"从(图形)发射光线"的类型为"矩形"，设置"长度"为 20cm，设置"宽度"为 20cm，如图 11-59 所示。

06 按 Shift 键并选择灯光，以拖曳的方式沿着吊顶进行复制，然后调整其至如图 11-60 所示的位置。

图 11-59　设置灯光尺寸

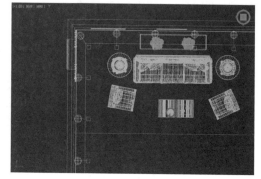

图 11-60　复制灯光

07 设置完成后，在主工具栏中单击"渲染帧窗口"按钮■渲染场景，渲染效果如图 11-54 所示。

11.11　实例：制作天光照明效果

【例 11-9】本实例将主要讲解如何在场景中制作天光照明效果，并学习合理地调节物理天空光的参数。　视频

01 在创建面板中单击 Arnold Light 按钮，如图 11-61 所示。

02 在前视图中的窗户位置处创建一个 Arnold 灯光，如图 11-62 所示。

图 11-61　单击 Arnold Light 按钮

图 11-62　创建 Arnold 灯光

03 在"修改"面板中展开 Shape 卷展栏，在 Type 下拉列表中选择 Quad 选项，设置 Quad X 为 100cm，设置 Quad Y 为 200cm，如图 11-63 所示。

04 展开 Color/Intensity 卷展栏，设置 Intensity 数值为 7、Exposure 数值为 8，如图 11-64 所示。

05 将复制的灯光移至房屋模型的另一边的窗户位置，如图 11-65 所示。

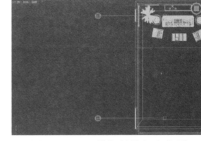

图 11-63　设置 Arnold 灯光参数　　图 11-64　设置 Arnold 灯光强度　　图 11-65　调整复制的灯光位置

11.12　实例：渲染设置

【例 11-10】本实例主要学习如何通过设置渲染器的参数来达到想要呈现的效果，如图 11-66 所示。 视频

图 11-66　场景渲染效果

01 打开"渲染设置"窗口，可以看到本场景是使用默认的 Arnold 渲染器来渲染场景的，如图 11-67 所示。

02 在"公用"选项卡中，设置渲染输出图像的"宽度"数值为 1060，设置"高度"数值为 740，如图 11-68 所示。

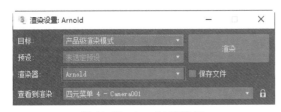

图 11-67　Arnold 渲染器　　　　　　图 11-68　设置图像输出大小

03 在 Arnold Renderer 选项卡中，展开 Sampling and Ray Depth 卷展栏，设置 Camera(AA) 的值为 9，如图 11-69 所示，降低渲染图像的噪点，提高图像的渲染质量。

04 设置完成后，在主工具栏中单击"渲染帧窗口"按钮 渲染场景，渲染效果如图 11-66 所示。

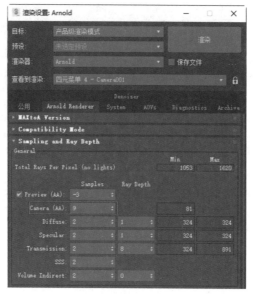

图 11-69　设置 Camera(AA) 数值

11.13　习题

1. 简述什么是渲染。
2. 简述在 3ds Max 2022 中如何为物体制作镜子材质。
3. 简述在 3ds Max 2022 中如何为场景创建天光照明效果。
4. 简述如何进行渲染设置。

第 12 章
综合案例解析

本章将通过制作锤子和古建筑模型，向读者展示使用 3ds Max 2022 进行游戏道具制作以及古建筑建模的方法，帮助读者进一步学习更多的常用建模方法、命令和制作流程，并且快速掌握制作道具及古建筑模型时的布线方法与技巧。

| 二维码教学视频 |

12.1 游戏道具建模

道具通常指的是在游戏中玩家用来操作的虚拟物体。游戏道具一般分为装备类、宝石类、使用类、特效类等几种。武器属于游戏道具中的装备类，它是丰富游戏角色的点睛之笔，要想让角色看起来既丰富又生动，就需要将游戏武器的形体与质感表现出来。道具建模主要是训练形体的造型能力，因为大多数道具不会像角色一样运动，所以布线的要求也偏低。要想做好道具模型，必须要将其形体与质感根据游戏项目需求表现出来。

建模师会依据原画设计进行造型分析，把复杂的造型高度概括，分解成较为简单的几何体组合，然后利用 3ds Max 2022 软件提供的基本几何体进行参数设置，调整几何体的点、边、面并进行细化修改，创建出所需要的模型。

本节以一个游戏武器——锤子建模为例，如图 12-1 所示，讲解如何利用 3ds Max 2022 综合建模技术制作一个锤子模型，在建模之前，我们需要理清模型的制作步骤。

图 12-1 锤子模型

12.1.1 导入参考图

【例 12-1】本实例将讲解如何导入参考图。 📹 视频

01 启动 3ds Max 2022 软件，按 F 键切换至前视图，然后在"创建"面板中单击"平面"按钮，在场景中的任意位置创建一个平面模型，如图 12-2 所示。

02 观察文件夹中参考图的尺寸，如图 12-3 所示。

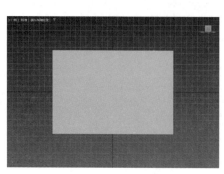

图 12-2 创建一个平面模型

图 12-3 观察参考图尺寸

03 选择平面模型，在"修改"面板的"参数"卷展栏中设置"长度"为 643mm、"宽度"为 982mm，如图 12-4 所示。

04 选择参考图，直接将文件夹中的参考图拖曳至平面模型上，效果如图 12-5 所示，会发现图片显示不正确。

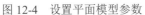

图 12-4　设置平面模型参数　　　　图 12-5　拖曳参考图至平面模型上

05 在"修改"面板的"参数"卷展栏中，取消选中"真实世界贴图大小"复选框，如图 12-6 所示。

06 此时可以看到平面模型上的参考图显示恢复正常，如图 12-7 所示。

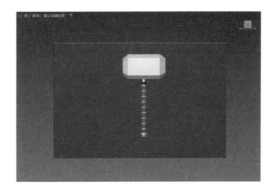

图 12-6　取消选中"真实世界贴图大小"复选框　　　　图 12-7　显示参考图

07 按照同样的方法，将锤子模型侧视图导入右视图中，效果如图 12-8 所示。

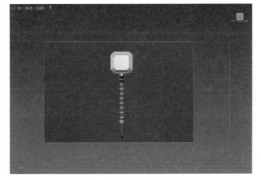

图 12-8　导入右视图

12.1.2　制作锤头

【例 12-2】本实例将讲解如何制作锤头模型。　😊视频

01 启动 3ds Max 2022 软件，在"创建"面板中单击"长方体"按钮，按照参考图创建一个长方体模型，如图 12-9 所示。

02 选择长方体模型，右击并在弹出的快捷菜单中选择"转换为 :"|"转换为可编辑多边形"命令，如图 12-10 所示。

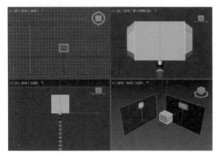
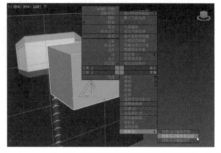

图 12-9　创建长方体模型　　　　　　图 12-10　选择"转换为可编辑多边形"命令

03 按数字键 4 切换至"多边形"子对象层级，选择长方体模型两侧的面，按 Delete 键将其删除，效果如图 12-11 所示。

04 按数字键 2 切换至"边"子对象层级，框选长方体模型的边线，如图 12-12 所示。

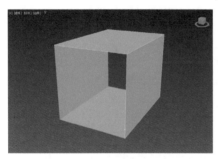

图 12-11　删除面　　　　　　　　　　图 12-12　框选边线

05 在"编辑边"卷展栏中单击"切角"按钮右侧的"设置"按钮█，设置"边切角量"为 30mm，如图 12-13 所示，设置完成后单击"确定"按钮☑，制作倒角造型。

06 框选长方体模型中部所有的边线，按 Ctrl+Shift+E 快捷键激活"连接"命令，在长方体模型中部添加一条循环边，如图 12-14 所示。

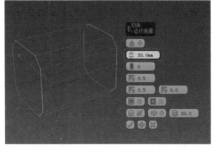
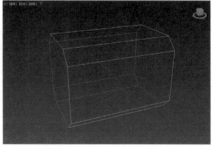

图 12-13　制作倒角造型　　　　　　　图 12-14　添加一条循环边

07 按数字键 4 切换至"多边形"子对象层级，删除右半边的面，如图 12-15 所示。

08 退出可编辑多边形模式，在主工具栏中单击"镜像"按钮 ，从弹出的"镜像"对话框中选中"实例"单选按钮，如图 12-16 所示，然后单击"确定"按钮。

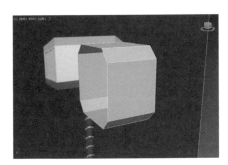

图 12-15 删除面

图 12-16 实例镜像复制

09 此时，可以得到如图 12-17 所示的模型效果。

10 进入可编辑多边形模式，双击选择长方体侧边的一圈边线，然后按住 Shift 键并沿 X 轴挤出，再按 E 键对其进行缩放，如图 12-18 所示。

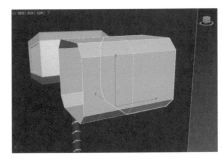

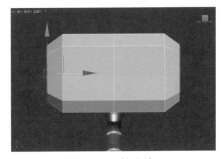

图 12-17 模型显示效果

图 12-18 挤出边

11 按数字键 3 切换至"边界"子对象层级，在"编辑边界"卷展栏中单击"封口"按钮，效果如图 12-19 所示。

12 此时得到一个大于四边形的面，在建模时要尽量避免大于四边形的面出现，选择如图 12-20 所示的顶点。

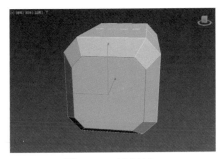

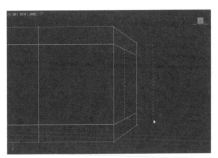

图 12-19 进行封口

图 12-20 选择顶点

13 按 Ctrl+Shift+E 快捷键，激活"连接"命令，添加布线，效果如图 12-21 所示。

14 选择面，在"修改"面板的"编辑多边形"卷展栏中单击"插入"按钮，向内插入多边形，如图 12-22 所示。

图 12-21　添加线段

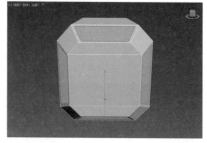

图 12-22　向内插入多边形

15 在"修改"面板的"编辑多边形"卷展栏中，单击"挤出"按钮右侧的"设置"按钮■，在弹出的"小盒界面"中单击"插入类型"下拉列表中的"局部法线"按钮，设置"高度"数值为 -3mm，如图 12-23 所示，设置完成后单击"确定"按钮✓。

16 设置完成后，按 E 键将其向中心缩放，效果如图 12-24 所示。

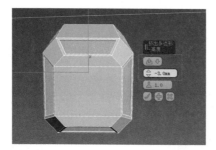

图 12-23　设置多边形的参数

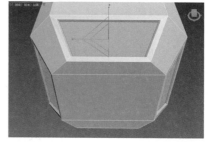

图 12-24　向中心缩放后的效果

12.1.3　制作锤子把手

【例 12-3】本实例将讲解如何制作锤子把手模型。🔵视频

01 启动 3ds Max 2022 软件，在"创建"面板中单击"圆柱体"按钮。在"修改"面板中设置"高度分段"数值为 1，设置"边数"数值为 16，在场景中创建一个圆柱体模型，如图 12-25 所示。

02 选择圆柱体模型，右击并在弹出的快捷菜单中选择"转换为:"|"转换为可编辑多边形"命令，如图 12-26 所示。

图 12-25　创建圆柱体模型

图 12-26　选择"转换为可编辑多边形"命令

03 按数字键 4 切换至"多边形"子对象层级，选择圆柱体模型上下两端的面，按 Delete 键将其删除，如图 12-27 所示。

04 按数字键 2 切换至"边"子对象层级，双击选择圆柱体模型底部一圈边线并按 Shift 键沿 Y 轴挤出，再按 E 键向中心缩放，如图 12-28 所示，调整圆柱体模型的比例。

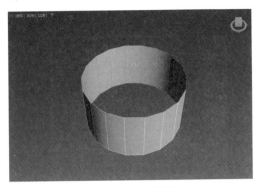

图 12-27　删除面

图 12-28　挤出边

05 按 Shift 键并拖曳边线向中心挤出两次，如图 12-29 所示。

06 按数字键 3 切换至"边界"子对象层级，在"编辑边界"卷展栏中单击"封口"按钮，然后在"编辑几何体"卷展栏中单击"塌陷"按钮，效果如图 12-30 所示，将底部封口。

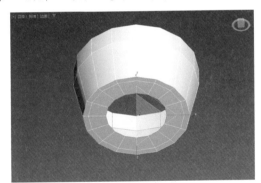

图 12-29　向中心挤出

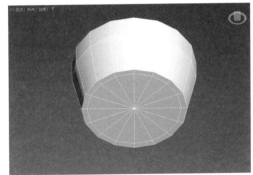

图 12-30　将底部封口

07 在场景中再创建一个圆柱体模型，并将其转换为可编辑多边形，选择圆柱体模型上下两端的面，按 Delete 键将其删除，如图 12-31 左图所示，制作好的锤子把手模型如图 12-31 右图所示。

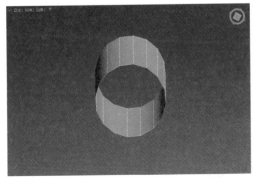

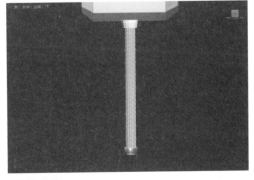

图 12-31　制作把手模型

08 选择圆柱体底部的一圈边线并按 Shift 键进行多次挤出，制作如图 12-32 所示的造型。

09 按 Shift 键并拖曳边线向内挤出两次，按数字键 3 切换至"边界"子对象层级，在"编辑边界"卷展栏中单击"封口"按钮，然后在"编辑几何体"卷展栏中单击"塌陷"按钮，效果如图 12-33 所示。

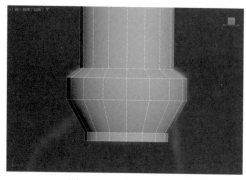

图 12-32　进行多次挤出

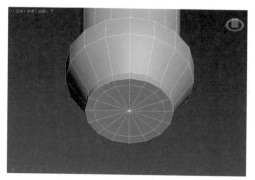

图 12-33　将底部封口

10 选择面，在"修改"面板的"编辑多边形"卷展栏中单击"挤出"按钮右侧的"设置"按钮，在弹出的"小盒界面"中设置按"局部法线"挤出，设置"高度"为 1.5mm，向外挤出，如图 12-34 所示，设置完成后单击"确定"按钮。

11 选择边线，在"修改"面板的"编辑边"卷展栏中单击"连接"按钮右侧的"设置"按钮，设置"分段"数值为 2，然后使用缩放工具沿着 Y 轴调整其造型，如图 12-35 所示。

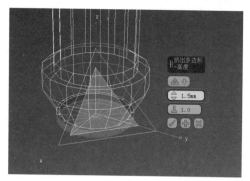

图 12-34　选择面并向外挤出

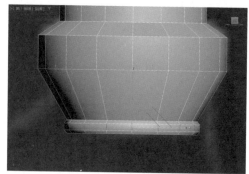

图 12-35　调整循环边

12 选择如图 12-36 左图所示的边线，按 Ctrl+Shift+E 快捷键添加一条循环边，然后修改其造型，如图 12-36 右图所示。

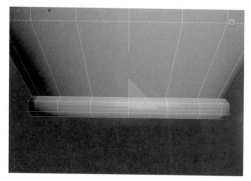

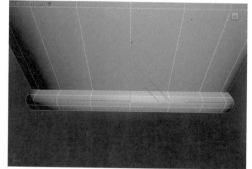

图 12-36　调整循环边

13 选择如图 12-37 左图所示的边线，在"编辑几何体"卷展栏中单击"分离"按钮，在弹出的"分离"对话框中选中"以克隆对象分离"复选框，如图 12-37 右图所示，然后单击"确定"按钮。

图 12-37　选择边线并以克隆对象分离

14 设置完成后，选择把手模型，按数字键 4 切换至"多边形"子对象层级，选中底部结构的面，按 Delete 键将把手模型上原有的结构删除，效果如图 12-38 所示。

图 12-38　将原有的结构删除

12.1.4　制作锤子装饰物

【例 12-4】本实例将讲解如何制作锤子装饰物。 📹视频

01 选择把手模型的边线，如图 12-39 左图所示，然后按 Ctrl+Shift+E 快捷键激活"连接"命令，在把手模型中部添加一条循环边，并将线段拖曳至如图 12-39 右图所示的位置。

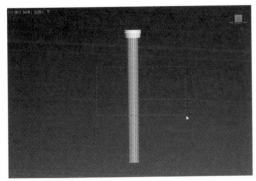

图 12-39　添加一条循环边

02 在"编辑边"卷展栏中单击"切角"按钮右侧的"设置"按钮■，设置"边切角量"为 3.2mm，如图 12-40 所示，设置完成后单击"确定"按钮☑。

03 按数字键 1 切换至"顶点"子对象层级，调整线段的造型，如图 12-41 所示。

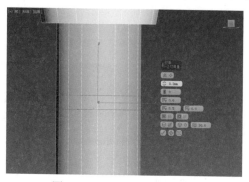

图 12-40　设置"切角"参数

图 12-41　调整线段的造型

04 选择其中的一条线段，按 Alt+R 快捷键，即可选择一圈环形边，如图 12-42 左图所示，然后右击，在弹出的四元菜单中选择"转换到面"命令，如图 12-42 右图所示。

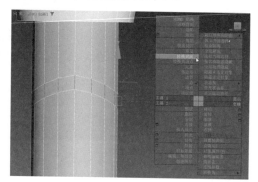

图 12-42　选择环形边并选择"转换到面"命令

05 此时可以快速选择一圈的面，如图 12-43 所示。

06 在"编辑几何体"卷展栏中单击"分离"按钮，打开"分离"对话框，在该对话框中选中"以克隆对象分离"复选框，如图 12-44 所示，然后单击"确定"按钮。

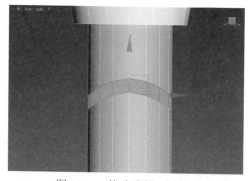

图 12-43　快速选择一圈的面

图 12-44　"分离"对话框

07 选择分离出来的模型，按数字键 2 切换至"边"子对象层级，然后按 Ctrl+Shift+E 快捷键为其添加一条循环边，使用缩放工具向外缩放，调整循环边造型，如图 12-45 所示。

08 在"编辑边"卷展栏中单击"切角"按钮右侧的"设置"按钮■，设置"边切角量"为 1.3mm，如图 12-46 所示，设置完成后单击"确定"按钮☑。

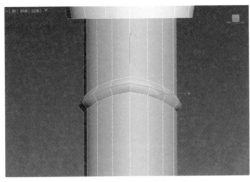
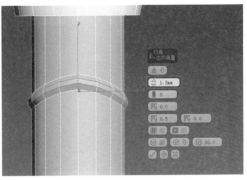

图 12-45 调整循环边　　　　　图 12-46 设置"边切角量"参数

09 选择把手模型，单击"孤立当前选项"按钮■，选择添加的边线，如图 12-47 左图所示，按 Delete 将其删除，再单击"孤立当前选项"按钮■，显示其余模型，如图 12-47 右图所示。

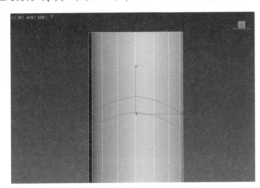

图 12-47 删除原有的循环边

10 选择装饰模型，按 Shift 键沿 X 轴向下拖曳，在弹出的"克隆选项"对话框中选中"复制"单选按钮，设置"副本数"数值为 8，如图 12-48 左图所示，复制效果如图 12-48 右图所示。

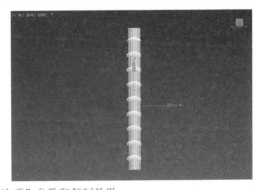

图 12-48 设置"克隆选项"参数和复制效果

11 切换至前视图，在"创建"面板中单击"线"按钮，在场景中绘出带子模型的大致形状，如图 12-49 所示。

12 在"修改"面板中展开"渲染"卷展栏，选中"在渲染中启用"和"在视口中启用"复选框，选中"矩形"单选按钮，设置"厚度"为 1mm，如图 12-50 所示。

323

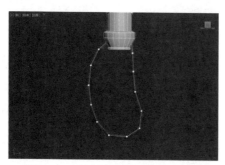

图 12-49　绘制带子模型的大致形状

图 12-50　设置"渲染"卷展栏参数

13 设置完成后，模型在视图中的显示效果如图 12-51 所示。

14 将视图切换到右视图，按照参考图调整模型比例，如图 12-52 所示。

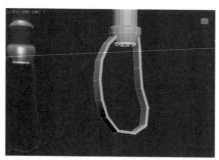

图 12-51　模型显示效果

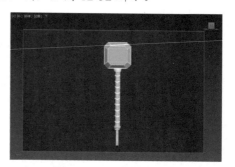

图 12-52　调整模型比例

15 锤子模型的最终效果如图 12-1 所示。

12.2　场景建模

　　游戏场景是游戏中不可或缺的元素之一，游戏中的历史、文化、时代、地理等因素反映游戏的世界观和背景，向玩家传达视觉信息，这也是吸引玩家的重要因素。游戏中，场景通常为角色提供活动环境，它既反映游戏气氛和世界观，还可以比角色更好地表现时代背景，衬托角色。游戏场景就是指游戏中除游戏角色之外的一切物体，是围绕在角色周围与角色有关系的所有景物，即角色所处的生活场所、社会环境、自然环境及历史环境。通常建模时会根据游戏原画师设计的原画稿件设计游戏中的道具、环境、建筑等，一个优秀的场景设计，能够第一时间烘托游戏的氛围，决定整个游戏的画面质量。

　　中国古建筑是中国传统文化的重要组成部分，其以优美的艺术形象、精湛的技术工艺、独特的结构体系著称于世，如图 12-53 所示，常见的建筑样式大致可以分为亭、台、楼、阁、轩、榭、廊和舫，屋顶结构有庑殿顶、歇山顶、攒尖顶、圆攒尖、硬山顶、卷棚顶、十字歇山顶等。

图 12-53　古建筑

　　本节将学习如何利用综合建模的方法制作游戏场景里的古建筑模型，如图 12-54 所示。古建筑的基本构造虽然比较复杂，但是网络游戏建筑模型不同于影视建筑模型，在制作模型时并不需要把所有的建筑构造都通过建模的方式建造出来。考虑到网络游戏的运行速度，通常网络游戏建模都是尽量用最少的面把模型结构表现出来即可，把外观能看到的模型部分制作出来，而内部看不到的模型部分是不需要创建出来的。游戏建筑模型制作的重点是概括出场景大致的形体结构和比例结构，掌握好建筑构造的穿插关系和建筑结构的转折关系，有些建筑构造需要用贴图的方式进行处理。用户在建模之前最好查阅并收集足够的建筑资料，充分了解中国古建筑的构造和特点。

图 12-54　古建筑模型

12.2.1　制作台基

【例 12-5】本实例将讲解如何制作台基。📹视频

01 启动 3ds Max 2022 软件，在"创建"面板中单击"长方体"按钮，创建一个长方体模型，如图 12-55 所示。

02 选择长方体模型，右击并在弹出的快捷菜单中选择"转换为:"|"转换为可编辑多边形"命令，如图 12-56 所示。

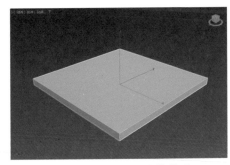

图 12-55　创建长方体模型

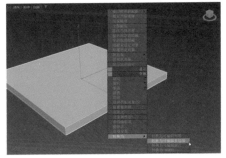

图 12-56　选择"转换为可编辑多边形"命令

03 按数字键4切换至"多边形"子对象层级，选择长方体模型的顶面，在"修改"面板的"编辑多边形"卷展栏中单击"插入"按钮，向内插入多边形，如图12-57所示。

04 单击"挤出"按钮，将选择的面向内挤出，然后使用缩放工具向中心收缩，如图12-58所示。

图 12-57　向内插入多边形

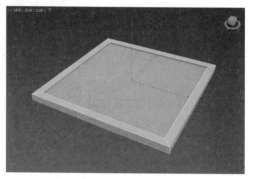

图 12-58　向内挤出

05 按 Ctrl+Shift 快捷键，将面向上复制，在弹出的"克隆部分网格"对话框中选中"克隆到对象"单选按钮，如图12-59左图所示，然后单击"确定"按钮，复制出一个面并调整其比例，如图 12-59 右图所示。

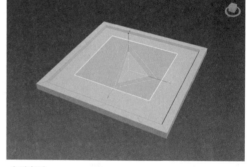

图 12-59　复制面

06 选择如图 12-60 左图所示的环形边，在"修改"面板的"编辑边"卷展栏中单击"连接"按钮右侧的"设置"按钮，设置"分段"数值为2，设置"收缩"数值为45，如图12-60右图所示，设置完成后单击"确定"按钮。

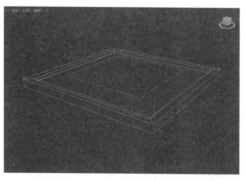

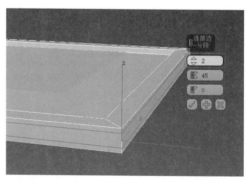

图 12-60　选择环形边并添加两条循环边

07 选择如图 12-61 左图所示的一圈面，按住 Shift 键向中心挤出，如图 12-61 右图所示。

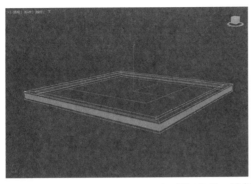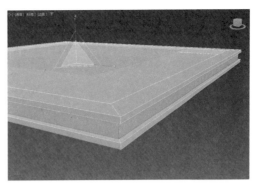

图 12-61 选择面并向中心挤出

08 选择边线，在"修改"面板的"编辑边"卷展栏中单击"切角"按钮右侧的"设置"按钮 ■，设置"边切角量"为 0.05m，如图 12-62 所示，设置完成后单击"确定"按钮 ☑，为台基的边缘制作倒角造型。

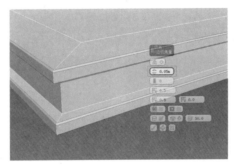

图 12-62 制作倒角造型

12.2.2 制作墙体和屋顶

【例 12-6】本实例将讲解如何制作墙体和屋顶。 视频

01 选择面的边线并按 Shift 键沿 Y 轴向下挤出，如图 12-63 所示。

02 选择顶部的面，按 Ctrl+Shift 快捷键沿 Y 轴向上复制一个面，选择面的边线并按 Shift 键向下挤出，制作墙体的大致造型，如图 12-64 所示。

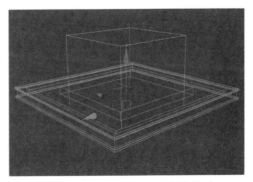

图 12-63 向下挤出   图 12-64 制作墙体的大致模型

03 按照同样的方式制作屋顶的大致造型，如图 12-65 所示。

04 选择屋顶的一圈边线，按 Ctrl+Shift+E 快捷键添加一条循环边，然后使用缩放工具向中心略收缩，如图 12-66 所示。

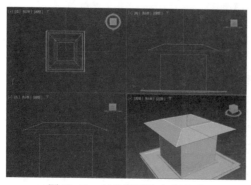

图 12-65　制作屋顶的大致造型

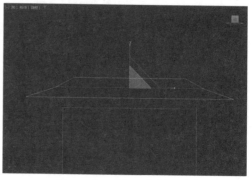

图 12-66　添加一条循环边

05 在"修改"面板的"编辑边"卷展栏中单击"切角"按钮右侧的"设置"按钮 ，设置"边切角量"为 2.5m，如图 12-67 所示，调整循环边的结构。

06 选择顶面并按 Shift 键沿 Y 轴向上挤出，如图 12-68 所示。

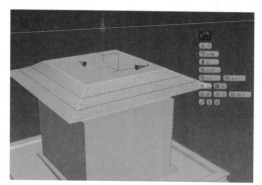

图 12-67　调整循环边的结构

图 12-68　向上挤出

07 选择如图 12-69 左图所示的边线，在"编辑几何体"卷展栏中单击"塌陷"按钮，如图 12-69 右图所示。

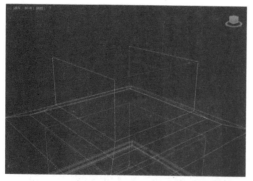

图 12-69　选择边线并单击"塌陷"按钮

08 选择阁楼的边线，按 Ctrl+Shift+E 快捷键添加一条循环边，然后使用缩放工具沿 X 轴略收缩，如图 12-70 所示，制作屋顶的大致造型。

09 选择如图 12-71 所示的面。

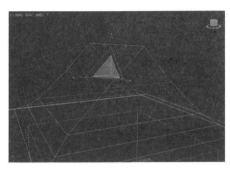

图 12-70　添加一条循环边

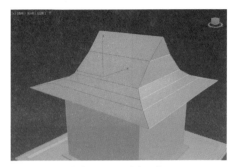
图 12-71　选择面

10 在"修改"面板中单击"修改器列表"下拉按钮，从弹出的下拉列表中选择"FFD 2×2×2"选项，为其添加"FFD 2×2×2"修改器，如图 12-72 左图所示，调整屋顶的造型，如图 12-72 右图所示。

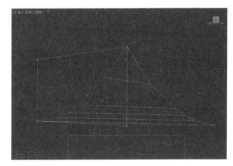
图 12-72　添加"FFD 2×2×2"修改器并调整屋顶的造型

11 调整完成后，右击并在弹出的快捷菜单中选择"转换为："|"转换为可编辑多边形"命令，如图 12-73 所示。

12 在"修改"面板中单击"修改器列表"下拉按钮，从弹出的下拉列表中选择"对称"选项，添加"对称"修改器，展开"对称"卷展栏，在"镜像轴"组中单击 X 按钮，然后选中"翻转"复选框，如图 12-74 所示。

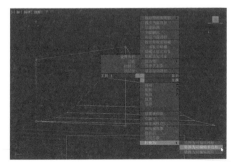
图 12-73　选择"转换为可编辑多边形"命令

图 12-74　添加"对称"修改器并设置参数

13 设置完成后，右击并在弹出的快捷菜单中选择"转换为:"|"转换为可编辑多边形"命令，按数字键 1 切换至"顶点"子对象层级，然后按 S 键激活"捕捉开关"命令，调整顶点，如图 12-75 所示。

14 选择阁楼的正面，在"修改"面板的"编辑多边形"卷展栏中单击两次"插入"按钮右侧的"设置"按钮，每次分别设置"数量"为 1.3m，如图 12-76 所示，设置完成后单击"确定"按钮。

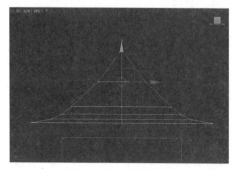

图 12-75　调整顶点

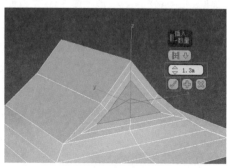

图 12-76　设置"数量"数值

15 按 Shift 键沿 X 轴向内挤出，然后使用缩放工具向中心略收缩，如图 12-77 所示，制作天花板。

16 选择顶点，然后按 S 键激活"捕捉"命令，调整顶点，如图 12-78 所示。

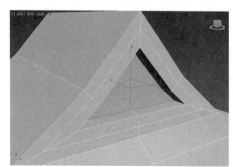

图 12-77　制作天花板

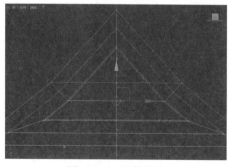

图 12-78　调整顶点

17 选择如图 12-79 左图所示的面，按 Ctrl+Shift 快捷键并沿 X 轴向外拖曳复制，如图 12-79 右图所示。

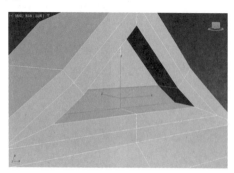

图 12-79　复制面

18 选择面上所有的边线并按 Shift 键沿 X 轴向内挤出，然后调整其位置，效果如图 12-80 所示。

19 在状态栏中单击"孤立当前选项"按钮 ◉，然后选择边线，在"修改"面板的"编辑边"卷展栏中单击"切角"按钮右侧的"设置"按钮 ▣，设置"边切角量"为 0.1m，如图 12-81 所示，设置完成后单击"确定"按钮 ✓。

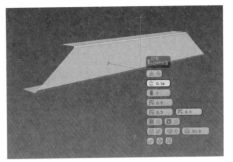

图 12-80　选择边线并挤出　　　　　图 12-81　设置"边切角量"数值

20 选择墙体转折处的一条线段，如图 12-82 左图所示，在"修改"面板中展开"编辑边"卷展栏，单击"利用所选内容创建图形"按钮，如图 12-82 右图所示。

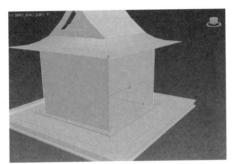

图 12-82　选择边线并单击"利用所选内容创建图形"按钮

21 在弹出的"创建图形"对话框中选中"线性"单选按钮，如图 12-83 所示，然后单击"确定"按钮。

22 在"修改"面板中展开"渲染"卷展栏，选中"在渲染中启用"和"在视口中启用"复选框，设置"厚度"为 0.5m，设置"边"数值为 12，如图 12-84 所示。

图 12-83　"创建图形"对话框　　　　　图 12-84　设置"渲染"卷展栏参数

23 设置完成后，右击并在弹出的快捷菜单中选择"转换为:"|"转换为可编辑多边形"命令，如图 12-85 所示，制作檐柱的大致造型。

24 按数字键 2 切换至"边"子对象层级，双击选择圆柱体模型底部的一圈边线，然后按 Shift 键多次沿 Y 轴向下挤出檐柱模型底部的造型，效果如图 12-86 所示，制作柱基的大致造型。

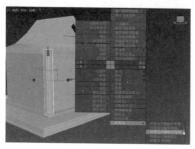
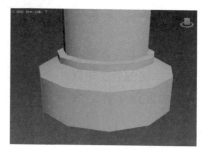

图 12-85　选择"转换为可编辑多边形"命令　　图 12-86　挤出檐柱模型底部的造型

25 按 Ctrl+Shift+E 快捷键添加循环边，然后使用缩放工具调整循环边的造型，如图 12-87 所示。

26 选择边线，在"修改"面板的"编辑多边形"卷展栏中单击"切角"按钮，制作倒角结构，效果如图 12-88 所示。

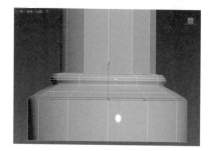

图 12-87　添加循环边　　　　　　　图 12-88　制作倒角结构

27 选择檐柱模型，在"层次"面板中单击"仅影响轴"按钮，在顶视图中将坐标轴移至栅格中心点，如图 12-89 所示。

28 再次单击"仅影响轴"按钮结束命令，然后在主工具栏中单击"镜像"按钮，在弹出的"镜像：屏幕 ..."对话框中选中 X 单选按钮和"实例"单选按钮，如图 12-90 所示，然后单击"确定"按钮。

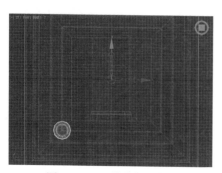

图 12-89　调整坐标轴位置　　　　　图 12-90　实例镜像复制

29 此时，可以得到如图 12-91 所示的镜像效果。

30 按照同样的方式复制其余的檐柱模型，如图 12-92 所示。

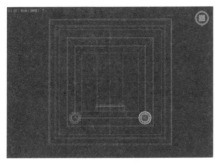
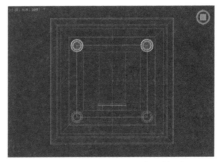

图 12-91　镜像效果　　　　　　　　图 12-92　复制其余的檐柱模型

31 框选如图 12-93 左图所示的房屋模型边线，在"修改"面板的"编辑边"卷展栏中单击"连接"按钮右侧的"设置"按钮 ，设置"分段"数值为 2，设置"收缩"数值为 10，如图 12-93 右图所示，设置完成后单击"确定"按钮 。

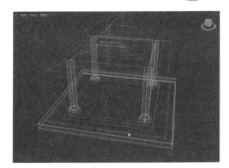
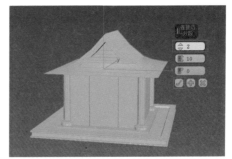

图 12-93　框选边线并进行连接

32 按数字键 4 切换至"多边形"子对象层级，选择面，然后按 Delete 键将其删除，如图 12-94 所示。

33 在"修改"面板中单击"修改器列表"下拉按钮，从弹出的下拉列表中选择"壳"选项，添加"壳"修改器，设置"内部量"为 0.1m，如图 12-95 所示。

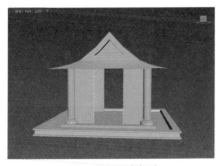

图 12-94　删除面　　　　　　　图 12-95　添加"壳"修改器并设置参数

34 选择一个柱子模型，按 Shift 键并向左拖曳，复制一个柱子模型的副本，然后调节其比例，如图 12-96 所示。

35 选择柱子模型，将其中心点移至栅格中心点处，然后在主工具栏中单击"镜像"按钮，在弹出的"镜像：屏幕..."对话框中选中 X 单选按钮和"实例"单选按钮，然后单击"确定"按钮，如图 12-97 所示。

 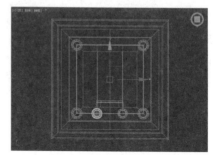

图 12-96　复制一个柱子模型的副本　图 12-97　调整坐标轴位置并进行实例镜像复制

36 按照同样的方法复制另一半的柱子模型，效果如图 12-98 所示。

37 选择如图 12-99 所示的边线。

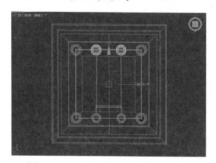 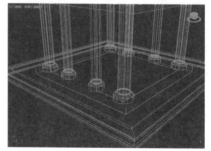

图 12-98　复制另一半的柱子模型　　　　　　　图 12-99　选择边线

38 在"修改"面板中展开"编辑边"卷展栏，单击"利用所选内容创建图形"按钮，如图 12-100 所示。

39 选择创建的样条线，在"修改"面板中展开"渲染"卷展栏，选中"在渲染中启用"和"在视口中启用"复选框，选中"矩形"单选按钮，设置"长度"为 0.6m，设置"宽度"为 1m，如图 12-101 所示。

图 12-100　单击"利用所选内容创建图形"按钮　图 12-101　设置"渲染"卷展栏的参数

40 设置完成后，右击并在弹出的快捷菜单中选择"转换为："|"转换为可编辑多边形"命令，选择模型并调整模型的位置和比例，如图 12-102 所示，制作门槛模型。

41 选择边线，在"修改"面板的"编辑边"卷展栏中单击"切角"按钮，制作倒角结构，效果如图 12-103 所示。

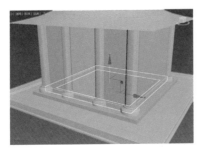

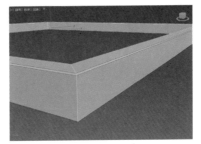

图 12-102　调整模型的位置和比例　　　　图 12-103　制作倒角结构

42 选择屋顶模型中的环形边，在"修改"面板的"编辑边"卷展栏中单击"连接"按钮右侧的"设置"按钮▣，设置"滑块"数值为 77，如图 12-104 所示，设置完成后单击"确定"按钮☑。

43 选择面并按住 Shift 键沿着 Z 轴向内挤出，如图 12-105 所示。

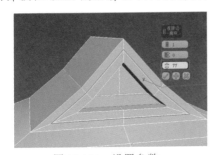

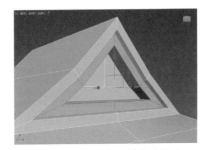

图 12-104　设置参数　　　　　　　　图 12-105　沿着 Z 轴向内挤出

12.2.3　制作瓦片、正脊和垂脊

【例 12-7】本实例将讲解如何制作瓦片、正脊和垂脊。 🎬视频

01 创建一个圆柱体模型，右击并在弹出的快捷菜单中选择"转换为："|"转换为可编辑多边形"命令，删除其前后的面，如图 12-106 所示，制作筒瓦模型。

02 按 Shift 键并拖曳圆柱体模型，在弹出的"克隆选项"对话框的"对象"组中选中"实例"单选按钮，设置"副本数"数值为 5，如图 12-107 所示，然后单击"确定"按钮。

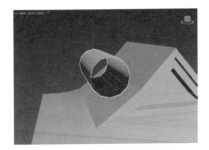

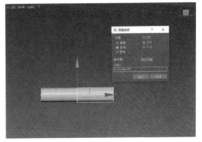

图 12-106　制作筒瓦模型　　　　　图 12-107　"克隆选项"对话框

03 选择其中一个圆柱体模型的边线，然后调整其比例和位置，如图 12-108 所示。

04 按 Shift 键并使用缩放工具多次向中心挤压，如图 12-109 所示。

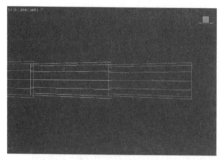
图 12-108　调整边线的比例和位置

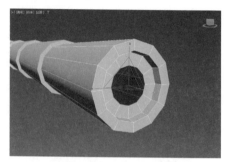
图 12-109　向中心挤压

05 右击并在四元菜单中选择"塌陷"命令，如图 12-110 所示，制作勾头瓦造型。

06 此时，可以得到如图 12-111 所示的模型效果。

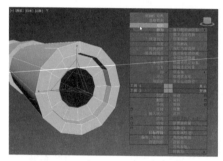
图 12-110　选择"塌陷"命令

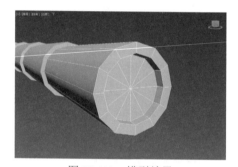
图 12-111　模型效果

07 选择边线，在"修改"面板的"编辑边"卷展栏中单击"切角"按钮，制作倒角结构，如图 12-112 所示。

08 创建一个长方体模型，右击并在弹出的快捷菜单中选择"转换为:"|"转换为可编辑多边形"命令，制作板瓦模型，效果如图 12-113 所示。

图 12-112　制作倒角结构

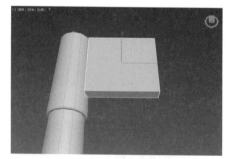
图 12-113　制作板瓦模型

09 按 Shift 键并拖曳圆柱体模型，在弹出的"克隆选项"对话框的"对象"组中选中"实例"单选按钮，设置"副本数"数值为 5，如图 12-114 所示，然后单击"确定"按钮。

10 选择瓦片模型的边线，按 Ctrl+Shift+E 快捷键添加循环边，然后调整瓦片的造型，如图 12-115 所示。

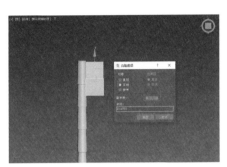

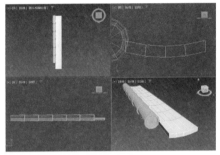

图 12-114　"克隆选项"对话框　　　　　图 12-115　添加循环边并调整造型

11 选择板瓦的边线，在"编辑边"卷展栏中单击"切角"按钮，制作倒角结构，然后在"修改"面板中单击"修改器列表"下拉按钮，从弹出的下拉列表中选择"FFD 2×2×2"选项，为其添加"FFD 2×2×2"修改器，调整瓦片造型，效果如图 12-116 所示。

12 设置完成后，右击并在弹出的快捷菜单中选择"转换为 :"|"转换为可编辑多边形"命令，如图 12-117 所示。

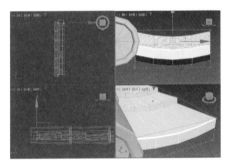

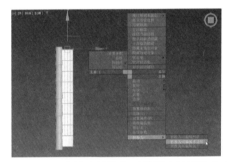

图 12-116　添加"FFD 2×2×2"修改器　　　图 12-117　选择"转换为可编辑多边形"命令

13 按住 Shift 键并沿 X 轴拖曳，在弹出的"克隆选项"对话框的"对象"组中选中"实例"单选按钮，设置"副本数"数值为 23，如图 12-118 所示，然后单击"确定"按钮。

14 选择所有的瓦片，右击并在弹出的快捷菜单中选择"转换为 :"|"转换为可编辑多边形"命令，然后右击并在弹出的快捷菜单中选择"附加"命令左侧的按钮 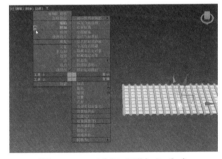，如图 12-119 所示。

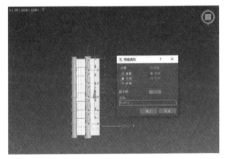

图 12-118　"克隆选项"对话框　　　　　图 12-119　选择"附加"命令

15 在弹出的"附加列表"对话框中，按 Ctrl+A 快捷键全选列表中的对象，然后单击"附加"按钮，如图 12-120 所示。

16 选择屋顶模型，按数字键 1 切换至"顶点"子对象层级，在"编辑几何体"卷展栏中单击"切割"按钮，如图 12-121 所示。

图 12-120　全选"附加列表"对话框中的对象

图 12-121　单击"切角"按钮

17 切割出两条线段，按 S 键激活"捕捉开关"按钮，调整顶点至如图 12-122 左图所示的位置，然后选择如图 12-122 右图所示的线段。

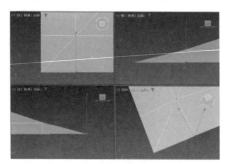
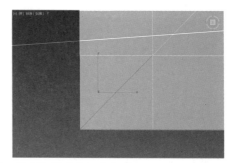

图 12-122　切割出两条线段，然后选择其中一条线段

18 在"修改"面板的"编辑边"卷展栏中单击"连接"按钮右侧的"设置"按钮□，设置"滑块"数值为 0，如图 12-123 所示，设置完成后单击"确定"按钮☑。

19 选择顶点并调整造型，如图 12-124 所示。

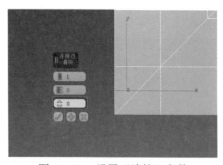
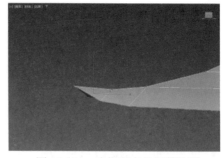

图 12-123　设置"连接"参数　　　　图 12-124　选择顶点并调整造型

20 选择屋顶模型，分别添加两次"对称"修改器，展开"对称"卷展栏调整参数，效果如图 12-125 所示，然后右击并在弹出的快捷菜单中选择"转换为:"|"转换为可编辑多边形"命令。

21 选择所有瓦片模型，在"修改"面板中单击"修改器列表"下拉按钮，从弹出的下拉列表中选择"FFD 2×2×2"选项，为其添加"FFD 2×2×2"修改器，调整瓦片造型，如图 12-126 所示。设置完成后，右击并在弹出的快捷菜单中选择"转换为:"|"转换为可编辑多边形"命令。

图 12-125 添加两次 "对称" 修改器并调整参数后的效果

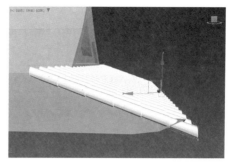

图 12-126 调整瓦片造型

22 切换到顶视图,按 F3 键切换至物体线框显示,在 "编辑几何体" 卷展栏中单击 "快速切片" 按钮,如图 12-127 左图所示,按照屋顶的造型进行切割,如图 12-127 右图所示。

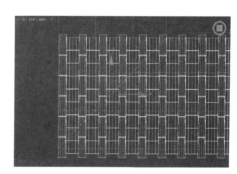

图 12-127 单击 "快速切片" 按钮并按照屋顶的造型进行切割

23 删除左侧多余的面,选择瓦片模型,在 "修改" 面板中单击 "修改器列表" 下拉按钮,从 弹出的下拉列表中选择 "FFD 3×3×3" 选项,为其添加 "FFD 3×3×3" 修改器,调整瓦片造型, 使其与屋顶贴合,效果如图 12-128 所示,然后右击并在弹出的快捷菜单中选择 "转换为 :" | "转 换为可编辑多边形" 命令。

24 选择瓦片模型,在 "修改" 面板中单击 "修改器列表" 下拉按钮,从弹出的下拉列表中选 择 "对称" 选项,展开 "对称" 卷展栏,在 "镜像轴" 组中单击 X 按钮,选中 "翻转" 复选框, 效果如图 12-129 所示,然后右击并在弹出的快捷菜单中选择 "转换为 :" | "转换为可编辑多边形" 命令。

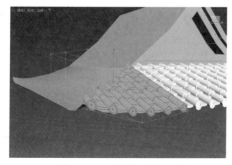

图 12-128 调整瓦片造型

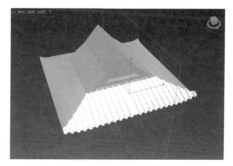

图 12-129 将瓦片造型沿 X 轴对称

25 按数字键 5 切换至"元素"子对象层级，选择如图 12-130 所示的元素，按 Delete 键将其删除。

26 选择右侧的筒瓦和勾头模型，按 Ctrl+Shift 快捷键并沿 X 轴拖曳进行复制，将复制的模型移至空缺的部位，如图 12-131 所示。

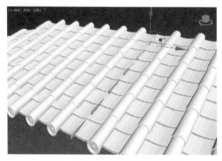
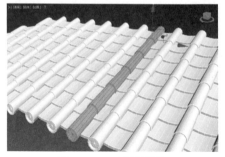

图 12-130　删除多余的元素　　　　　　　　图 12-131　复制模型

27 选择瓦片模型，调整其坐标轴至栅格中心点，然后在主工具栏中单击"镜像"按钮，将其沿着 X 轴镜像复制，如图 12-132 所示。

28 选中两组瓦片模型并按 Shift 键旋转 45°，复制出其余的瓦片，效果如图 12-133 所示。

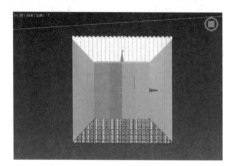
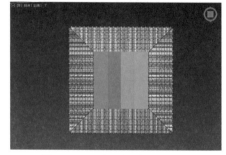

图 12-132　镜像复制瓦片模型　　　　　　　图 12-133　复制其余的瓦片

29 选择一组瓦片模型，按住 Shift 键并沿 Y 轴向上复制至阁楼屋顶的位置，并删除多余的部分，然后为其添加"FFD 3×3×3"修改器，调整其造型，使瓦片与屋顶贴合，效果如图 12-134 所示，右击并在弹出的快捷菜单中选择"转换为:"|"转换为可编辑多边形"命令。

30 按数字键 5 切换至"元素"子对象层级，选择一部分的元素并按 Ctrl+Shift 键进行复制，将其移至如图 12-135 所示的位置。

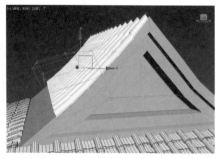

图 12-134　调整造型　　　　　　　　　　　图 12-135　复制一部分元素

31 选择屋顶的瓦片模型，右击并选择"附加"命令，再选择阁楼的瓦片模型，将其附加为一组模型，然后在主工具栏中单击"镜像"按钮，将这组模型沿着 X 轴进行镜像复制，如图 12-136 所示。

32 创建一个长方体模型，选择边线，在"修改"面板的"编辑边"卷展栏中单击"连接"按钮右侧的"设置"按钮■，设置"分段"数值为 10，如图 12-137 所示，设置完成后单击"确定"按钮☑，制作正脊模型。

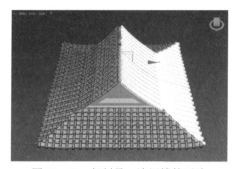

图 12-136 复制另一边阁楼的瓦片   图 12-137 制作正脊模型

33 选择如图 12-138 左图所示的面，在"修改"面板的"编辑多边形"卷展栏中单击"挤出"按钮右侧的"设置"按钮■，设置"高度"为 -0.006m，如图 12-138 右图所示，设置完成后单击"确定"按钮☑，制作凹槽结构。

图 12-138 制作凹槽结构

34 选择底部的面，在"修改"面板的"编辑多边形"卷展栏中单击"插入"按钮，向内挤压，再单击"挤出"按钮，向下挤出，效果如图 12-139 所示。

35 按照同样的步骤制作凹槽结构，效果如图 12-140 所示。

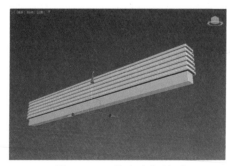
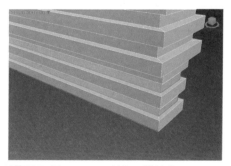

图 12-139 挤出底部的面   图 12-140 制作凹槽结构

36 切换至前视图，框选如图 12-141 左图所示的边线，在"编辑几何体"卷展栏中单击"塌陷"按钮，效果如图 12-141 右图所示。

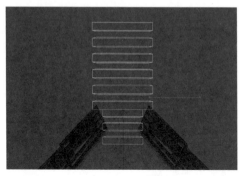
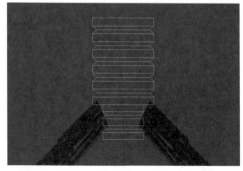

图 12-141　选择边线并单击"塌陷"按钮

37 选择模型的边线，制作倒角结构，如图 12-142 所示。

38 创建一个长方体模型，右击并选择"转换为:"|"转换为可编辑多边形"命令，然后选择边线，制作倒角结构，如图 12-143 所示。

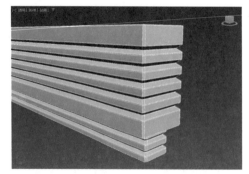

图 12-142　制作倒角结构　　　　　　　　　图 12-143　创建长方体模型

39 创建一个圆柱体模型，右击并选择"转换为:"|"转换为可编辑多边形"命令，然后删除其前后两侧的面，如图 12-144 所示。

40 选择边界处的边线，按住 Shift 键并向内收缩，然后在"编辑几何体"卷展栏中单击"塌陷"按钮，再选择边线，在"编辑边"卷展栏中单击"切角"按钮，制作倒角结构，效果如图 12-145 所示。

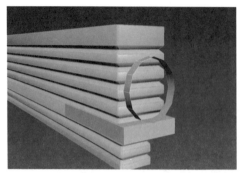

图 12-144　创建圆柱体模型　　　　　　　　图 12-145　进行封口并制作倒角结构

41 创建一个长方体模型，如图 12-146 左图所示，右击并选择"转换为:"|"转换为可编辑多边形"命令，然后选择边线，在"修改"面板的"编辑边"卷展栏中单击"连接"按钮右侧的"设置"按钮□，设置"分段"数值为 2，设置"收缩"数值为 28，如图 12-146 右图所示。

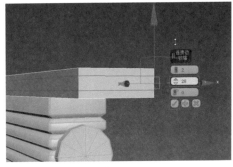

图 12-146　创建长方体模型并添加循环边

42 选择面，按住 Shift 键并用缩放工具向中心挤出，然后选择边线，在"编辑边"卷展栏中单击"切角"按钮，制作倒角结构，效果如图 12-147 所示。

43 选择长方体模型，右击并选择"附加"命令，然后选择正脊模型，将两个模型附加为一个模型，选择如图 12-148 所示的边线。

图 12-147　制作倒角结构　　　　　　　　图 12-148　选择边线

44 选择正脊模型，单击"孤立当前选项"按钮□，选择如图 12-149 左图所示的底部两个顶点，在"修改"面板的"编辑顶点"卷展栏中单击"连接"按钮，结果如图 12-149 右图所示。按照同样的步骤，修改正脊模型底部和顶部大于四条边的面，结束后再单击"孤立当前选项"按钮□，显示其余模型。

图 12-149　调整布线

45 在"修改"面板的"编辑边"卷展栏中单击"连接"按钮右侧的"设置"按钮■，设置"分段"数值为 4，如图 12-150 所示。

46 选择长方体模型，在"修改"面板中单击"修改器列表"下拉按钮，从弹出的下拉列表中选择"FFD 4×4×4"选项，为其添加"FFD4×4×4"修改器，调整造型至如图 12-151 所示，然后右击并选择"转换为:"|"转换为可编辑多边形"命令。

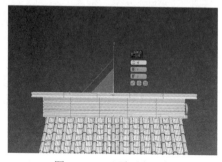
图 12-150　添加循环边

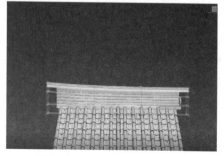
图 12-151　添加"FFD 4×4×4"修改器并调整造型

47 选择正脊模型，在"修改"面板中单击"修改器列表"下拉按钮，从弹出的下拉列表中选择"对称"选项，展开"对称"卷展栏，在"镜像轴"组中单击 X 按钮，选中"翻转"复选框，然后右击并在弹出的快捷菜单中选择"转换为:"|"转换为可编辑多边形"命令，结果如图 12-152 所示。

48 创建一个圆柱体模型，右击并在弹出的快捷菜单中选择"转换为:"|"转换为可编辑多边形"命令，然后删除其前后以及底部的面，如图 12-153 所示。

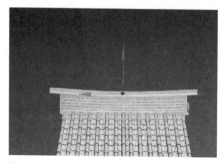
图 12-152　添加"对称"修改器后的效果

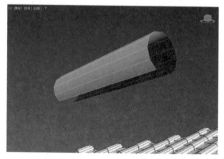
图 12-153　创建圆柱体模型

49 选择圆柱体模型下方的边线，按住 Shift 键并沿 Y 轴向下挤出，如图 12-154 左图所示，然后在"编辑边"卷展栏中单击"桥"按钮，如图 12-154 右图所示。

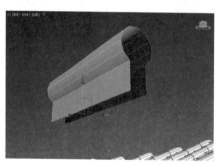

图 12-154　选择边线并向下挤出，再单击"桥"按钮

50 此时，可以得到如图 12-155 所示的模型效果。

51 在"编辑边"卷展栏中分别使用"桥"和"封口"命令，对模型进行封口，结果如图 12-156 所示。

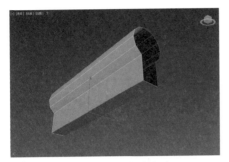
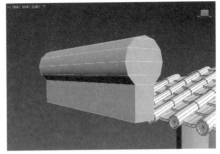

图 12-155　模型效果　　　　　　　图 12-156　对模型进行封口

52 切换到前视图，调整其造型如图 12-157 左图所示，然后选择如图 12-157 右图所示的面。

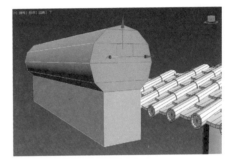

图 12-157　调整造型并选择面

53 按住 Shift 键沿 X 轴拖曳，然后选择边线，在"编辑边"卷展栏中单击"切角"按钮，制作倒角结构，效果如图 12-158 左图所示，接着选择如图 12-158 右图所示的面。

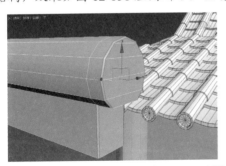
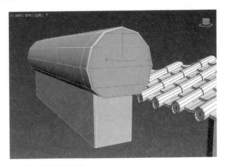

图 12-158　制作倒角结构并选择面

54 选择面，按住 Shift 键并使用缩放工具向中心收缩，再按住 Shift 键沿着 X 轴向内挤出，然后使用缩放工具向中心进行轻微收缩，制作凹槽结构，如图 12-159 所示。

55 选择边线，在"编辑边"卷展栏中单击"切角"按钮，制作倒角结构，如图 12-160 所示。

56 调整其位置，然后选择如图 12-161 所示的线段。

57 在"修改"面板的"编辑边"卷展栏中单击"连接"按钮，添加四条循环边，如图 12-162 所示。

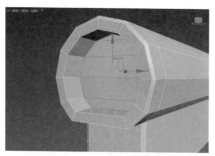

图 12-159　制作凹槽结构

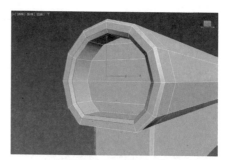

图 12-160　制作倒角结构

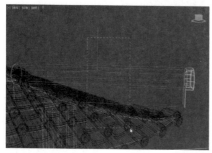

图 12-161　选择线段

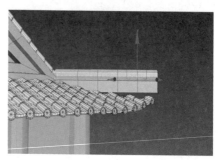

图 12-162　添加循环边

58 在"修改"面板中单击"修改器列表"下拉按钮，从弹出的下拉列表中选择"FFD 3×3×3"选项，为其添加"FFD 3×3×3"修改器，调整垂脊造型至如图 12-163 所示，然后右击并在弹出的快捷菜单中选择"转换为 :"|"转换为可编辑多边形"命令。

59 选择垂脊底部的边线，添加两条循环边，然后按住 Shift 键并使用缩放工具向中心挤出，如图 12-164 所示。

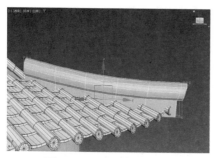

图 12-163　调整垂脊造型

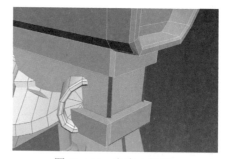

图 12-164　向中心挤出

60 选择如图 12-165 左图所示的顶点，在"修改"面板的"编辑几何体"卷展栏中单击"塌陷"按钮，如图 12-165 右图所示，按照同样的方法分别将其余穿插的顶点塌陷到一起。

61 选择垂脊模型并按 Shift 键沿 Y 轴拖曳进行复制，然后在"修改"面板中单击"修改器列表"下拉按钮，从弹出的下拉列表中选择"FFD 3×3×3"选项，为其添加"FFD 3×3×3"修改器调整造型，制作阁楼上的垂脊模型，如图 12-166 所示。

62 选择戗脊和垂脊模型，在"层次"面板中单击"仅影响轴"按钮，在顶视图中将坐标轴移至栅格中心点，然后在主工具栏中多次单击"镜像"按钮，复制其余的戗脊和垂脊模型，效果如图 12-167 所示。

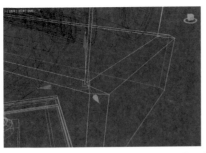 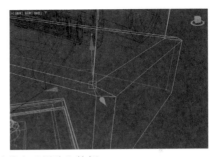

图 12-165 选择顶点并单击"塌陷"按钮

图 12-166 制作阁楼上的垂脊模型　　　　图 12-167 复制其余的戗脊和垂脊模型

63 选择阁楼处的边线,在"编辑边"卷展栏中单击"切角"按钮,制作倒角结构,效果如图 12-168 所示。

64 选择门槛模型并按 Shift 键沿 Y 轴拖曳进行复制,然后选择如图 12-169 所示的边线。

图 12-168 制作阁楼处边线的倒角结构　　　　图 12-169 选择边线

12.2.4 制作装饰、窗户和踏跺

【例 12-8】本实例将讲解如何制作装饰、窗户和踏跺模型。 🎬视频

01 在"修改"面板的"编辑边"卷展栏中单击"连接"按钮右侧的"设置"按钮■,设置"分段"数值为 2,设置"收缩"数值为 5,如图 12-170 左图所示,然后删除中间的面,如图 12-170 右图所示。

02 选择模型并分别按 Shift 键沿 Y 轴向上拖曳两次,复制房屋上半部分的结构,并用缩放工具调整其比例,效果如图 12-171 所示。

03 在"创建"面板中单击"螺旋线"按钮,在左视图中创建一条螺旋线,如图 12-172 所示,制作门帘模型。

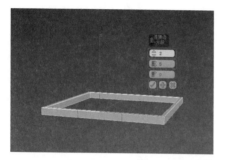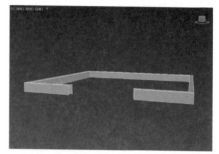

图 12-170　添加循环边，然后删除面

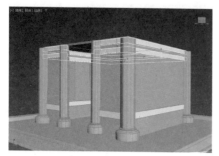

图 12-171　复制房屋上半部分的结构　　　　图 12-172　创建螺旋线

04 在"修改"面板中展开"渲染"卷展栏，选中"在渲染中启用"和"在视口中启用"复选框，设置"厚度"为 0.5m，设置"边"数值为 12，如图 12-173 所示。

05 然后右击并在弹出的快捷菜单中选择"转换为:"|"转换为可编辑多边形"命令，此时，可以得到如图 12-174 所示的模型效果。

图 12-173　设置"渲染"卷展栏参数　　　　图 12-174　螺旋线显示效果

06 按数字键 4 切换至"多边形"子对象层级，选择如图 12-175 左图所示的两端的顶点，按 Ctrl+Shift+E 快捷键进行连接，效果如图 12-175 右图所示。

07 选择右侧的面，使用缩放工具沿 X 轴向中心收缩，将其调整至同一水平面上，如图 12-176 左图所示，按照同样的方法调整左侧的面，如图 12-176 右图所示。

08 选择一侧的面并沿 X 轴挤出，如图 12-177 所示。

09 选择如图 12-178 所示的面，按 Delete 键将其删除。

图 12-175　连接两端顶点

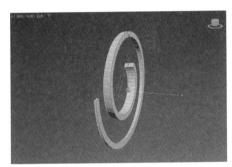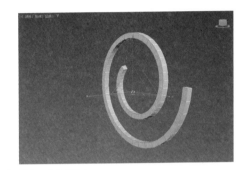

图 12-176　调整面至同一水平面上

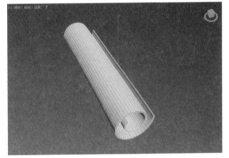

图 12-177　沿 X 轴挤出　　　　　　　　　图 12-178　选择面

10 ▶ 选择边线并按 Shift 键沿 Y 轴向上挤出，然后将其放置于如图 12-179 所示的位置。

11 ▶ 选择门槛模型，在"修改"面板的"编辑边"卷展栏中单击"连接"按钮右侧的"设置"
按钮■，设置"分段"数值为 2，设置"收缩"数值为 11，并选择如图 12-180 所示的面。

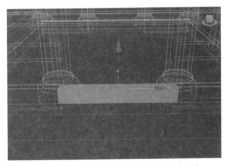

图 12-179　沿 Y 轴向上挤出　　　　　　　图 12-180　添加循环边并选择面

12 按 Ctrl+Shift 快捷键，向上进行复制，然后调整其比例和位置，如图 12-181 所示。

13 创建一个长方体模型，然后选择如图 12-182 所示的面。

图 12-181　复制选择的面

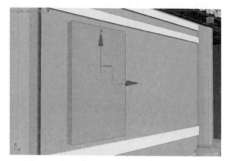
图 12-182　创建长方体模型并选择面

14 在"修改"面板的"编辑多边形"卷展栏中单击"插入"按钮，然后按住 Shift 键沿 X 轴向内挤出，制作直棂窗的大致造型，如图 12-183 所示。

15 选择窗户一侧边框的面，如图 12-184 所示。

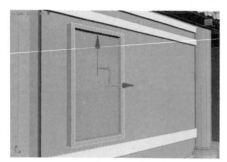
图 12-183　制作窗户的造型

图 12-184　选择面

16 按 Ctrl+Shift 快捷键，沿 X 轴拖曳进行复制，然后按数字键 4 切换至"多边形"子对象层级，调整其造型，制作直棂条模型，如图 12-185 所示。

17 选择直棂条并按 Shift 键沿 X 轴拖曳，在弹出的"克隆选项"对话框中选中"实例"单选按钮，设置"副本数"数值为 6，效果如图 12-186 所示。

图 12-185　复制选择的面

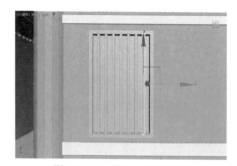
图 12-186　实例复制直棂条

18 选择边框模型，在"修改"面板的"编辑几何体"卷展栏中单击"附加"按钮，如图 12-187 所示，然后选择直棂条模型，将其附加为一组模型。

19 选择窗户的边线，在"编辑边"卷展栏中单击"切角"按钮，制作倒角结构，效果如图 12-188 所示。

图 12-187　单击"附加"按钮

图 12-188　制作倒角结构

20 选择窗户模型，在"层次"面板中单击"仅影响轴"按钮，在顶视图中将坐标轴移至栅格中心点，然后在主工具栏中单击"镜像"按钮，复制其余的窗户模型，效果如图 12-189 所示。

21 选择如图 12-190 所示的面。

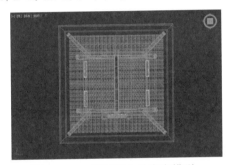

图 12-189　复制其余的窗户模型

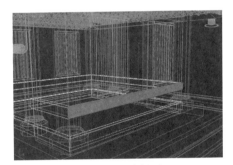

图 12-190　选择面

22 按 Ctrl+Shift 快捷键，沿 X 轴拖曳进行复制，然后将其旋转 90°，摆放至如图 12-191 所示的位置。

23 创建一个长方体模型，右击并在弹出的快捷菜单中选择"转换为:"|"转换为可编辑多边形"命令，选择如图 12-192 所示的边线，制作象眼结构。

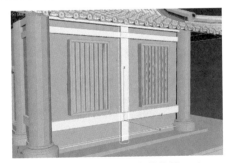

图 12-191　复制面并将其旋转 90°

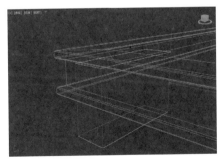

图 12-192　制作象眼模型

24 按 Ctrl+Shift+E 快捷键，添加一条循环边，调整循环边的位置，如图 12-193 左图所示，然后选择如图 12-193 右图所示的面。

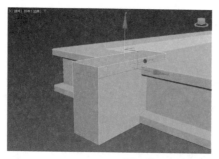 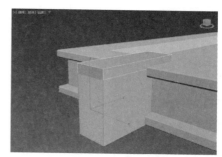

图 12-193　调整循环边位置，然后选择面

25 选择面并按 Shift 键沿 X 轴挤出，如图 12-194 左图所示，然后选择如图 12-194 右图所示的顶点沿 Y 轴向下拖曳。

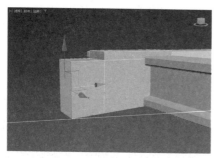 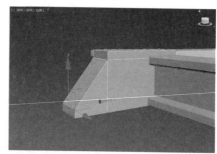

图 12-194　沿 X 轴挤出，然后选择顶点沿 Y 轴向下拖曳

26 右击并从弹出的四元菜单中选择"目标焊接"命令，如图 12-195 左图所示。分别将选中的顶点向下焊接，效果如图 12-195 右图所示，制作垂带石的造型。

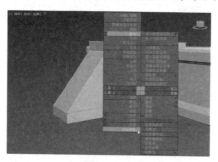 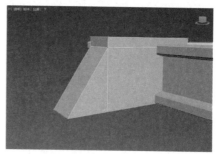

图 12-195　选择"焊接"命令，然后选择顶点并向下焊接

27 选择右侧的面，在"修改"面板的"编辑多边形"卷展栏中单击"插入"按钮，向内插入多边形，如图 12-196 左图所示，再按 Shift 键沿 X 轴挤出，效果如图 12-196 右图所示。

 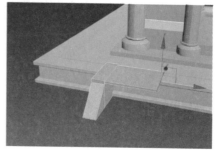

图 12-196　向内插入多边形，然后沿 X 轴挤出

28 按数字键 4 切换至"多边形"子对象层级，选择象眼结构所有的面，按 Ctrl+Shift 快捷键沿 X 轴拖曳进行复制，如图 12-197 所示。

29 按数字键 3 切换至"边界"子对象层级，在"修改"面板的"编辑边界"卷展栏中单击"封口"按钮，然后在"编辑几何体"组中单击"塌陷"按钮，选择塌陷后的顶点，按 Backspace 键将其删除，结果如图 12-198 所示。

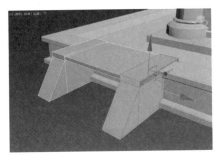
图 12-197　选择面并进行复制

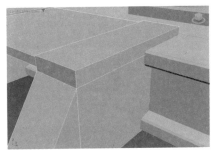
图 12-198　调整模型的布线

30 选择如图 12-199 左图所示的面，按 Ctrl+Shift 快捷键沿 Y 轴进行复制，效果如图 12-199 右图所示。

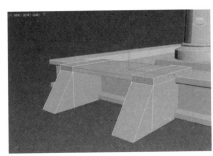
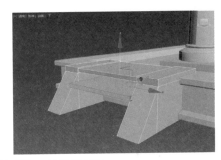
图 12-199　选择面，然后沿 Y 轴进行复制

31 删除步骤 **30** 中选择的面，参照步骤 **29** 的方法调整模型结构。结果如图 12-200 所示。

32 选择台阶模型，调整其比例并选择其边线，在"编辑边"卷展栏中单击"切角"按钮，制作倒角结构，效果如图 12-201 所示。

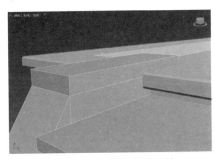
图 12-200　调整模型结构

图 12-201　制作倒角结构

33 选择台阶模型，按 Shift 键依次复制其余的 3 个台阶，并调整踏跺的比例，效果如图 12-202 所示。

34 选择所有台阶模型，在"修改"面板中单击"修改器列表"下拉按钮，从弹出的下拉列表中选择"FFD 3×3×3"选项，为其添加"FFD 3×3×3"修改器，切换到左视图，调整台阶造型，如图 12-203 所示。

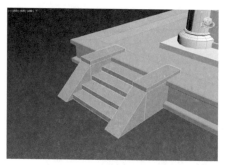

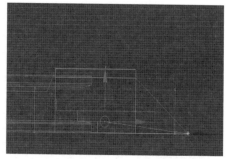

图 12-202　复制其余的台阶　　　　图 12-203　添加"FFD 3×3×3"修改器并调整造型

35 选择踏跺模型，在"层次"面板中单击"仅影响轴"按钮，在顶视图中将坐标轴移至栅格中心点，然后在主工具栏中单击"镜像"按钮，复制其余的踏跺模型，效果如图 12-204 所示。

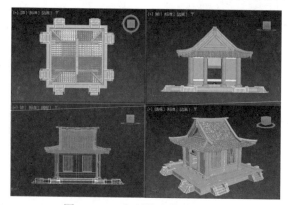

图 12-204　复制其余的踏跺模型

36 最终模型效果如图 12-54 所示。

12.3　习题

1. 收集相关游戏中带有亭子的场景并进行游戏建筑模型的分析。

2. 创建如图 12-205 所示的两组古建亭子模型，要求熟练掌握游戏场景古建筑模型的制作规范和布线规律。

图 12-205　古建亭子模型